时序InSAR可靠性研究与典型应用

杨魁 著

图书在版编目(CIP)数据

时序 InSAR 可靠性研究与典型应用 / 杨魁著 . -- 武汉:武汉大学出版社,2025.4. -- ISBN 978-7-307-24961-5

Ⅰ. P237

中国国家版本馆 CIP 数据核字第 20255D1C88 号

责任编辑:王 荣　　责任校对:汪欣怡　　版式设计:马 佳

出版发行:**武汉大学出版社** (430072 武昌 珞珈山)

(电子邮箱:cbs22@ whu.edu.cn 网址:www.wdp.com.cn)

印刷:湖北云景数字印刷有限公司

开本:787×1092 1/16　印张:13.75　字数:266 千字　插页:1

版次:2025 年 4 月第 1 版　2025 年 4 月第 1 次印刷

ISBN 978-7-307-24961-5　定价:69.00 元

前　　言

随着新型SAR卫星的相继发射及时序InSAR理论与技术的不断发展，近年来，时序InSAR技术被广泛应用于监测地震、火山、冰川、地面沉降等。该技术能够实现全天候、大范围且高时空分辨率的监测与应用，为掌握地球运动状况、防治地面沉降等地质灾害提供了有力的数据支撑。然而，由于时序InSAR数据中包含的误差往往具有复杂性、多源性、交叉性及不确定性等特点，尤其难以完全消除的InSAR监测点识别误差、相位解缠误差、视线向模型误差及基准误差等，会降低时序InSAR监测成果的可靠性，甚至可能得出错误结论。针对这些问题，国内外学者围绕时序InSAR技术的可靠性及其应用开展了一系列的研究，并已建立起一定理论和实验基础。但是，目前仍然存在时序InSAR技术的可靠性理论尚不完备，时序InSAR粗差难以有效剔除，精细形变监测研究深度还不够，以及时序InSAR知识化应用程度不高等问题。这些问题的存在使得时序InSAR技术难以充分满足防灾减灾工作的要求。

基于此，本书围绕时序InSAR监测的可靠性开展系统的研究工作。在对时序InSAR分析方法和各种误差进行分析的基础上，研究了时序InSAR监测及应用的可靠性理论、基于多源数据的可靠性控制方法；重点针对时序InSAR监测点精细识别、时序InSAR沉降粗差识别与剔除、多源SAR数据融合、多源测量数据集成、InSAR知识化应用等问题，利用测量平差理论建立数学模型和算法，以实现时序InSAR监测数据可靠性控制的目的，提高时序InSAR监测的工程化、精细化、知识化水平。全书主要创新性成果有如下七项。

(1)完善时序InSAR分析可靠性理论。针对时序InSAR数据中存在的空间基线误差、相位解缠等众多误差源，在经典测量平差和空间数据分析的可靠性理论基础上，构建可靠性控制指标与可靠性评价指标相结合的时序InSAR分析的可靠性指标；根据鲁棒性、精细性等可靠性控制指标，提出基于多源数据的时序InSAR误差控制策略；根据一致性、适用性、精确性等可靠性评价指标，拓展时序InSAR分析的定性和定量可靠性评价方法。

(2)发展了基于短基线原则的扩展SBAS时序分析技术。本书建立了一种扩展SBAS时序分析技术；通过采用多级配准策略实现不同模式下SAR数据集精确配准、基于短基线准则构建差分干涉集合后，将幅度离差法、子视相关法、相干系数法相结合实现高密度、高质量PSC点选择，最大化提高空间覆盖率；进一步采用长短基线迭代组合解缠策略进行时空相位解缠处理，改正DEM系统误差同时估计出线性形变速率。

(3)提出了基于多源SAR数据的时序InSAR粗差检测方法。在构建多源时序InSAR分析集成的空间基准统一数学模型、沉降基准统一数学模型后，依据三维点云分布相似性，基于RANSAC算法的最小二乘处理实现空间基准统一；依据属性相同、空间距离相近原则选择同名PS点对后，采用基于RANSAC算法的最小二乘处理来求解沉降统一模型参数。然后基于经典测量平差可靠性理论计算内部可靠性、外部可靠性指标后，采用迭代数据探测法实现多源InSAR沉降观测值的粗差识别、定位与剔除，解决相位解缠成功率不足100%的难题，有效地提升了时序InSAR分析的鲁棒性。

(4)建立了基于多源测量的时序InSAR精确监测方法。提出在参数空间内集成InSAR、GNSS、水准数据的数学模型和技术流程。在分别获取角反射器、GNSS形变数据、离散水准成果等多源测量沉降数据的基础上，采取GNSS数据与InSAR数据融合、水准数据与InSAR数据融合的分组处理方式完成多源测量数据联合解算，进一步利用多源测量和多源SAR数据完成粗差检测与剔除。

(5)提出了基于多源数据的InSAR精细监测与应用策略。本书提出了基于GIS数据库、PS点三维信息的InSAR监测点识别方法。首先，基于时序InSAR监测点的空间位置、误差信息和GIS数据库来实现初步精细识别。然后，利用高程数值信息、高程空间分布特征得到精细化监测成果。此外，根据相关规范，针对整体倾斜和局部倾斜，提出了一种结合定性分析和定量分析的建筑物监测成果应用方法。

(6)典型交通网络沉降监测及风险评估。首先，基于地铁施工的工程特点，从地铁车站施工、隧道施工两个方面独立开展了地铁施工影响范围的理论研究和断面分析，确定了地铁施工影响规律。其次，针对高速公路，提出了基于路基沉降量的沉降分级现状评估方法，完善了基于路面平整度指标的风险点识别准则，实现了其运营沉降风险点宏观识别。最后，综合考虑线路纵向差异沉降、横向两侧沉降趋势，开展了高铁线路坡度变化评估，重点分析了差异性地表沉降对高铁轨道平顺性的影响程度。

(7)区域地面沉降监测及机理分析。从平台协同、参数协同来构建“空中—地表—地下”的区域地面沉降立体监测体系，集成了大数据分析方法和有效应力原理，通过多源监测数据融合，系统地揭示了街镇尺度下的地面沉降、地下水渗流、土层变形的演化规律，实现了从定性分析区域沉降特征到定量分析土层变形特征的转变。

本书是作者基于多年从事InSAR理论和方法研究的经验，并结合在自然灾害防治、韧性城市建设等领域进行成果转化和推广的实践编写而成，得到自然资源部部省合作试点项目（2023ZRBSHZ053）等项目的资助。本书可为摄影测量与遥感、工程测量、地质灾害防治等专业领域的科研人员及管理人员提供参考。但由于时间仓促和作者的水平有限，书中难免存在错漏和不足之处，恳请读者予以批评指正。

因本书中有较多彩图，为便于读者阅读，特将彩图集中做成数字资源，读者可在各章首页扫描二维码阅读。

杨　魁

2024 年 9 月

目　　录

第1章 绪　　论

1.1 研究背景及意义

地面沉降是指由于土体有效应力的增加、沉积物固结，从而使地表发生不连续的缓慢或快速下沉运动的现象(彭米米，2023)。地面沉降具有缓慢性、持久性、回弹和不可逆性等特点，给城市发展带来较大影响(王寒梅，2013)。如造成雨季地表积水、防泄洪能力下降，地面运输线和地下管线扭曲断裂，城市建筑物基础下沉、脱空开裂等一系列问题，给国民经济造成巨大损失，已成为影响区域经济社会可持续发展的重要因素之一(葛大庆，2013；彭米米，2023)。

目前地面沉降的传统监测方法一般有重复精密水准测量、全球导航卫星系统(Global Navigation Satellite System，GNSS)测量等(侯景鑫，2023)。重复精密水准测量方法通过布设高等级水准网后进行一、二等水准联测，并进行严密平差计算，最终求得微小地面沉降值；具有精度高、操作简单等优点，但存在需耗费大量人力物力、作业时间受天气影响等不足(杜凯夫，2017；高建东等，2023)。GNSS测量通过与已有全球IGS网、地壳运动观测网络进行联测来获取特定目标的三维形变信息；具有时间分辨率高、精度高、布网快捷等特点，但由于设备安装和维护的费用较高，而难以达到较高空间分辨率(曹海坤，2017；王阅兵，2022)。

作为近30年迅速发展起来的一种对地观测技术，合成孔径雷达干涉测量(Interferometric Synthetic Aperture Radar，InSAR)可以获取高精度地表形变信息，具有全天候、大范围、高时空分辨率等监测特点(李振洪等，2022；王跃东，2023)，能很好地解决水准、GNSS等常规地表形变监测中存在的点密度低、分布不均匀等问题。尤其是Ferretti等(1999，2000)提出时序InSAR分析技术后，为地震(李海君，2020；高嘉楠，2024)、火山(Barone et al.，2019；魏恋欢等，2023)、冰川(Nagler et al.，2015；李佳等，2024)、地面沉降(Bonì et al.，2017；Yu et al.，2023；王跃东，2023；Xu et al.，2023；Han et al.，2023)、其他地质灾害(Intrieri et al.，2018；康亚，2020；宋家苇等，2024)、矿区开采(史健存，2022；Declercq et al.，2023)、油田开采

(Bohlolia et al., 2018; 于冰等, 2024)、线性工程沉降(唐扬等, 2018; 张新伟等, 2023; Della et al., 2023)等多个领域的灾害防治提供了数据支撑。

然而与传统测量方法类似,时序InSAR数据处理与分析也存在许多难以完全消除的误差,如影像配准误差、空间基线误差、大气相位误差、相位解缠误差等(Hanssen, 2002; 彭米米, 2023; Yen-Yi et al., 2024)。国内外许多学者在对这些误差进行分析的基础上,纷纷构建InSAR数学模型,提出不同类型误差的消除方法,来提高时序InSAR成果可靠性。在InSAR数学模型构建方面,Hanssen(2002)基于统计学对InSAR相位各个组成部分的误差进行分析,基于高斯-马尔可夫(Gauss-Markov, GM)模型构建了InSAR测量与分析的函数模型、随机模型;Kampes(2006)基于测量分析角度,采用矩阵形式来表示时序InSAR观测双差分相位和未知参数的函数关系。在不同类型误差的消除方面,Ferretti等(2000, 2001)提出时序InSAR分析技术,通过对永久散射体目标分析来减少失相干效应对相位解缠的影响,采用滤波方法来消除大气误差影响;刘国祥(2006)将可靠性理论引入InSAR分析中,通过最优化控制点位置和数量来解决存在粗差时InSAR配准和基线精化中的可靠性问题;Ketelaar(2009)提出利用多个SAR数据集的时序InSAR分析成果来实现同一地区冗余观测,以解决相位解缠成功率不足100%情况下的可靠性评价;胡俊(2012)采用GNSS数据和整体同步最小二乘的多轨道误差改正方法,来改正相邻轨道SAR数据间存在的轨道误差。这些方法可以在一定程度上减少特定误差项的影响,提升时序InSAR监测与应用可靠性。

但是,由于时序InSAR数据中包含的误差往往具有复杂性、多源性、交叉性以及不确定性等(张静, 2014),尤其是InSAR监测点识别误差、相位解缠误差、空间基线误差、视线向形变误差、沉降基准误差等的存在,将降低时序InSAR监测精度,甚至得出错误结论。InSAR监测点识别对于沉降机理准确分析有着显著作用,尤其对高分辨率SAR数据而言更是如此;在不识别或低识别率情况下进行InSAR地面沉降机理分析将会导致结论错误(兰恒星等, 2011; Yang et al.; 2016; Liu et al., 2023)。相位解缠误差在郊区等高相干InSAR监测点较少区域、类似煤矿等存在大变形区域难度有所增加,地表形变估计容易出现误差和错误(Daniel et al., 2009; 刘晓杰, 2022; 史健存, 2022)。空间基线误差主要是指卫星轨道定位精度不足所导致的残余基线估计偏差,会在空间上形成一个渐变干涉条纹,造成形变误差甚至严重的扭曲变形(Hanssen, 2002; Yen-Yi et al., 2024)。视线向形变误差主要是InSAR只能获取真实地表形变在雷达视线方向上的一维投影所引发的,在水平变形较大情况下进行地表沉降分析会引入较大误差(胡俊, 2012; 刘辉等, 2024)。沉降基准误差是由于InSAR获取信息仅为相对形变场,难以反映真实地表形变情况,从而给研究人员正确分析与应用监测成果造成影响(葛大庆，2013；温浩等，2024)。如果不加以控制，这些复杂的误差将会传递至地面沉降灾害的机理分析与防治工作中，不仅会影响测绘成果的准确性，还会带来不良的社会和经济影响。

基于此，本书围绕时序 InSAR 监测的可靠性开展系统性研究工作：在对时序 InSAR 分析方法和各种误差进行分析的基础上，研究了时序 InSAR 监测及应用的可靠性理论、基于多源数据的可靠性控制方法；重点针对时序 InSAR 监测点精细识别、时序 InSAR 沉降粗差识别与剔除、多源 SAR 数据融合、多源测量数据集成、InSAR 知识化应用等问题，利用测量平差理论建立数学模型和算法，以实现时序 InSAR 监测数据可靠性控制的目的，提高 InSAR 监测的工程化、精细化、知识化水平，推动时序 InSAR 技术更好地服务防灾减灾工作。

1.2 国内外研究现状及分析

1.2.1 时序 InSAR 技术研究现状

1989 年，Gabriel 等首次论证了差分 InSAR 技术可应用于地表形变监测，随之利用差分 InSAR 技术进行地表形变场探测在多个领域得到发展与应用，如用于火山运动、冰川运移、地震、山体滑坡等引起的地表形变监测中。但是由于影像失相干、大气延迟、相位解缠误差等因素的影响，差分 InSAR 技术在缓慢形变监测中的应用受到了限制(何平，2014；黄佳璇，2017)。

自 20 世纪 90 年代后期起，一些学者开始将观测对象从整景干涉图转移至可靠稳定的永久散射体目标，将分析数据量从两三景小数据量增加至二三十景大数据量，从而减少了影像失相干、大气延迟、相位解缠误差等因素的影响，使得 InSAR 技术在缓慢形变监测中得到了进一步的应用。Ferretti 等(1999，2000，2001)在传统 InSAR 分析基础上提出永久散射体(Permanent Scatterers，PS)方法，主要分析目标为在观测期间内保持散射特性稳定的点；通过利用这些可靠点上的相位信息进行地表线性速率反演来获取监测区形变速率场。在此基础上，Berardino 等(2002)提出小基线集(Small Baseline Subset，SBAS)方法，采用依据多主影像原则来选择短空间基线、短时间基线的干涉对以提高数据解算数量，然后引入奇异值分解算法来获取最小范数解的地表形变场。2003 年，Mora 等结合 PS 方法和 SBAS 方法特点提出相干目标分析(Coherent Target，CT)方法，可以实现小数据量下稳健结果获取，同时也可以基于解缠前相位进行处理与分析。Hopper 等(2004，2008)提出 StaMPS(Stanford Method for Persistent

Scatterers)技术，依据目标相位稳定性准则来选择高质量 PS 点进行分析，将时序 InSAR 分析技术拓展至非城市地区。Ferretti 等(2011)对 PS 方法进行改进后，提出 SqueeSAR 技术以实现 PS 点与分布式散射体(Distributed Scatter ers，DS)同步分析，将时序 InSAR 分析技术拓展至植被覆盖区域。自 2016 年起，张永红等(2016)和吴宏安等(2024)采用全散射体合成孔径雷达干涉测量(Full Scatterer Interferometric Synthetic Aperture Radar，FS-InSAR)技术，开展京津冀地区和内蒙古地区的精细化监测。李世金等(2024)则开展了基于分布式散射体(DS)的时序 InSAR 技术研究，并对相位信息处理方法的优化策略展开详细研究，以提高形变场信息反演的丰富度及监测精度。在大区域监测方面，张过团队采用了一种基于超算并行计算的广域地表形变快速提取方法，可快速提取广域地表形变，同时能保证形变监测的精度(Wang et al.，2022；张过等，2024)。

1.2.2 时序 InSAR 技术可靠性研究现状

1. 测量学的可靠性研究现状

可靠性研究是建立在数理统计假设检验基础上的。1933 年，莱曼和皮尔逊提出经典假设检验理论。1967 年，荷兰大地测量学家 Baarda 将经典假设检验理论引入测量学，在测量平差范畴内提出可靠性理论。这种可靠性理论主要是从单个一维备选假设出发的，包含内部可靠性和外部可靠性两个方面。前者主要指平差系统发现单个模型误差的能力，后者是指不可发现模型误差对平差结果的影响(Baarda，1967；史文中等，2012，2021a，2021b；李德仁等，2012；刘楚斌，2015)。

此后，众多学者在大地测量、摄影测量、空间信息挖掘、卫星遥感、地理国情监测等方面开展一系列可靠性研究工作。1968 年，Baarda 团队将可靠性理论应用于大地测量平差实践，对可能存在的模型误差进行粗差检验。1985 年，德国摄影测量学家 W. Forstner 将可靠性理论引入摄影测量领域，从一个多维备选假设和两个一维备选假设出发，提出了模型误差可区分性问题(李德仁等，2012)。1988 年，李德仁从两个多维备选假设出发，进行系统误差或粗差等多个模型误差的统计检验，提出了平差系统的可区分性和可靠性理论。2004 年，胡圣武将模糊可靠性引入地理信息系统(Geographic Information System，GIS)中，提出 GIS 模糊可靠性的几种基本模型。2012 年，史文中等针对遥感影像分类和空间关联规则挖掘，提出包含精确度、鲁棒性、一致性等空间数据分析可靠性指标体系；同时针对地理国情监测应用需求，探讨了地理国情动态监测中的可靠性分析与质量控制理论和方法。同年，张华针对遥感分类特点，从可靠性训练样本数据、可靠性遥感数据分类模型和分类精度评价方法等方面，构建遥感数据可靠性分类方法。张效康(2017)基于空间数据可靠性理论对地理国情监测可靠性进行深入分析，构建由可靠性为一级指标，现势性、鲁棒性、准确性、一致性、完整性、尺度合理性、适用性等为二级指标的地理国情可靠性指标体系。史文中等(2021)针对人工智能技术不可解释性带来的新问题，提出了智能化遥感目标可靠性识别思想及总体框架，阐述了影响遥感目标识别可靠性的提升方法、评估方法和过程控制等核心研究方向。

2. InSAR 技术的可靠性研究现状

从 1989 年 InSAR 首次应用开始，众多学者对 InSAR 处理过程中的各种噪声和误差开展了大量研究与分析。2002 年，Hanssen 基于统计学对 InSAR 相位各个组成部分的误差进行分析，误差主要包括失相干误差、轨道残差、大气效应、相位解缠等。此后，许多学者针对这些误差提出了大量 InSAR 误差消除方法。孙倩等(2009)采用噪声滤波方法来消除失相干误差影响。陶立清等(2023)首先采用自编码器结构进行非监督学习，将残余噪声作为模型输入后引入卷积神经网络(Convolutional Neural Network, CNN)进行干涉图去噪，对干涉图相位质量有很大的改善。陈雪等(2019)基于外部控制点、干涉条纹信息来消除轨道残差影响。Jolivet 等(2012)、苟继松(2020)利用 GNSS、MODIS、全球气象数据等外部产品来减弱大气误差影响。袁煜伟(2023)采用数值计算模型来减少大气误差影响。张静(2014)提出了一种基于移动开窗多面函数法的相位解缠算法，可以同时确保相位局部细节信息和解缠相位连续性。许华夏等(2018)提出一种将径向基函数神经网络和扩展卡尔曼滤波算法相结合的相位解缠算法，在质量图引导下避免误差，同时通过自适应调整、非线性拟合得到高精度相位解缠结果。高延东等(2022)探究了高噪声及大梯度变化区域相位解缠精度低的问题，提出了一种基于梯度估计窗口大小自适应的平滑无迹 Kalman 滤波相位解缠算法，获得更好的边缘细节信息。何毅等(2024)提出了集合注意力机制和循环残差卷积结构的 R2AU-Net 深度神经网络方法，提高了低相干性或相位梯度较大区域解缠结果的可靠性。

这些方法可以在一定程度上减小特定误差项的影响，提升时序 InSAR 监测与应用的可靠性。但是各个方法都存在一定的场景适用性限制，因此难以进行全面推广与应用。

3. 时序 InSAR 分析可靠性研究现状

在此基础上，众多学者将可靠性研究重点转移至时序 InSAR 分析上，主要在时序 InSAR 数学模型、时序 InSAR 可靠性评价、时序 InSAR 可靠性控制等方面开展时序 InSAR 参数估计可靠性研究。

在时序 InSAR 数学模型研究中，Kampes(2006)基于测量平差分析角度，采取矩阵形式表示PSInSAR(Persistent Scatterer InSAR)观测双差分相位和未知参数的函数关系，模型中包含数字高程模型(Digital Elevation Model, DEM)残差、形变信息、平均大气相位、方位向子像素位置、距离向子像素位置，形变信息则主要用时间基函数形式表示；然后，采用方差分量估计(Varicance Component Estimation, VCE)方法对干涉图质量进行考虑，从而获取最优地面沉降估计参数。González等(2011)将Kampes分析方法用于构建SBAS-InSAR数学模型，主要采用矩阵方法来表示短基线集观测双差分相位和未知参数的函数关系；充分利用InSAR干涉图中误差的时空相关特性，采用GM数学模型来实现SBAS-InSAR方法的误差评价。何平(2014)在此基础上，用模拟数据对PSInSAR、SBAS-InSAR进行试验和分析，通过对比基于随机模型参数估计和传统等权估计，同时考虑当前计算机效率，提出了时序处理过程中利用等权进行参数估计是合理的结论。此外，针对特定的应用场景，不同学者开展了相应的模型研究。对于洞庭湖软土区域，朱珺等(2023)利用洞庭湖软土形变预测的双曲线模型和热膨胀效应先验模型代替原方法中的线性速率模型，同时融入热膨胀参数和环境降水参数，实现高精度变形和环境物理参数的协同反演。对于矿区开采监测应用，张腾飞等(2024)将坐标-时间函数CT(Coordinate Time)引入时序InSAR建模环节，构建了坐标-时间函数预计模型（CT-PIM）来取代传统纯经验数学模型，提高形变监测精度。

Ketelaar(2009)考虑到时序InSAR观测方程组中未知量数量大于观测量，指出在没有冗余观测情况下，单个SAR数据集不能实现可靠性评价。因此，众多学者主要基于多源数据来开展时序InSAR可靠性评价研究。葛大庆(2013)采用多源数据和精度指标来验证时序InSAR分析可靠性，利用京津冀地区重叠区多轨监测成果来验证独立观测的高精度特性；采用区域水准测量成果、角反射器测量成果对地面沉降结果进行精度分析，验证了时序InSAR在地面沉降监测中的可靠性。赵峰等(2015)分别采用PSInSAR方法、SBAS方法对覆盖天津市及周边地区同一组SAR数据进行分析，通过对比分析两种技术的监测成果，两者在最大形变量、最小形变量、重点沉降区域的空间位置与范围大小上具有一致性，然后，将夜间灯光数据与监测成果进行比较，通过一致性分析验证时序InSAR监测成果可靠性。王京(2021)以Sentinel-1数据、TerraSAR-X数据、ALOS-2 PALSAR-2数据为数据源来开展北麓河地区冻土监测，三者对比结果表明季节性形变量的形变趋势较一致。于海明等(2024)选取2017年Sentinel-1A数据、ALOS-2数据开展对吉林省治新村滑坡的监测，两者监测结果可交叉验证，提高了结果的可靠性。

在基于多源数据的时序InSAR可靠性控制研究中，众多学者尝试应用集成多源SAR数据、联合处理多源测量观测数据来提高时序InSAR分析可靠性。在多源SAR数据融合方面，Ketelaar(2009)以荷兰格罗宁根沉降区域为例，采用多个重复覆盖的独立卫星轨道进行分别观测和处理后，采用基准统一程序实现模型误差检测，识别出轨道残差影响；赵峰(2016)选取河北省沧州地区的 ASAR 和 PALSAR 数据，在分别采用 StaMPS 技术进行处理获取单一监测数据后，采取基准统一、同名目标点对选择与融合、非同名目标填补等操作方式来获取多源 SAR 数据联合监测成果，提高成果监测频率、监测密度和可靠性；张玲等(2020)以 InSAR 技术为手段，采用相干目标点长时间序列分析方法，利用 RadarSat-2 卫星和 TerraSAR 卫星两种雷达数据，实现了唐山市城区主要活动断裂两侧微小差异性形变探测；刘辉等(2024)采用 91 景 Sentinel-1A 数据和 30 景 TerraSAR-X 数据开展对南水北调河南长葛段的多平台监测，获取了高精度的三维形变成果。在多源测量观测结果联合分析方面，众多学者在 GNSS、InSAR 数据融合研究方向上开展了大量工作。2008 年，罗海滨等基于马尔可夫随机场和贝叶斯统计模型，将 GNSS 水平形变速率作为约束条件来分解 DInSAR (Differential InSAR)的视线向(Line of Sight，LOS)形变信息，获取垂直向地面沉降信息；2012 年，胡俊基于现代测量平差理论对 GNSS 数据、InSAR 数据进行联合解算，以提高三维形变估计稳健性和精度。也有部分学者针对 GNSS 数据、InSAR 数据和水准数据融合进行了研究。张杏清等(2015)研究了 InSAR、GNSS、精密水准等多种观测手段协同监测以提高地面沉降时空分辨率等的方法；杜凯夫(2017)采用 GNSS、精密水准结果对 InSAR 的 LOS 变形进行约束，以提升地表视线向精化形变成果可靠性；刘胜男等(2020)通过对重合点位的水准测量、GNSS、InSAR 等测量数据进行最小二乘计算后，推广至所有点位来获取大范围内的高精度面状沉降信息。高建东等(2023)采用 Bland-Altman 和曲面拟合方法建立了精密水准测量、GNSS 和时序 InSAR 等多源监测数据间的模型关系，得到综合监测结果。

4. 时序 InSAR 监测点识别的可靠性研究现状

一些学者开展了时序 InSAR 监测点识别可靠性研究工作。Perissin(2006，2007)利用不同几何、频率和极化方式的多源 SAR 数据对 PS 点物理特性进行研究，通过分析雷达获取信号的幅度变化与获取几何(空间基线、多普勒中心)函数关系来恢复目标在距离向和方位向的扩展，基于雷达幅度信息与同步温度信息关系的分析来有效识别旋转体，利用 Envisat 交叉极化模式下的相位信息来区分二面角和三面角之间的角反射器效应，从而将 PS 点分为地面目标、二面角、三面角等。Adam 等(2008)将 InSAR 监测点与三维 Google Earth 模型进行叠加，以三维角度直观展示了高分辨率精细监测优势。兰恒星等(2011)采用 1m 聚束模式的 TerraSAR 数据对塘沽进行监测，利用高精度航空影像、城市地物分类体系标准进行 InSAR 监测点识别研究工作，实现多要素地物的地面沉降监测。周立凡(2014)利用SAR的幅度特征进行面向对象影像分割与分类处理后，通过从背景地物中分离建筑物来实现高层建筑物精细监测。李振河等(2021)采用一种基于时序InSAR空间数据、地理信息系统(Geographic Information System, GIS)数据库的InSAR属性分类精确监测方法，实现地面InSAR监测点的精确提取。杨梦诗等(2023)引入了时序InSAR监测体系下InSAR相干点的描述框架，包括运动学特征、几何参数、语义信息、物理属性等，来实现城市场景的精细形变监测。

1.2.3 时序InSAR技术可靠性研究中存在的问题

综上所述，时序InSAR技术已经得到深入研究，并具备丰富的理论基础和算法支持。同时，关于时序InSAR技术可靠性的研究也取得了一定的进展，奠定了相应的理论和实验基础。然而，这一研究领域仍然面临一些挑战和问题。

(1)时序InSAR技术可靠性理论还不完备。时序InSAR技术是基于测量平差技术发展起来的，目前主要从精度、一致性等方面进行可靠性分析。相对于InSAR工程化、精细化、知识化应用而言，系统性的可靠性指标、控制方法、评价方法均存在不足，需要结合其他测量可靠性理论和时序InSAR应用特点来完善。

(2)时序InSAR分析方法优化。时序InSAR分析方法有很多，并且取得了良好的应用效果。但是由于每个方法均有其特点和场景适用性限制，且时序InSAR分析过程中存在失相干、空间基线、大气相位、相位解缠等多项误差。在综合考虑各种时序InSAR分析方法优缺点、各项误差特点进行时序InSAR分析方法优化方面仍然存在不足。

(3)基于多源SAR数据的时序InSAR的粗差剔除。时序InSAR技术可提高形变监测可靠性，但受限于相位解缠成功率不足100%的影响，监测成果仍存在一定粗差。鲜有学者研究如何实现多源SAR数据成果的空间基准统一、沉降基准统一，如何利用多源SAR数据在对同一地区冗余观测中来实现识别和剔除粗差等。

(4)基于多源测量数据的时序InSAR可靠性控制。多源InSAR集成在理论上可以提高时序InSAR的鲁棒性，但是其自身的误差较难完全消除，与真实形变之间存在差异。但如何利用GNSS、精密水准等外部元素来解决多源时序InSAR监测中的模型误差？如何实现三者的有效集成？这些方面的研究仍存在不足。

(5)时序InSAR监测点精细化识别和应用。已有InSAR监测点识别方法由于数据源、分析方法等原因，均未得到大规模应用。如何充分利用时序InSAR监测点特征和已有的地理信息数据来实现时序InSAR监测点的精细化识别？此外，利用时序InSAR技术实现建筑物精度指标的精确评价、建筑物InSAR监测应用的研究也相对较少。

(6)时序 InSAR 的知识化应用。时序 InSAR 可以提供大范围、高精度、精细化的形变监测数据及产品。但是鲜有学者研究将 InSAR 技术与韧性安全城市建设、地质灾害防灾减灾等国家重大安全需求相结合，通过交叉融合创新来实现时序 InSAR 的知识化应用(陈军等，2021)。

1.3 研究内容及技术路线

1.3.1 研究内容

本书针对上述时序 InSAR 技术可靠性研究中存在的问题，以可靠性控制与评价、多源数据集成为研究突破口，拟定了以下研究内容。

(1)时序 InSAR 的可靠性理论。

基于目前测量学中的经典测量平差可靠性理论、空间数据分析可靠性理论等，本书结合时序 InSAR 分析的数学模型、误差源分析，从鲁棒性、精细性、一致性、适用性、精确性等方面构建时序 InSAR 分析的可靠性指标，并进一步提出时序 InSAR 分析的可靠性控制策略和评价方法。

(2)通用的扩展 SBAS 时序分析技术。

在分析 PSInSAR 技术、SBAS 方法等经典时序 InSAR 分析方法的基础上，结合时序 InSAR 分析中的失相干误差、相位解缠误差等误差源，对时序 InSAR 分析中的影像配准策略、差分干涉集选择、PS 点识别策略、相位解缠测量等关键技术进行研究，发展扩展 SBAS 时序分析技术，实现不同类型 SAR 数据集的处理和一致性验证分析。

(3)基于多源 SAR 的时序 InSAR 粗差检测研究。

为有效解决相位解缠成功率不足 100%的情况，本书在地理编码误差分析的基础上提出多源 SAR 数据基准统一的数学模型；基于 PS 点云几何分布和 RANSAC 算法采用由粗到精的策略实现多源 SAR 数据基准统一后，利用最小二乘法实现沉降基准统一；在内部可靠性和外部可靠性分析实现可靠性评价的基础上，采用迭代数据探测法进行粗差识别与剔除，从而获取鲁棒性强的时序 InSAR 监测成果。

(4)基于多源测量的时序 InSAR 精确监测研究。

在分析多源测量数据差异的基础上，提出 InSAR、GNSS、水准数据集成的数学模型、技术流程；在分别获取角反射器、GNSS 形变数据、离散水准成果等多源测量沉降数据的基础上，采取 GNSS 数据与 InSAR 数据融合、水准数据与 InSAR 数据融合的分组处理方式实现多源测量数据联合解算；然后，利用多源测量和多源 SAR 数据实现粗差检测，来进一步提高时序 InSAR 分析的精确性。

(5)基于多源数据的时序 InSAR 精细监测研究。

为实现时序 InSAR 技术精细化应用需求，本书在对 InSAR 监测点三维位置信息、幅度信息特点详细分析的基础上，提出了一种基于 GIS 数据库和 InSAR 监测点三维位置信息的精细识别策略；并以建筑物为例，开展时序 InSAR 的精细化识别应用和分析；在采用多种方法评价其监测精度后，提出了结合定性分析和定量分析的建筑物 InSAR 监测成果的应用方法。

(6)典型交通网络 InSAR 形变监测及风险评估。

选择地铁施工影响、高速公路运营、高速铁路运营等典型交通网络形变风险评估应用场景来开展时序 InSAR 在韧性安全城市建设中的知识化应用。从地铁车站施工影响、隧道施工影响两个方面开展了地铁施工影响范围的理论和统计研究；针对高速公路运营，提出了基于路基形变量、路面平整度指标的风险点识别准则；针对高速铁路运营，构建了由线路坡度变化、线路平顺性等组成的形变风险评价指标体系。

(7)区域地面沉降监测及机理分析研究。

从平台协同、参数协同进一步构建"空中—地表—地下"的区域地面沉降立体监测体系，实现对地面沉降孕灾环境与灾害监测全覆盖和交叉验证。以街镇为研究尺度，集成了可视化分析、时空统计分析等大数据分析方法，以及有效应力原理，提出了"地表-水-土-力"多尺度参数的沉降诱因分析方法，系统揭示了街镇尺度下的地面沉降、地下水渗流、土层变形的演化规律，实现了从定性分析区域沉降特征到定量分析土层变形特征的转变。

1.3.2 技术路线

为促进时序 InSAR 技术应用的可靠性，本书围绕时序 InSAR 监测的可靠性开展系统性研究工作。在对时序 InSAR 分析方法和误差源进行分析的基础上，基于测量学平差理论，研究了时序 InSAR 监测及应用的可靠性理论；采用理论分析、方法研究、外部验证等技术方法对时序 InSAR 的可靠性控制、可靠性评价的关键技术进行研究；通过拓展扩展 SBAS 时序分析技术，实现不同类型 SAR 数据集处理；在对多源 SAR 数据基准统一研究的基础上，利用粗差探测来实现时序 InSAR 可靠性控制；集成多源观测数据来解决视线向、空间基线等模型误差，进一步提高时序 InSAR 的精确性；采用多源地理信息数据实现 InSAR 监测点高可靠性识别、建筑物精细分析和应用；通过交通网络风险评估、区域地面沉降机理分析等知识化应用来验证与细化时序 InSAR 的适用性。具体技术路线如图 1-1 所示。

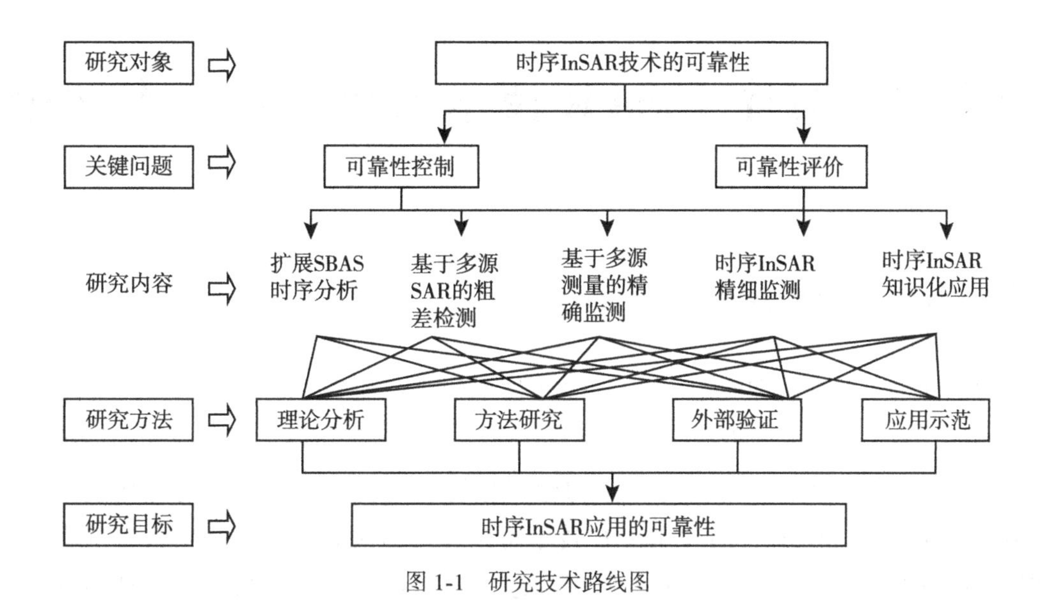

图 1-1 研究技术路线图

第2章　时序InSAR技术与可靠性基本理论

2.1　时序InSAR技术

在近几十年的发展和应用中，DInSAR技术的理论研究和实际应用均在不断地深化和拓展。但是由于时间失相干、空间失相干和大气效应等诸多因素的影响，DInSAR技术在长时间的地表微小形变监测中的应用却受到限制。而Ferretti等(1999，2000，2001，2011)提出和发展的时序InSAR技术可以通过多次观测和分析来减弱与消除这些因素的影响，从而获取高精确的地面形变信息，成为目前InSAR技术的研究热点。目前，主要时序InSAR技术有Stacking技术、PSInSAR技术、SBAS技术、StaMPS技术、CT方法、SqueeSAR技术等(中国地质灾害防治工程行业协会，2018)，下面我们逐一介绍各种技术的主要原理和优缺点。

2.1.1　Stacking技术

Stacking技术主要基于线性形变的假设将干涉相位在时间域进行平均，以降低大气延迟误差等信号对监测结果的影响。该技术最早由Sandwell等于1998年提出，随后在地面沉降监测工作中被广泛应用(刘晓杰，2022；彭米米，2023)。

Stacking方法的主要操作步骤如图2-1所示：①预处理，对InSAR数据集进行配准、重采样、生成多时相干涉对和差分干涉；②对图幅内高相干点进行相位叠加平均，计算得到对应点位处的形变速率。

通过对多幅干涉图进行叠加平均操作可以将大气相位削弱至原来的$1/N$，大幅度抑制随机大气相位的影响。该技术也为其他先进的MT-InSAR技术的提出奠定了基础。但是，该方法基于线性假设，因此只适用于获取研究区域线性形变速率，不适用于季节性形变特征较强的研究区域(刘晓杰，2022；彭米米，2023)。

2.1.2　PSInSAR技术

PSInSAR技术是利用一组覆盖同一地区的时间序列SAR图像，采用幅度离差法来

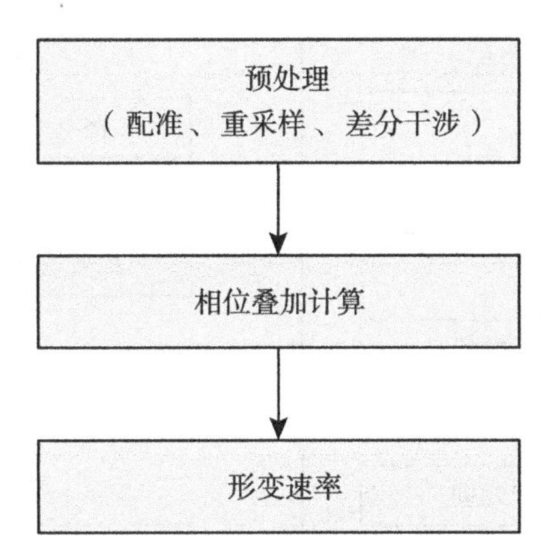

图 2-1　Stacking 数据处理流程图

识别时间序列上保持稳定的点目标；通过对时间上、空间上两次相位差分量进行周期图谱的估计分析，获取线性沉降速率和 DEM 残差；然后利用大气相位、噪声的特点进行时间维和空间维滤波处理，获取非线性形变、大气延迟等分量，从而得到高精确的地表形变监测成果（Ferretti et al.，1999，2000，2001；Colesanti et al.，2003）。

PSInSAR 技术的主要操作步骤如图 2-2 所示。①主影像选择：对时间序列 SAR 影像的空间基线分布、时间基线分布、多普勒偏移信息分布进行综合分析来选择最优主影像。②SAR 数据配准：采用轨道信息、影像幅度信息、干涉条纹信息进行由粗到精的 SAR 数据配准。③差分干涉处理：结合 SRTM 或 TanDEM 等参考 DEM 数据、精密卫星轨道信息和成像几何模型等传感器数据，去除地形相关相位，生成差分干涉图集。④永久散射体（PS）候选点提取：对经过 SAR 数据定标处理后的序列数据进行幅度参数统计分析，通过幅度离差法来提取 PS 候选点。⑤离散点相位解缠：利用不规则三角网建立 PS 点之间的关系后，采用周期图谱的估计方法进行整体相干性分析，获取线性沉降速率和 DEM 残差。⑥大气相位估计：通过空间域和时间域滤波进行大气相位估计。⑦干涉相位时序分析：对去除大气相位的干涉相位进行分析，获取每个 PS 点时间序列形变信息（刘国祥等，2012；陈富龙等，2013；聂运菊，2013；廖明生等，2014；Crosetto et al.，2016）。

PSInSAR 方法将 PS 点作为分析对象，降低了空间基线失相干、时间基线失相干对差分干涉图的影响；利用 DEM 误差、大气相位估计及非线性形变等分量的特征进行分步分析，实现具有明确物理意义下沉降参数最优估计。

但 PSInSAR 方法在实际应用过程中也存在一些缺点：采用单一主影像原则使得整个分析过程需要大量 SAR 数据集，通常最少需要 30 景；采用幅度离差法选择的 PS 点则存在分布不均匀现象，会影响到相位解缠的成功率。

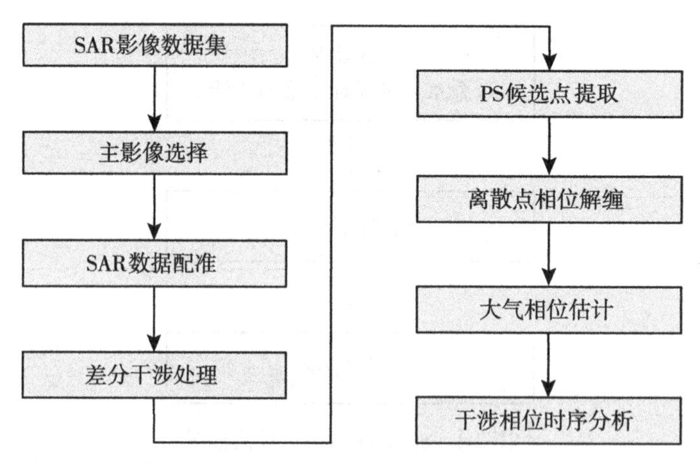

图 2-2　PSInSAR 数据处理流程图

2.1.3　SBAS 技术

与 PSInSAR 方法采用唯一主影像进行干涉对组合不同，SBAS 方法根据 SAR 影像序列在时间基线、空间基线的分布，将自由组合与空间基线阈值法相结合来构成短空间基线的干涉集；然后基于形变速率最小范数准则，采用奇异值分解（Singular Value Decomposition，SVD）算法来获取监测点的目标形变速率及其时间序列（Berardinoet al.，2002；杨成生等，2014）。

SBAS 方法的主要操作步骤如图 2-3 所示。①SAR 数据配准：采用轨道信息、影像幅度信息、干涉条纹信息进行由粗到精的 SAR 数据配准。②短基线干涉数据集：采用多主影像原则，根据短空间基线、短时间基线方法构建短基线干涉数据集合。③差分干涉处理：结合参考 DEM 数据、精密卫星轨道信息和成像几何模型等传感器数据，去除地形相关相位，生成差分干涉图集。④PS 候选点提取：根据相干系数图进行相干系数统计分析，通过相干系数法来选择高相干点。⑤离散点相位解缠：采用扩展稀疏格网最小费用流解缠算法来开展差分干涉图序列的相位解缠处理。⑥参数估计：利用 SVD 方法求出形变参数、高程误差在最小范数意义上的最小二乘解。⑦大气相位和非线性形变相位估计：通过空间域和时间域滤波进行大气相位、非线性形变相位估计（Francesco et al.，2009；聂运菊，2013；Bateson et al.，2015；Liu et al.，2016；Xu et al.，2016）。

SBAS 方法采用多主影像策略，使得在同样观测时段内尽可能多的干涉图参与形变参数估计，提高了形变测量的时间采样频率和空间覆盖率，同时可有效消除大气相位影响。

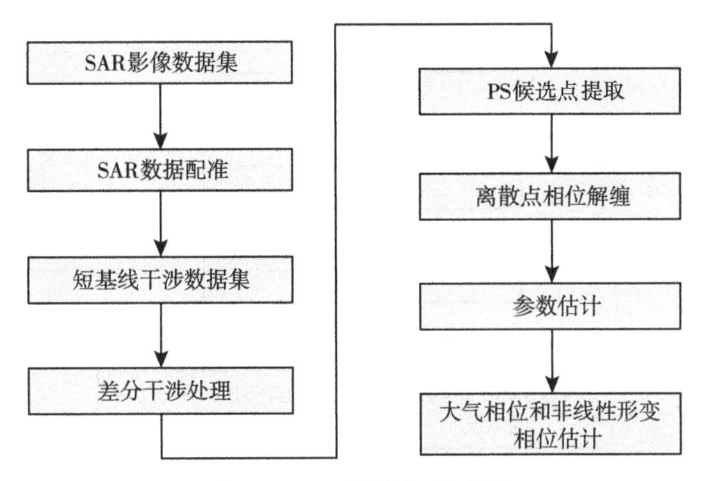

图 2-3　SBAS 数据处理流程图

与经典 PSInSAR 方法相比，采用相关系数法来提取 PS 候选点容易受到相关系数计算窗口尺寸、阈值的影响而引入非相干点。此外，在非线性形变提取方面，需要采用多视处理与单视处理相结合的计算方法，在两者融合方面容易引入新误差。

2.1.4　StaMPS 技术

StaMPS 技术是以 PSInSAR、SBAS 为基础分别组成 PSInSAR、SBAS 时序干涉对，利用目标相位稳定性准则来选择 PS 候选点，直接采用三维相位解缠算法获取地表形变信息。其主要步骤如图 2-4 所示。①主影像选择：对时间序列 SAR 影像的空间基线分布、时间基线分布、多普勒偏移信息分布进行综合分析来选择最优主影像。②SAR 数据配准：采用轨道信息、影像幅度信息、干涉条纹信息进行由粗到精的 SAR 数据配准。③差分干涉集选择和处理：通过一幅主影像生成 N 幅干涉图，采用多主影像、短基线等原则生成 M 幅短基线干涉数据集，结合 SRTM 或 TanDEM 等参考 DEM 数据以及精密卫星轨道信息和成像几何模型等传感器数据，去除地形相关相位，生成差分干涉图集。④PS 候选点提取：采用幅度离差法对单一主影像原则下生成的 N 幅干涉图进行统计分析来提取 PS 候选点，对多主影像原则下生成的 M 幅干涉图相位信息进行统计分析，采用相位稳定性准则来迭代提取高质量散射目标作为 PS 候选点，同时获取空间不相关模型参数。⑤时空三维相位解缠：从干涉相位中减去空间不相关模型参数后，利用时空三维解缠技术进行处理，获取时间序列解缠干涉图集。⑥空间相关相位计算：对解缠干涉图依次进行时间维高通滤波和空间维低通滤波，获取空间相关相位。⑦形变信息获取：从步骤⑤的解缠干涉图中减去空间相关相位即得到形变相位，进而计算出形变信息（Hooper et al.，2004，2007，2008；聂运菊，2013；何平，2014；

Vajedian et al.，2015；姜兆英等，2017）。

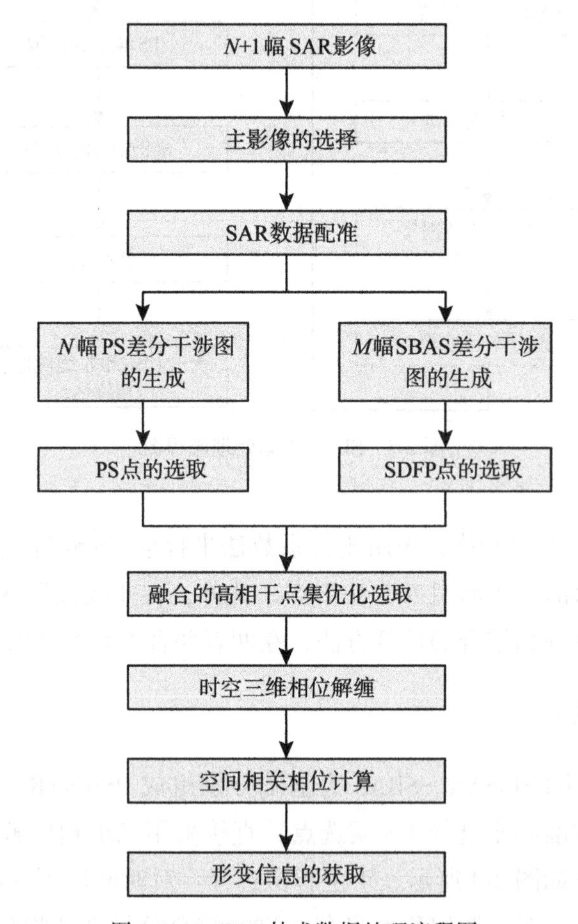

图 2-4　StaMPS 技术数据处理流程图

Hopper 等（2004，2007，2008）综合 PS-InSAR 技术和 SBAS 技术提出 StaMPS 技术，以融合幅度离差法和相位稳定性准则来选择相干目标点，提高形变测量的空间覆盖密度。由于其分析过程中采用变形相关而 DEM 精化值不相关的假设，该方法主要适用于非城市地区形变监测研究。

2.1.5　CT-InSAR 方法

CT-InSAR（Cross Track InSAR，垂直航迹干涉）方法在空间-时间-多普勒空间中采用 Delaunay 方法来选择适当数量最佳干涉图后，利用相关性系数法和幅度离差法识别高相干点，然后采用共轭梯度法来实现相位值与模型值的差异最小化，从而计算线性形变速率和 DEM 精化值（Mora et al.，2003）。

CT-InSAR 方法的主要操作步骤如图 2-5 所示。①SAR 数据配准：采用轨道信息、影像幅度信息、干涉条纹信息进行由粗到精的 SAR 数据配准。②干涉数据集选择：采用 Delaunay 方法选择适当数量最佳干涉图集。③差分干涉处理：结合 SRTM 或 TanDEM 等参考 DEM 数据、精密卫星轨道信息和成像几何模型等传感器数据，去除地形相关相位后进行相关性分析，生成差分干涉图集和相干影像集。④PS 候选点提取：将相关性系数法和幅度离差法相结合来提取高相干性 PS 候选点。⑤离散点相位解缠：利用不规则 Delaunay 三角网建立 PS 点之间关系后，采用共轭梯度法进行整体相干性分析，获取线性沉降速率和 DEM 残差。⑥大气相位估计：通过空间域和时间域滤波进行大气相位估计。⑦干涉相位时序分析：采用 SVD 算法对去除大气相位的干涉相位进行分析，获取每个 PS 点时间序列形变信息(Yang et al. , 2015)。

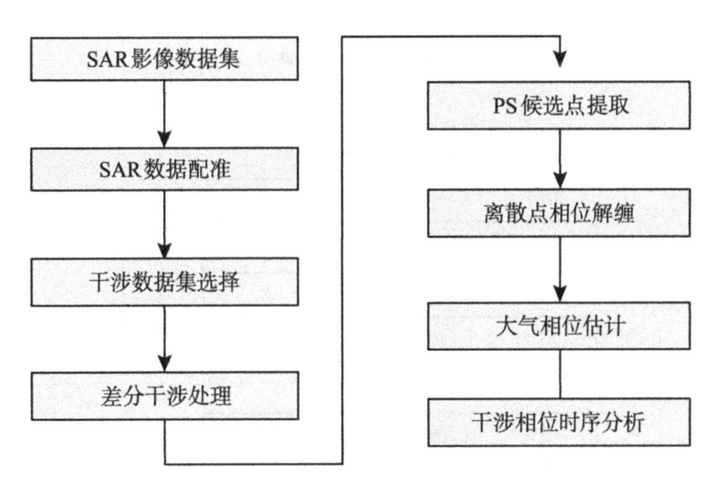

图 2-5 CT-InSAR 技术数据处理流程图

CT-InSAR 方法采用相关系数法来选择相关目标点，对 SAR 影像集进行组合，生成差分干涉数据集，可以应用于 SAR 数量较少的数据集；且其对整个时序分析的各个技术细节进行考虑，算法实施过程中稳健性更强。但是 CT-InSAR 方法通过相干性选择标准以最终结果的较低分辨率为代价来最大化非城市区域的可用像素数量，难以实现精确散射源识别。

2.1.6 IPTA 时序分析方法

IPTA(Interferometric Point Target Analysis)方法作为 PS-InSAR 技术的一种延伸，是结合 SBAS-InSAR 和 PS-InSAR 技术的优点来克服传统方法的固有缺陷，在常用的商业软件 GAMMA 雷达处理软件中常使用此方法。

IPTA 方法的主要操作步骤如图 2-6 所示：①在配准多幅重复轨道 SLC 图像的基础

上，该方法以单一主影像的原则构成差分干涉相位图；②采取相干系数和振幅阈值组合的方式来最大程度地获取研究区适当密度的稳定散射点，通过回归分析对初选的目标点进行噪声评定；③对点目标干涉相位进行相位解缠，同时基于二维回归分析迭代获得每一点上的 DEM 误差和线性形变；④根据大气相位、噪声、非线性形变等不同相位信号的时空分布特征进行模型校准和迭代优化，得到最终的高相干点的高程量、沉降速率、沉降历史等沉降监测结果(杨魁等，2018；彭米米，2023)。

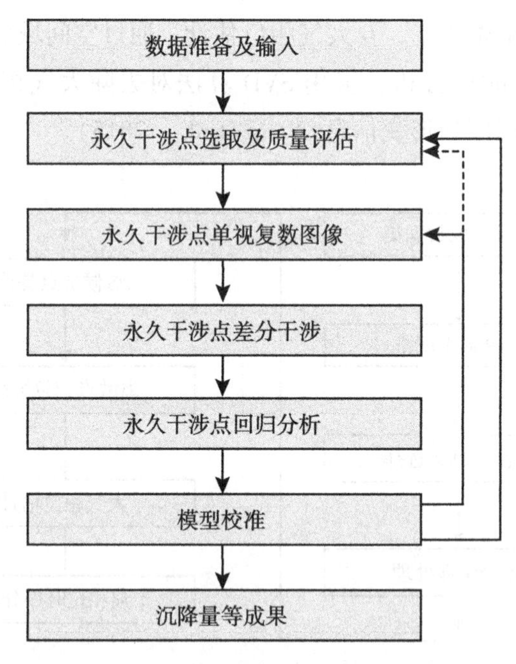

图 2-6　IPTA 技术数据处理流程图

该技术的主要优点是采用矢量数据格式进行计算，可以有效减少空间占用并提高处理速度；且可采用逐步迭代的方法对模型的参数进行修正，从而有效克服 InSAR 误差对于时序结果的影响(彭米米，2023)。IPTA 技术能准确获取小范围区域内非线性形变信息的结果，但对宽幅数据进行整幅处理时，其能力往往受到限制(彭米米，2023；曹群等，2019)。

2.1.7　SqueeSAR 技术

为了克服 PS 点密度低的缺点，促进时序 InSAR 技术在非城市地区应用，Ferretti 等(2011)提出 SqueeSAR 技术，在考虑散射体统计特性的情况下同时实现 PS 点和分布散射体(DS)的提取和分析，在提高监测点密度情况下，采用传统 PSInSAR 方法即可实现高密度地表形变信息获取。

SqueeSAR 技术的主要操作步骤如图 2-7 所示，包括主影像选择、SAR 数据精配准、差分干涉处理、PS 候选点和 DS 候选点提取、离散点相位解缠、大气相位估计、干涉相位时序分析。除 DS 候选点提取外，其他处理步骤与 2.1.1 小节一致，在此不再单独阐述，下面重点介绍 DS 候选点方法。对于每个像素，指定一定大小窗口后采用 DespecKS 算法来计算其窗口范围内统计一致性点（Statistically Homogeneous Pixels, SHP），选择大于一定阈值点为初步 DS 候选点；然后基于其自身和相应 SHP 簇构建相干矩阵后采用相位三角测量法（Phase Triangulation Algorithm, PTA）进行度量，选择大于指定阈值点为最终 DS 候选点，并以优化后的稳定相位值来代替原始 SAR 影像上的相位值进行后续分析（Ferretti et al., 2011; Goel et al., 2014; 汪慧, 2017; Sun et al., 2018; Even et al., 2018）。

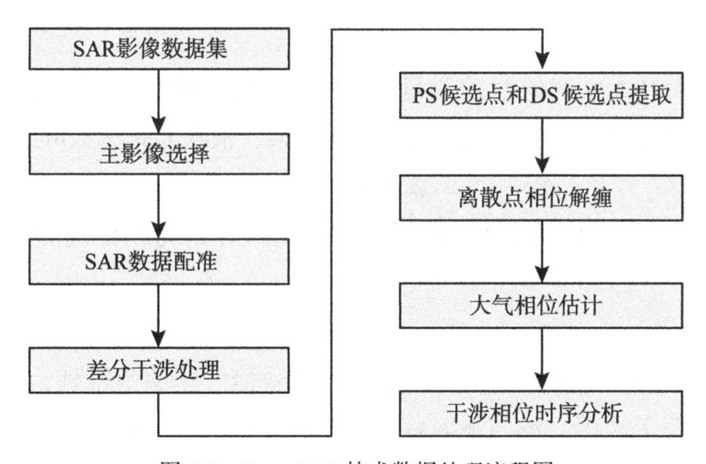

图 2-7　SqueeSAR 技术数据处理流程图

SqueeSAR 方法同时将 PS 点和 DS 点作为分析对象，降低了空间基线失相干、时间基线失相干对差分干涉图影响，提高了形变测量空间覆盖率，可以应用于城市地区形变研究。但是 SqueeSAR 存在计算时间成本较高、分析需要大量 SAR 数据集等不足。

2.1.8　时序 InSAR 分析方法小结

时序 InSAR 分析方法有很多，本小节从原理、步骤、优缺点等多方面对这几种经典时序 InSAR 分析方法进行对比分析，不同方法具有不同的物理背景和思想，应用场合也存在差异。在后续具体分析过程中，需要根据研究对象特点、研究区 SAR 数据情况来选择合理的一种或者多种方法，或者结合几种方法特点来拓展开发合适的算法。

将上述方法按照单主影像原则和多主影像原则进行分类分析，PSInSAR 方法、SqueeSAR 方法采用单主影像思想，对数据要求量比较大；Stacking 技术、SBAS 方法、

StaMPS 技术、CT-InSAR 方法和 IPTA 方法采用多主影像思想，对数据要求量相对较低，适用范围更广。后续主要基于多主影像思想来开展时序 InSAR 分析的数学模型与误差源的研究工作。

2.2 时序 InSAR 数学模型

测量可靠性基础是测量平差，而测量平差基础是数学模型(武汉大学测绘学院测量平差学科组，2009)，因此对于时序 InSAR 可靠性分析而言，首先需要建立时序 InSAR 数学模型，主要包括函数模型和随机模型。

2.2.1 时序 InSAR 函数模型

函数模型是描述观测量与未知量之间数学函数关系的模型，是确定客观实际本质或特征的模型(武汉大学测绘学院测量平差学科组，2009；何平，2014)。对于时序 InSAR 相位观测值与待求形变参数的函数模型关系，根据 GM 模型可以表示如下：

$$\varphi = \boldsymbol{A}x + \varepsilon \tag{2-1}$$

式中，φ 为相位观测值；$\boldsymbol{A}$ 为设计矩阵；x 为未知参数；ε 为相位观测值 φ 的误差，且 $E\{\varepsilon\} = 0$。

1. 模型观测值

干涉相位观测量通常是缠绕，意味着仅有部分信号能够观察到，而卫星至地球整周数是未知。缠绕干涉相位 φ 与解缠后干涉相位 φ^{unw} 关系可用式(2-2)表示。

$$\varphi = \varphi^{\mathrm{unw}} - 2\pi \cdot w \tag{2-2}$$

式中，w 为整周模糊度。

2. 模型估计值

将解缠后干涉相位 φ^{unw} 组成部分进行分解，可分解为形变相位 φ_{topo}、残余高程相位 φ_{def}、不精确轨道 φ_{orb}、大气信号 φ_{atm} 和观测噪声 φ_n，如式(2-3)所示。

$$\varphi^{\mathrm{unw}} = \varphi_{\mathrm{topo}} + \varphi_{\mathrm{def}} + \varphi_{\mathrm{orb}} + \varphi_{\mathrm{atm}} + \varphi_n \tag{2-3}$$

根据各部分相位关系和式(2-2)、式(2-3)，多主影像 InSAR 分析系统的观测向量可进一步改写为下式(Prati et al.，2010)：

$$\varphi_{ij}^{k} = -2\pi w_{ij}^{k} - \frac{4\pi}{\lambda}\frac{B_i^{\perp}}{R_i \sin\theta_i}H_{ij}^{k} - \frac{4\pi}{\lambda}D_{ij}^{k} + \varphi_{i,\ \mathrm{atmo}}^{k} - \varphi_{j,\ \mathrm{atmo}}^{k} + n_{ij}^{k} \tag{2-4}$$

式中，下标 ij 为差分干涉图名称，i 为前一个 SAR 影像，j 为下一个 SAR 影像；φ_{ij}^{k} 为差分干涉图 ij 中第 k 个 PS 点的差分相位观测值；w_{ij}^{k} 为第 k 个 PS 点的整周模糊度；H_{ij}^{k} 为第 k 个 PS 点相对参考点的残余高程；D_{ij}^{k} 为第 k 个 PS 点相对参考点的形变量；$\varphi_{i,\ \mathrm{atmo}}^{k}$ 为前

时相中第 k 个 PS 点对应大气延迟相位；$\varphi_{j,\ \text{atmo}}^{k}$ 为后时相中第 k 个 PS 点对应大气延迟相位；n_{ij}^{k} 为由数据处理过程、失相干等产生的其他误差。

所以对于第 k 个 PS 点而言，主要模型估计值分别为整周模糊度 w_{ij}^{k}、高程值 H_{ij}^{k}、沿斜距向形变 D_{ij}^{k}、大气延迟相位 $\varphi_{i,\ \text{atmo}}^{k}$ 与 $\varphi_{j,\ \text{atmo}}^{k}$。

3. 函数模型构建

对式(2-4)分析可知，1 个观测值对应于 5 个未知参数，这是一个秩亏问题，不能直接求解，需要通过重构模型、增加观测值等方式来解决。

重构模型主要是将大气延迟相位等参数视为随机模型一部分来构建模型。沉降量 D_{ij}^{k} 可以用线性形变模型 $T^{k}v_{ij}$ 与非线性形变 d 来表示。其中，T^{k} 表示时间基线，v_{ij} 为稳定沉降速率；由于非线性形变 d 具有一个相关长度，可以放置在统计模型中。此外，假设所有干涉图都已经成功解缠，整周模糊度已经获取。式(2-4)的函数模型可以简化为

$$\varphi_{ij}^{k} = -\frac{4\pi}{\lambda}\frac{B_{i}^{\perp}}{R_{i}\sin\theta_{i}}H^{k} - \frac{4\pi}{\lambda}(d_{j}^{k} - d_{i}^{k}) \tag{2-5}$$

增加观测值主要方法是基于有限 SAR 数据集采用多主影像原则来选择尽可能多的差分干涉图。将研究区 $N+1$ 景 SAR 图像按时间进行排序 $t=(t_{0},\ t_{1},\ \cdots,\ t_{N})$，通过短时间基线、空间基线原则构建 M 景干涉图组成的集合；从而对于第 k 个 PS 点而言，均获得 M 个观测值。

在采取上述策略后，M 个相位观测值 φ_{ij}^{k} 对应 1 个高程参数 H^{k}、N 个沉降形变参数 $d_{i}^{k}(i=1,\ 2,\ \cdots,\ N)$，参考式(2-1)对每个 PS 点构建以下线性模型：

$$\boldsymbol{\varphi} = \boldsymbol{A}\boldsymbol{x} + \boldsymbol{\nu} \tag{2-6}$$

式中，$\boldsymbol{\varphi}$ 为观测值矢量，维度为 M；$\boldsymbol{A}$ 为设计矩阵，维度为 $M\times(N+1)$；$\boldsymbol{x}$ 为未知参数矢量，维度为 $N+1$，包含 N 个历元变形量、1 个地形残差；$\boldsymbol{\nu}$ 为残差向量，维度为 M。矩阵 $\boldsymbol{A}$ 每一行主影像历元值 (i) 为-1，辅影像历元值 (j) 为 1，其他历元均设置为 0，则式(2-6)具有以下形式(González et al.，2011；何平，2014)：

$$\begin{pmatrix} \varphi_{12}^{k} \\ \varphi_{13}^{k} \\ \varphi_{23}^{k} \\ \varphi_{24}^{k} \\ \vdots \\ \vdots \end{pmatrix} = \begin{pmatrix} -1 & 1 & 0 & 0 & \cdots & \dfrac{B_{1}^{\perp}}{R_{1}\sin\theta_{1}} \\ -1 & 0 & 1 & 0 & \cdots & \dfrac{B_{2}^{\perp}}{R_{1}\sin\theta_{1}} \\ 0 & -1 & 1 & 0 & \cdots & \dfrac{B_{3}^{\perp}}{R_{1}\sin\theta_{1}} \\ 0 & -1 & 0 & 1 & \cdots & \dfrac{B_{4}^{\perp}}{R_{1}\sin\theta_{1}} \\ \vdots & \vdots & \vdots & \vdots & & \vdots \\ \cdots & \cdots & \cdots & \cdots & \cdots & \cdots \end{pmatrix} \begin{pmatrix} d_{1}^{k} \\ d_{2}^{k} \\ d_{3}^{k} \\ d_{4}^{k} \\ \vdots \\ H^{k} \end{pmatrix} + \begin{pmatrix} \Delta d_{1}^{k} \\ \Delta d_{2}^{k} \\ \Delta d_{3}^{k} \\ \Delta d_{4}^{k} \\ \vdots \\ \Delta H^{k} \end{pmatrix} \tag{2-7}$$

在随后最小二乘模型处理中，假设误差是正态分布，即 $E\{\boldsymbol{v}\}=0$。矩阵 $\boldsymbol{A}$ 为满秩矩阵，式(2-7)成立可解。

2.2.2　时序 InSAR 随机模型

随机模型描述随机量干涉相位及其相互间统计相关性质的模型。与描述观测值与未知参数关系的函数模型不同，随机模型主要以方差与协方差方式来描述观测量离差，定义随机模型的主要是相关误差源及其传播至统计模型的方式。通常随机模型是这样定义的(武汉大学测绘学院测量平差学科组，2009；何平，2014)：

$$\sum_{\varphi\varphi}=\delta_0^2\boldsymbol{Q}_{\varphi\varphi} \tag{2-8}$$

式中，$\boldsymbol{Q}_{\varphi\varphi}$ 为协因数阵；δ_0^2 为单位权先验方差因子。

多主影像时序 InSAR 分析的随机模型包含观测误差和模型误差(残余形变、大气信号)。干涉双差分观测值 $y=\varphi_{ij}^k$ 的方差-协方差矩阵为

$$Q_y=\boldsymbol{W}(Q_n+Q_{\text{defo}}+Q_{\text{atmo}})\boldsymbol{W}^{\text{T}} \tag{2-9}$$

式中，$\boldsymbol{Q}_n$ 为观测误差；Q_{defo} 和 Q_{atmo} 分别为模型不完善所导致的残余变形与大气信号。

需要说明的是，每一景干涉图都受空间相关与不相关误差影响，尤其是大气信号复杂性使得随机模型的描述和应用十分困难。而何平(2014)通过对比基于随机模型的参数估计和不考虑随机模型的传统等权估计，虽然前者在理论上与实际情况更相符，但两者的均方差指标并无明显改善，从而得到时序处理过程中利用等权进行参数估计是合理的结论。因此，本章及后续章节中随机模型仅列出主要误差源，并未涉及对其定量估计，而是在假设为等权条件下进行分析。

2.3　时序 InSAR 分析误差

基于式(2-4)、式(2-9)的时序 InSAR 数学模型可知，时序 InSAR 分析误差包含失相干误差、空间基线误差、大气相位误差、DEM 残差、相位解缠误差、沉降基准误差、视线向形变转换模型误差、InSAR 监测点识别误差(Zebker et al.，1992；Yen-Yi et al.，2024)。

2.3.1　失相干误差

失相干误差是指相关距离小于相干性估计窗口的信号所引起的误差。对重复轨道干涉测量来说，数据获取和处理过程的地表散射特性变化会造成干涉图相位误差。主要去相干源：①SAR 系统热噪声去相干（γ_{thermal}），由整个雷达系统特点决定，受到天线特性和增益因子影响；②多普勒质心去相干（γ_{DC}），由两次获取影像多普勒质心频

率差异引起；③体散射去相干（γ_{vol}），在雷达波穿透散射目标时由不同高度散射体的回波信号所引起；④几何去相干（γ_{geom}），由两次获取影像的入射角差异引起；⑤时间去相干（$\gamma_{temporal}$），由两次获取影像时地表目标散射特性发生改变所引起；⑥数据处理去相干（γ_{proc}），由配准、插值等影像处理算法或者流程造成的误差(Zebker et al.，1992)。

这些去相干源均会引发局部相位信号严重失相干，影响后续相位解缠和时序 InSAR 分析，降低时序 InSAR 测量可靠性。

受到这些误差源的共同干扰，干涉相位总体相干性可以表示为

$$\gamma_{tot} = \gamma_{thermal} \times \gamma_{DC} \times \gamma_{vol} \times \gamma_{geom} \times \gamma_{temporal} \times \gamma_{proc} \tag{2-10}$$

通过式(2-10)可以看出，相干性反映了多种误差对干涉图的综合影响。如何有效提升相干性，即减弱失相干噪声对于观测结果的影响，是数据处理中应当深入研究的问题(康亚，2020)。

2.3.2 空间基线误差

卫星的运动可以采用轨道信息来描述，而轨道信息不精确会导致基线的估计出现偏差(Bähr et al.，2012)。空间基线指两次获取影像时雷达天线间的相对位置关系，如图 2-8 所示，由两天线相对距离 B、天线连线与水平线夹角 α 所确定。在差分 InSAR 情况下，假设相位中不含有误差，引起形变误差因素主要包括有地形相位和平地效应，对两者进行微分计算得到基线长度和基线角度的传播表达式：

$$\begin{aligned} \frac{\partial \Delta r}{\partial B} &= -\sin(\theta - \alpha) - \frac{\cos(\theta - \alpha)h}{\rho \sin\theta} \\ \frac{\partial \Delta r}{\partial \alpha} &= B\cos(\theta - \alpha) - \frac{B\sin(\theta - \alpha)h}{\rho \sin\theta} \end{aligned} \tag{2-11}$$

式中，Δr 为差分 InSAR 形变量；h 为地面点高程；θ 为入射角；ρ 为星地间距离。

依据上述理论公式和当前 SAR 卫星参数，当轨道数据定位精度达到 1mm 指标时，由空间基线误差所导致的残差干涉条纹才能完全消除。而这在实际情况中是远远难以满足的，从而空间基线误差在目前数据处理过程中必然存在。

空间基线误差会错误估计参考相位，并会系统性地从近到远进行传播，从而造成垂直基线计算误差。考虑到大范围形变速率估计，这意味着存在一个小的空间趋势误差。

2.3.3 大气相位误差

雷达具有全天时、全天候特性，获取数据时不受云层影响。但是当微波穿透整个

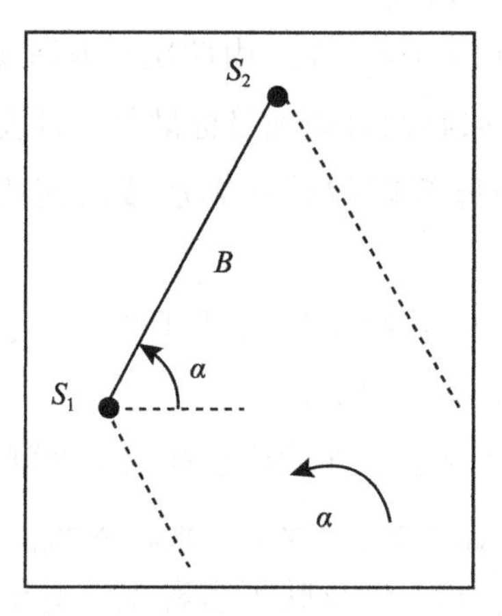

图2-8　空间基线示意图(范洪冬，2010)

大气层的过程中，由于电离层与对流层等大气层的不同介质影响，信号传播会发生折射而引起速度变化和路径弯曲，在最终SAR成像过程中则表现为增加斜距向传播路径，引入大气延迟伪相位(何平，2014)。

InSAR中的大气延迟相位包括大气层中电离层和对流层的相位延迟，是InSAR技术面临的关键问题(Kirui et al.，2021；Li et al.，2022)。电离层相移$\Delta\varphi_{\text{iono}}$是由大气层中电离层的总电子含量(TEC)的变化引起的，可以近似表示为

$$\Delta\varphi_{\text{iono}} \approx 4\pi \frac{k}{cf_o}\Delta\text{TEC} \tag{2-12}$$

式中，ΔTEC是在两个获取时刻之间TEC在斜距上的变化；f_o是传播信号的频率；c为真空介质下的光速；$k=40.3\text{m}^2/\text{s}^2$是一个常数。电离层延迟相位可以通过原始SAR数据中的内部信号被顾及和削弱，与波长成正比且在高纬度和赤道地区信号较强(彭米米，2023)。

干涉相位中的对流层延迟相位是主从影像上一个来回传播的信号差：

$$\Delta\varphi_{\text{tropo}} = \varphi_{\text{tropo}}^{1} - \varphi_{\text{tropo}}^{2} \tag{2-13}$$

特定像素的对流层延迟相位是折射率N在地面高度(h_1)和对流层顶部(h_{top})之间的积分，可分为静力学延迟和湿延迟两部分：

$$\varphi_{\text{tropo}} = \frac{-4\pi}{\lambda}\frac{10^{-6}}{\cos\theta_i}\int_{h_1}^{h_{\text{top}}} K_1\frac{P}{T} + K'_2\frac{e}{T} + K_3\frac{e}{T^2} \tag{2-14}$$

式中，P、T、e分别为总大气压力、温度、部分水汽压力。$K_1=77.6\text{K/hPa}$，$K'_2=23.3\text{K/hPa}$，$K_3=3.75\times10^5\text{K}^2/\text{hPa}$是经验常数。对流层的静力学延迟分量取决于温度和总压力，而湿分量取决于温度和湿度(彭米米，2023)。

在时序 InSAR 处理过程中，可以利用大气相位误差所具有的空间相关、时间不相关特性进行滤波处理来消除大气相位影响。但是大气相位误差在空间上具有相关性，与基线误差引入的形变相位、沉降场自身形变相位具有一致性，通常难以完全区分，从而影响到形变结果解译(杨成生，2011)。

2.3.4 DEM 误差

如 2.1 节时序 InSAR 测量方法所述，所有时序 InSAR 分析方法均需要在处理环节中去除数字表面模型(Digital Elevation Model，DEM)相位，且常用方法是利用外部 DEM 进行地形相位去除。但常用外部 DEM 主要有 2001 年美国获取的 90m 分辨率 SRTM 数据、30m 分辨率 ASTERGDEM2 数据、2014 年德国提供的 90m 分辨率 TanDEM 数据，这些数据精确性不高、获取时间与 SAR 数据获取时间存在差异、与 SAR 影像配准误差等往往导致时序 InSAR 分析中存在 DEM 误差。

对于每一个 PS 点而言，外部误差 Δh 引起的地形相位 $\delta\varphi_{\text{topo}}$ 可表示为

$$\delta\varphi_{\text{topo}} = \frac{-4\pi}{\lambda}\frac{B_{\perp}}{R\sin\theta}\cdot\Delta h \tag{2-15}$$

由高程计算公式可知，在存在 DEM 误差的区域，干涉图垂直基线越大则受到误差的影响越严重。

在时序 InSAR 分析过程中，将 DEM 作为一个系统参数进行二维参数平差估计，可以减弱 DEM 残差影响。但是由于参考点高程未知、随机性 DEM 残差等的影响，时序 InSAR 在地理编码和形变参数估计过程中仍然存在一定的误差，降低了其可靠性。

2.3.5 相位解缠误差

差分干涉获取的干涉相位是缠绕的，取值在[-π，+π]之间，不能反映地表真实相位，因此需要通过解缠来寻找整周模糊度，从而还原其真实相位值。这一过程中的解缠误差是数据处理中的主要误差源，是决定时序 InSAR 结果准确性的最关键一步(Osmanoglu et al.，2016)。

如 2.1 节时序 InSAR 测量方法所述，所有时序 InSAR 分析方法均需要进行时间维或空间维相位解缠处理。其观测对象为永久散射体目标，所有时序 InSAR 解缠方法都可以采用如图 2-9 所示的不规则三角网、星型网等网络结构方式来表达。通过构网将所有离散点连接起来后，采用周期图谱的估计方法、最小费用流算法、时空三维解缠技术、共轭梯度法等进行整周模糊度求解(Ghiglia et al.，1998；Kampes，2006；Hopper et al.，2004)，获取正确的整周模糊度 w。但相位解缠完全成功的前提是具有高质量、高密度的 PS 点，且相邻 PS 点干涉相位差异较小。

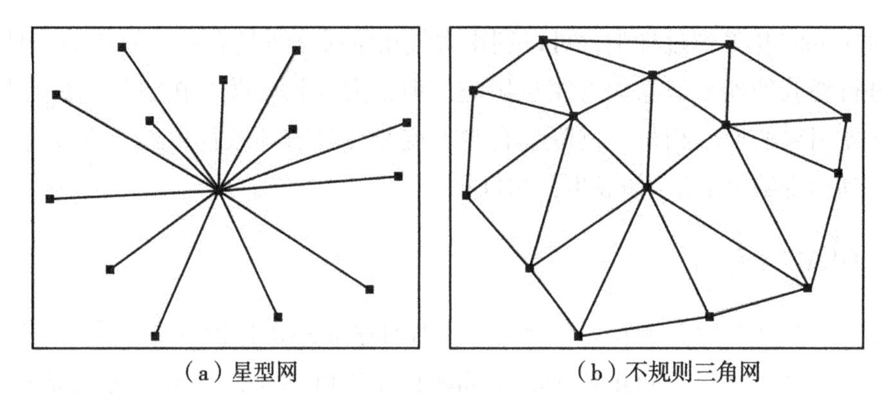

图 2-9　时序 InSAR 相位解缠构网示意图

但是当局部地区由于相干性差 PS 点密度较低，或者 PS 点选择方法适用性较差时，第一个条件往往难以满足。而当出现失相干效应严重、大气信号存在较大波动、影像数量较少、解缠算法的适应性降低等不可避免的情况时，干涉相位连续性、趋势性、周期性会产生跳动，第二个条件难以满足。从而导致相位解缠难度增加，解缠成功率为 100%的情况难以保证，造成错误解缠成果，降低时序 InSAR 的成果可靠性。

2.3.6　沉降基准误差

如图 2-10 所示，时序 InSAR 分析中每个点 P_i 获取的沉降参数都是相对于参考点 P_0，因此时序 InSAR 分析获取沉降场是相对于参考点而言的。

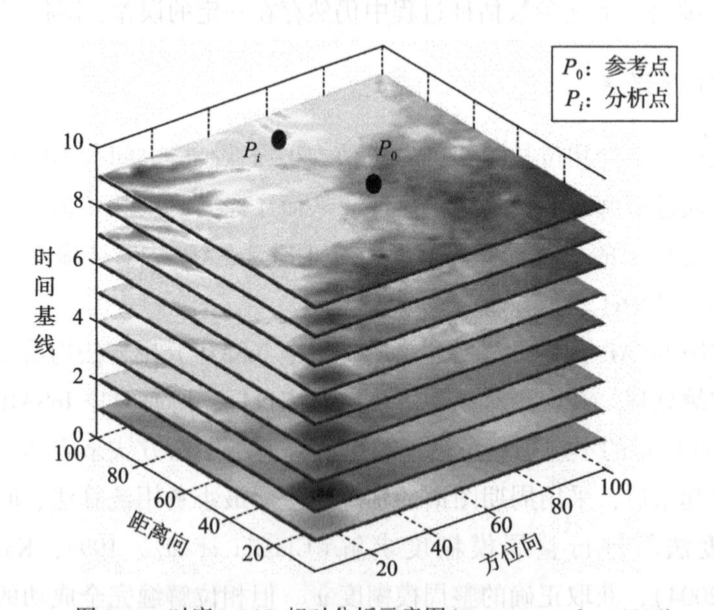

图 2-10　时序 InSAR 相对分析示意图(Perissin et al. , 2006)

当参考点沉降信息足够精确时，时序 InSAR 分析成果是精确的；但是在没有先验知识的情况下，参考点沉降信息会存在偏差，也将导致时序 InSAR 分析成果与真实情况之间存在差异，从而影响到沉降成果分析与应用(葛大庆，2013)。

2.3.7 视线向变形的模型误差

由于 SAR 侧视成像原理，其主要获取沿斜距方向上的相位信息，从而只能监测到沿斜距向形变信息，而非直接沿垂直向沉降信息。图 2-11 所示为地物目标相对于某一时间原点的真实三维形变成果为 $\boldsymbol{d}$，其在南北向、东西向和垂直向分量分别为 d_n、d_e、d_u，将其投影到沿视线方向上可以得到 SAR 卫星监测到的斜距向分量 d_r。对于航向角为 α_h、入射角为 θ_{inc} 的 SAR 卫星传感器而言，存在以下关系式(Hanssen, 2002)：

$$d_r = d_u\cos(\theta_{\text{inc}}) - \sin(\theta_{\text{inc}})\left[d_n\cos\left(\alpha_h - \frac{3\pi}{2}\right) + d_e\sin\left(\alpha_h - 3\frac{\pi}{2}\right)\right] \tag{2-16}$$

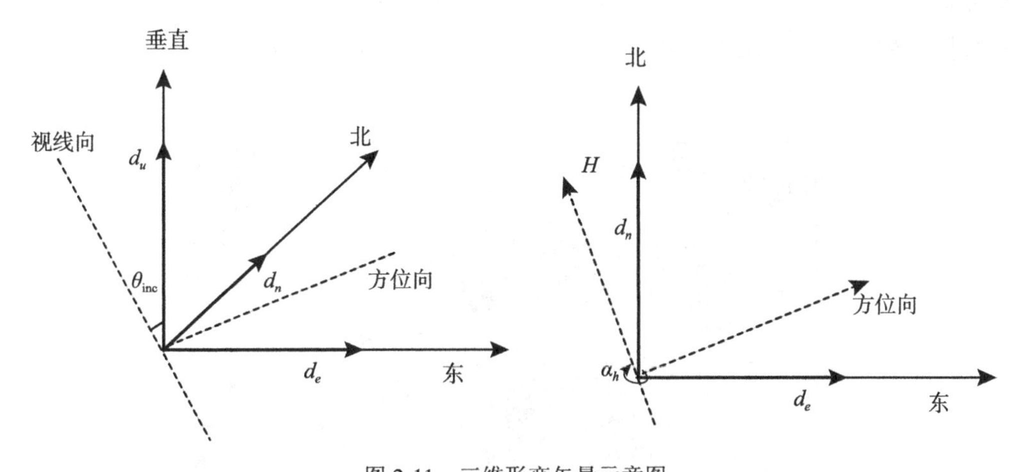

图 2-11　三维形变矢量示意图

如式(2-16)所示，在没有水平方向先验知识前提下，由单一视线向形变无法获取真正意义上的垂直变形信息，强制转换将存在难以消除的模型误差。

2.3.8 InSAR 监测点识别误差

对于大区域尺度的地面形变，通常默认监测点代表了地面的真实情况。但是，城市地物覆盖类型复杂，在极小空间范围内可能具有很大变化。不同地物或工程项目所处的地点、建设时间和工程结构差异极大，故而其沉降特征和影响因素也不尽相同。例如，高层建筑物自身地基处理时有桩基加固措施，桩基的着力点在地层深处，建筑物下沉反映的是建筑物与深层地层作用力的结果，与无负载的地表所表现的地面下沉完全不同，无负载地表的沉降与建筑物的沉降无论在速率上还是时间过程上都有不同的表现。由于雷达影像分辨率及卫星定位技术的限制，我们无法对像元监测点的地物覆盖类型进行分类；在城市区域中，中低分辨率的 SAR 影像几乎不能将城市地物分辨出来，因此属性分类无从谈起。天津市也曾开展了一些时序 InSAR 的研究，但主要局限于中等分辨率的 ENVISAT 影像(范景辉等，2007)。事实表明，采用中分辨率数据获取监测点的密度较低，不能很好地反映城市小空间范围内地物覆盖变化情况，往往在一个较大区域范围以一个监测点代表整个区域的平均情况。由于无法判断监测点是位于地面上，还是位于建筑、道路、桥梁等工程项目上，即使得到监测结果，仍然只能局限在大区域的分析应用上，无法达到工程级应用需求(兰恒星等，2011)。

随着多个高分辨率卫星不断升空，利用高分辨率 SAR 卫星进行特定目标监测成为当前研究热点(Ciampalini et al.，2014；Bianchini et al.，2015)。基于空间位置的直接叠加分析、基于幅度的比较分析等方法可以实现 InSAR 监测点的初步分类，辅助地面沉降数据与相关机理的深入分析，如图 2-12 所示(兰恒星等，2011)。

图 2-12　时序 InSAR 监测点识别示意图

但是由于现实世界复杂性，不同地物目标 PS 点间容易出现混淆现象，仅采用上述方法难以实现 InSAR 监测点精细化识别，从而降低时序 InSAR 在特定目标中的可靠性应用。

2.4　可靠性及测量可靠性理论介绍

2.4.1　可靠性理论

可靠性理论是工程领域中一个重要的分支，主要研究系统或产品在特定条件下和时间内能够正常运行的概率，是研究和分析产品或系统在规定条件下和规定时间内完成规定功能的能力的科学。可靠性的概念源于对系统或产品的可靠性的描述，由美国国防部电子设备可靠性咨询组(AGREE)在1957年首先提出，指系统或产品在规定的条件下和规定的时间内完成规定功能的能力，可靠性包括产品、规定的条件、规定的时间、规定的功能、能力五大要素(茆诗松等，2008)。

自从可靠性概念提出以来，可靠性理论得到发展，已渗透各学科领域(李莎莎，2018)。不同领域对于可靠性的定义具有一般可靠性定义的某些共性，同时也具有产品本身的独特性，例如以下4种定义方式。①机械可靠性：机械产品在规定的使用条件下、规定的时间内完成规定功能的能力(陈丹阳，2024)。②车辆可靠性：车辆产品在规定条件下和规定时间内，完成(或保持)规定功能的能力(李汶俊，2023)。③软件可靠性：在规定的条件下，在规定的时间内软件不引起系统失效的概率；在规定的时间内所述条件下程序执行所要求的功能的能力(贾周阳，2020)。④网络可靠性：在一定条件下，网络节点和连接线路能够正常运行和连通，保证网络拓扑的完整性和功能的有效性不受影响(梁静，2023)。

2.4.2　经典测量平差可靠性理论

Baarda(1968)拓展了误差理论和测量平差过程理论，提出了可靠性理论。李德仁等(2012)研究了测量平差系统的可靠性，提出数据可靠性理论，进行粗差提取。测量平差的可靠性理论主要为含粗差的观测量统计理论，即粗差观测量所来自的概率分布函数(模型)的参数统计推断。实际中，测量平差系统的可靠性理论包括：①最小粗差发现能力(内部可靠性)和未发现粗差对平差结果的最大影响估计(外部可靠性)；②粗差的发现、定位和定值的统计推断(假设检验和参数估计)、粗差剔除和抗差估计(稳健统计)(舒红等，2018)。

2.4.2.1　可靠性指标定义

十九世纪六七十年代，通过放宽高斯-马尔可夫模型条件要求，荷兰大地测量学家

Baarda(1967，1968)将经典假设检验理论引入测量学，提出考虑粗差的测量平差，简称为测量可靠性统计理论。在粗差统计模型构建方面，将含粗差的观测量作为方差特别大的随机变量实现，或者将含粗差的观测量作为期望有漂移的随机变量实现。特别地，从单个一维备选假设出发，提出粗差最小值(下限)观测量可发现性(大地控制网的内部可靠性)和不可发现粗差观测量的平差最大影响估计(大地控制网的外部可靠性)的测量平差系统可靠性理论(李德仁等，2012)，如图 2-13 所示。

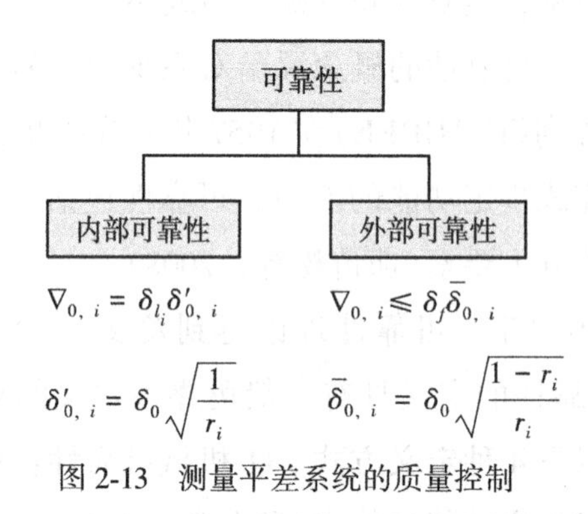

图 2-13　测量平差系统的质量控制

1. 内部可靠性

内部可靠性主要研究平差系统可发现模型误差(系统误差和粗差)的能力。对于某个观测值 l_i，根据 Baarda 的可靠性理论可知，其可发现粗差最小值，即内部可靠性为

$$\nabla_0 l_i = \frac{\delta_0}{\sqrt{r_i}}\delta_{l_i} \tag{2-17}$$

它表示在给定显著性水平 α_0 下，恰好能以 β_0 概率通过检验发现观测值 l_i 中粗差的下界值。该下界值可由下列三个因素决定：

(1)由观测值中误差 δ_{l_i} 所描述的观测值精确性；

(2)平差系统几何条件，可用每个观测值多余观测分量 r_i 来描述；

(3)统计检验参数的显著性水平 α_0 和检验功效 β_0，在式(2-17)中可通过非中心化参数 $\delta_0 = \delta_0(\alpha_0, \beta_0)$ 来描述。

式(2-17)中内部可靠性指标同时包含精确性部分和可靠性部分，在此基础上重新定义一个能单纯反映观测值可靠性的尺度-可控性数值：

$$\delta'_{0,i} = \frac{\delta_0}{\sqrt{r_i}} \tag{2-18}$$

可控性数值 $\delta'_{0,i}$ 给出的是一个倍数值，即观测值 l_i 的粗差至少为其中误差多少倍才能在显著性水平 α_0 检验中以检验功效 β_0 而被发现。它与观测量单位无关。

2. 外部可靠性

外部可靠性是研究不可发现模型误差对平差结果的影响。对于第 i 个观测值，根据 Baarda 可靠性理论可知，其不可发现粗差对平差未知数的影响向量长度，即外部可靠性为

$$\bar{\delta}_{0,i} = \delta_0 \sqrt{\frac{1 - r_i}{r_i}} \tag{2-19}$$

它表示在给定显著性水平 α_0 下，恰好能以 β_0 概率通过检验发现观测值 l_i 对平差未知数的影响。该值由每个观测值多余观测分量 r_i、显著性水平 α_0 和检验功效 β_0 对应的非中心化参数 $\delta_0 = \delta_0(\alpha_0, \beta_0)$ 这两个因素确定。

2.4.2.2 粗差检测与定位

目前在将粗差视为一个模型误差情况下，可从两个角度将其纳入统计模型进行分析。第一是将粗差视为函数模型的一部分，认为含粗差观测值为与其他同类观测值具有相同方差、不同期望值的一个子样后(图 2-14)，采用数据探测法来识别粗差；第二是将粗差视为随机模型的一部分，认为含粗差观测值为与其他同类观测值具有相同期望、不同方差子样后(图 2-15)，采用选择权迭代法、稳健估计法进行粗差检查与定位(李德仁等，2012)。

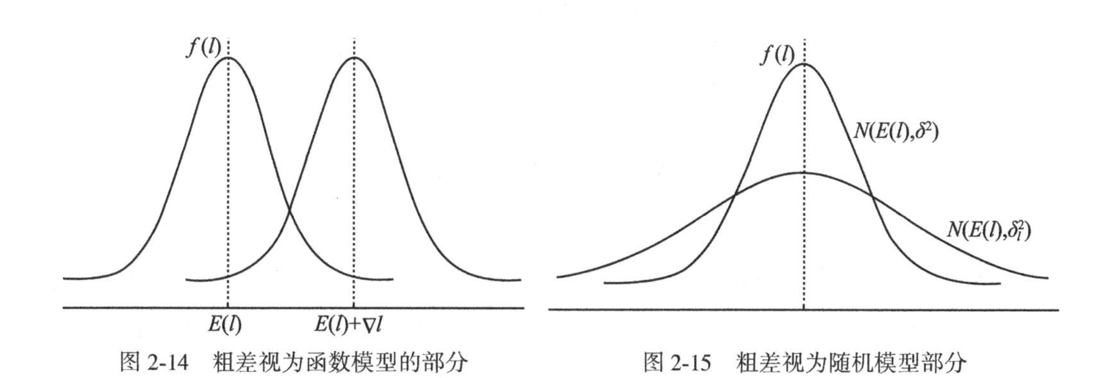

图 2-14 粗差视为函数模型的部分　　图 2-15 粗差视为随机模型部分

2.4.3 空间数据分析可靠性理论

空间数据分析是从空间数据中提取空间信息，可靠性空间数据分析将立足于提取更加可靠的空间信息与空间知识，为空间决策提供有效支持。可靠性空间分析的主要研究对象是海量的地理数据。大量的地理空间数据在其来源、位置、属性、逻辑一致性、完整性、时间和语义等方面存在不同程度的质量问题，加之数据采集和处理过程

中的不合理因素，导致空间分析结果不可靠，给空间决策带来严重的后果。

2012 年，史文中等在不确定空间分析基础上，将可靠性概念引入空间数据分析中，提出空间数据分析可靠性理论：其定义为在规定的时空环境和规定的条件下完成规定的空间分析功能，并取得正确的(correct)、有效的(effective)、完整的(complete)结果和服务的空间分析能力和水平；特别关注分析结果的决策有效性，强调空间分析过程从局部到整体的可靠性。

依据空间数据分析的整个过程进行划分，空间数据分析可靠性的定级指标可分成局部可靠性和整体可靠性这两个二级指标。局部可靠性包括数据的可靠性、方法的可靠性、过程的可靠性、结果的可靠性四个方面的三级可靠性指标。整体的可靠性是指贯穿在整个空间分析过程中可靠性的传递，是综合的、整体的，偏重空间分析结果的可用性与可信性及其对决策的风险，主要指成果的可靠性指标，具体如图 2-16 所示。

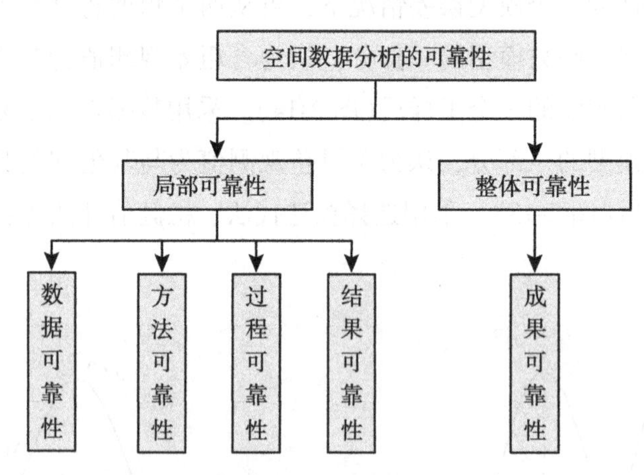

图 2-16　空间数据分析的可靠性分级示意图

基于空间分析可靠性内涵，上述数据、方法、过程和结果可靠性等三级指标可以进一步细分为正确性、准确性、完整性、一致性、鲁棒性、适用性等具体指标，如图 2-17 所示。正确性指空间分析方法及结果在时间维和空间维的真实性；准确性即空间数据对客观现实描述的精度，包括时间精度和空间精度；完整性包括数据、方法、模型等因素的完整性；一致性指空间数据处理后结果与真实世界的相似程度；鲁棒性即数据及分析方法对抗外部干扰的能力，关联着数据和方法对(时间维和空间维)异常值和粗差的敏感性；适用性即空间分析所选取的数据和方法对具体应用领域问题表达和问题求解在时间维和空间维的适应性(史文中等，2012a；史文中，2015；舒红等，2018)。

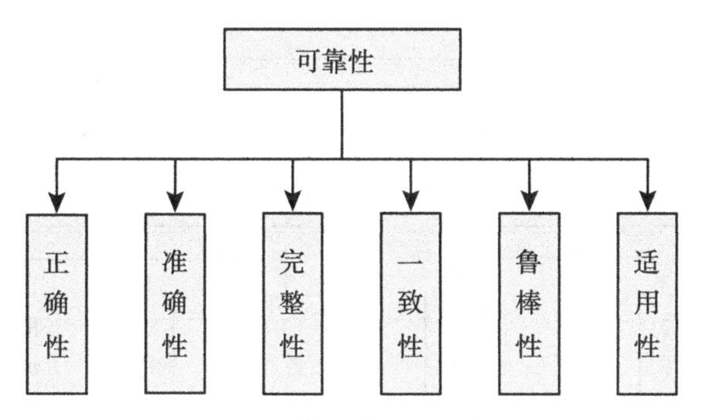

图 2-17 空间数据分析的可靠性指标

2.5 时序 InSAR 的可靠性控制及评价理论

目前对于时序 InSAR 可靠性控制主要是从处理过程中的配准误差、沉降分析残差等指标来实现的；对于时序 InSAR 监测数据可靠性评价主要采用 SAR 数据内部比较、基于水准等外部数据或外业实地调查等精确性评价手段(中国地质科学院地质力学研究所等，2018)，缺乏有效、系统的时序 InSAR 可靠性控制和评价方法。本节结合上述时序 InSAR 误差、经典测量平差可靠性理论和空间数据分析可靠性理论，建立时序 InSAR 分析的可靠性指标，提出时序 InSAR 分析的可靠性控制策略，拓展时序 InSAR 分析的可靠性评价方法。

2.5.1 时序 InSAR 分析的可靠性指标

由于 2.4 节中可靠性指标不能够完全反映时序 InSAR 分析数据的误差源，本书需要依据时序 InSAR 分析的不同误差源特点，对图 2-17 的空间数据分析可靠性指标进行扩展，建立时序 InSAR 分析的可靠性控制与评价指标，如图 2-18 所示。其中时序 InSAR 分析可靠性为一级指标，可分成可靠性控制指标和可靠性评价指标这两个二级指标；而可靠性控制指标包含鲁棒性、精细性，可靠性评价指标包含一致性、适用性、精确性(杨魁，2019b)。

具体指标含义如下：

(1)鲁棒性，指时序 InSAR 参数估计成果能够对抗外部干扰，保持表达指定现实世界状况的能力。

(2)精细性，指时序 InSAR 监测点精细化程度。

(3)一致性，指时序 InSAR 分析成果空间分布、大小与指定现实世界状况的一致

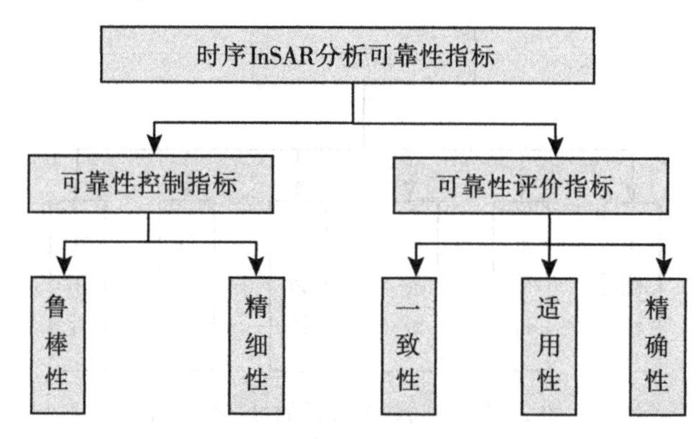

图 2-18 时序 InSAR 分析可靠性指标

程度。

(4)适用性，指时序 InSAR 参数估计成果对具体应用领域问题表达的准确程度。

(5)精确性，指时序 InSAR 参数估计成果误差分布的密集或离散程度。

2.5.2 时序 InSAR 的可靠性控制方法

如 2.3 节所述，影响时序 InSAR 分析与应用的误差源主要有失相干误差、空间基线误差、大气相位误差、DEM 残差、相位解缠误差、沉降基准误差、视线向形变转换模型误差、InSAR 监测点识别误差 8 项。本书将测量可靠性理论进行发展，针对 2.3 节的误差，从鲁棒性、精细性这两方面进行时序 InSAR 可靠性控制。

1. 鲁棒性控制方法

基于时序 InSAR 分析算法鲁棒性需求，发展了扩展 SBAS 时序分析技术，对影像配准策略、差分干涉集合、PS 点识别策略、时空相位解缠策略等关键技术进行研究，以减小失相干误差、基线误差、大气相位误差、DEM 残差、相位解缠误差等误差源的影响；提出多源 SAR 数据相结合的时序 InSAR 可靠性控制方法，在对多源 SAR 数据空间基准和沉降基准统一的基础上，进行粗差探测与剔除，降低相位解缠成功率不足 100%的影响；集成水准、GNSS、InSAR 等多源测量数据，来解决视线向形变转换、空间基线、沉降基准等模型误差。

2. 精细性控制方法

基于时序 InSAR 分析算法精细性应用需求，发展了基于基础地理数据库和 InSAR 监测点三维位置信息的 InSAR 监测点精细化识别策略，以建筑物为例进行应用示范研究，来解决 InSAR 监测点识别误差。

后续章节将分别对这些时序 InSAR 的可靠性控制方法、内容和实际应用进行详细阐述。

2.5.3 时序 InSAR 的可靠性评价方法

本书将测量可靠性理论加以拓展，并将其引入时序 InSAR 可靠性评价方法中，将定性评价和定量评价相结合，从一致性、适用性、精确性三个方面进行评价。

1. 一致性评价方法

一致性评价通过定性分析方法来实现，主要从地面沉降 InSAR 监测成果与人类工程活动、地下水开采情况、已有的地面沉降模型一致性进行分析。

2. 适用性评价方法

采用传统方法进行具体应用领域沉降研究工作较多，有大量沉降规律和规范可供参考，而 InSAR 在这些领域的应用较少。本书主要以已有规范、沉降规律为参考，评价 InSAR 数据在同类应用中的准确程度来分析 InSAR 的适用性。

3. 精确性评价方法

精确性指标是定量反映成果可靠性的重要指标，常用方法有均方差(Root Mean Square Error，RMSE)、平均误差、相关系数。

RMSE 定义为误差分布的密集或离散的程度，在观测数有限下的计算公式为

$$\delta = \sqrt{\frac{\sum_{i=1}^{n} \Delta_i^2}{n}} \tag{2-20}$$

式中，Δ = 观测值 − 真值；n 为观测点个数；δ 为中误差 RMSE。

平均误差 θ 是指在一定观测条件下一组独立偶然误差绝对值的数学期望，在观测数有限下的计算公式为

$$\theta = \frac{\sum_{i=1}^{n} |\Delta_i|}{n} \tag{2-21}$$

相关系数 ρ 是变量 x_1 和 x_2 之间的标准协方差，这是对两个变量之间线性关系确凿性的测量，其定义为

$$\rho(x_1, x_2) = \frac{C(x_1, x_2)}{\delta_{x_1}\delta_{x_2}} = \frac{E\{(x_1 - E\{x_1\})(x_2 - E\{x_2\})\}}{\delta_{x_1}\delta_{x_2}} \tag{2-22}$$

式中，C 为 x_1 和 x_2 之间的协方差。相关系数数值范围为[−1，1]。相关系数为 0 意味着变量不相关。

后续章节将结合其他参考数据和时序 InSAR 分析特点，采用这些时序 InSAR 的可靠性评价方法对时序 InSAR 成果的可靠性进行评价与分析。

2.6　本章小结

本章在对 PSInSAR 方法、SqueeSAR 方法、SBAS 技术、StaMPS 技术、IPTA 技术等经典时序 InSAR 分析方法的原理、步骤、优缺点等方面进行对比分析的基础上，以 SBAS 方法为例，利用 GM 理论构建时序 InSAR 分析函数模型和随机模型；并对其失相干误差、基线误差、相位解缠误差、大气相位误差、DEM 残差、沉降基准误差、视线向形变转换模型误差、InSAR 监测点识别误差等误差源进行详细分析。

然后从内部可靠性、外部可靠性、粗差检测与定位等方面介绍经典测量平差可靠性理论，从整体和局部可靠性、精细性和完整性等可靠性指标阐述空间数据分析可靠性理论，构建可靠性控制指标、可靠性评价指标相结合的时序 InSAR 分析可靠性指标；从鲁棒性、精细性等可靠性控制指标研究相应时序 InSAR 分析误差的解决办法；从一致性、适用性、精确性等可靠性评价指标出发提出时序 InSAR 分析的可靠性评价方法。

第3章 扩展SBAS时序分析技术

3.1 概述

第2章中对Stacking、PSInSAR、SBAS、StaMPS、CT-InSAR、SqueeSAR等几类经典时序InSAR技术的原理、优点和缺点进行对比分析，可以发现不同方法有着不同的物理背景和思想，应用场合也存在差异。

为了增强时序InSAR分析算法的鲁棒性，减小失相干误差、基线误差、大气相位误差、DEM残差、相位解缠误差等误差源的影响，本章在已有时序InSAR分析的基础上，基于经典的SBAS思想对配准、差分干涉集合、永久散射体候选点(Permanent Scatterer Candidate, PSC)提取、相位解缠等关键技术进行研究，发展了扩展SBAS时序分析技术，使其可以广泛用于条带式和TOPS(Terrain Observation by Progressive Scans)等不同模式SAR影像的沉降监测与分析。以天津市不同分辨率SAR数据为例开展关键算法验证分析后，分别将地下水资源数据、地理国情数据与地面沉降InSAR监测数据相结合开展一致性对比分析，验证本章算法的可靠性。

3.2 扩展SBAS时序分析技术

3.2.1 扩展SBAS技术核心思想

本书在已有时序InSAR分析的基础上，对配准策略、PSC点选择方法、相位解缠策略进行研究，建立了一种扩展SBAS时序分析技术。该技术采用多级配准策略实现不同模式下SAR数据集精确配准；基于短基线准则构建差分干涉集合；利用幅度离差法、子视相关法等多种方法实现高密度、高质量的PSC点选择，最大化地提高空间覆盖率；然后采用长短基线迭代组合解缠策略进行时空相位解缠处理，改正DEM系统误差，同时估计出线性形变速率；在此基础上通过滤波处理来估计大气效应、非线性形变；通过LOS向形变转化处理和地理编码处理，来获取地理空间坐标系下整体沉降场和每个PS点沉降时间序列，数据处理流程如图3-1所示。

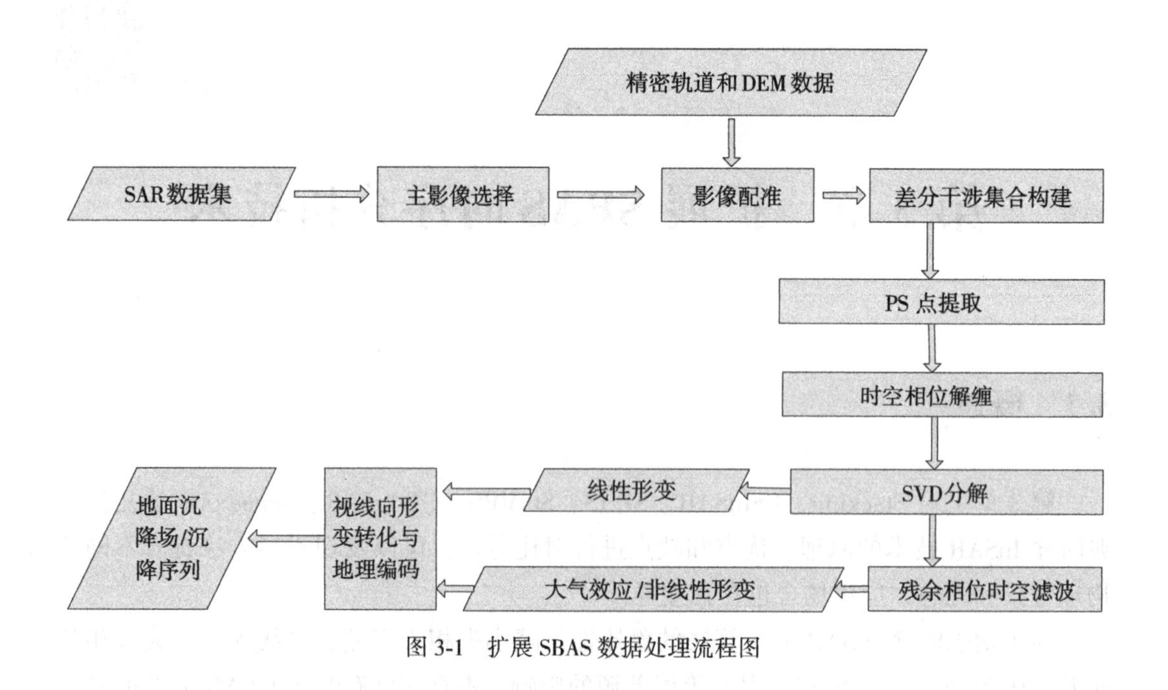

图 3-1　扩展 SBAS 数据处理流程图

3.2.2　SAR 数据配准技术

SAR 干涉像对配准就是通过得到同一地物目标在两幅影像中对应的匹配像元后，建立两幅影像各个像元之间的严格对应关系。精确配准保证了两幅影像相干性，也为后续精细化分析提供了基础。目前常用 SAR 卫星模式有条带模式、TOPS 测量模式、聚束模式，下面分别介绍这些模式相对应的配准策略。

3.2.2.1　条带模式影像配准策略

常见 SAR 影像主要为图 3-2 所示的条带模式，如 3 米 TerraSAR 数据、3 米 Cosmo 数据、5 米 RadarSat 数据等(Pitz et al.，2013；张静，2014；赵争，2014)。

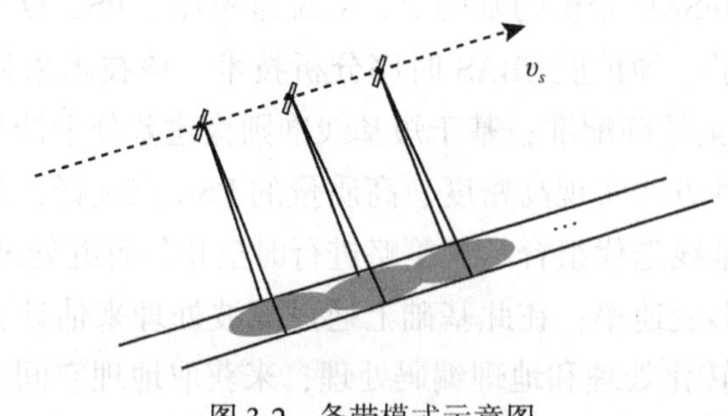

图 3-2　条带模式示意图

为了进行条带模式精确配准，通常采用多级配准策略，影像配准分为粗配准和精配准，如图 3-3 所示。粗配准指以其中一幅 SLC 影像为主图像，根据轨道参数信息对其余 $M-1$ 幅影像做粗配准，精度控制在 3～5 个像素；精配准则指基于影像幅度相干性或干涉条纹相干性进行精确配准，精度控制在优于 1/8 个像元(卢丽君，2008)。

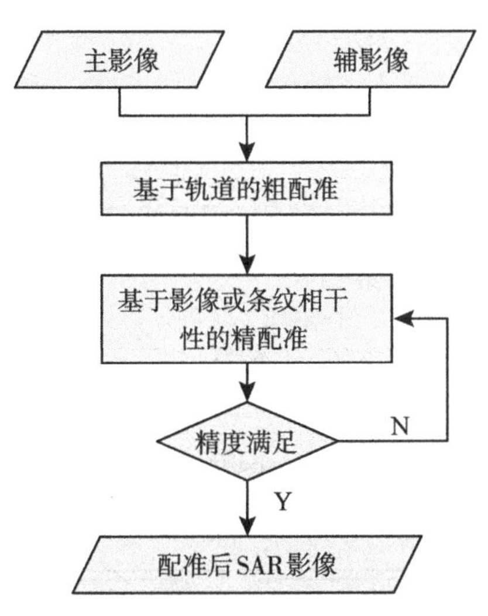

图 3-3　条带模式影像配准技术流程图

3.2.2.2　TOPS 测量模式影像配准策略

作为一种新型测量模式，TOPS 通过波束由后向前摆动来获取大范围覆盖数据，如图 3-4 所示。目前采用该成像模式的主要是欧空局 Sentinel-1 影像(Torres et al.，2012；杨魁等，2015；Zhou et al.，2017)。

为了能够进行 Sentinel-1 号数据精确配准，通常采用多级迭代配准策略，影像配准也分为粗配准和精配准，如图 3-5 所示。在采用后处理精密轨道参数对 Sentinel-1 号数据实时轨道进行修正的基础上，利用三维场景地形模型来确定初始偏移量；迭代利用最大幅度相关函数法使得粗配准精度优于 0.02 个像素；然后基于子块重叠部分差异开展光谱差异性估计以实现方位向偏移量精化，使得最终配准精度优于 0.001 个像素(吴文豪，2016；Raspini et al.，2018；杨魁等，2019a)。

3.2.2.3　聚束模式影像配准策略

聚束模式常用的 SAR 影像主要有 TerraSAR、Cosmo 的 1m 分辨率数据，原理如图 3-6 所示。

该模式数据配准流程如图 3-7 所示，分为两步。首先，基于轨道状态向量、脉冲

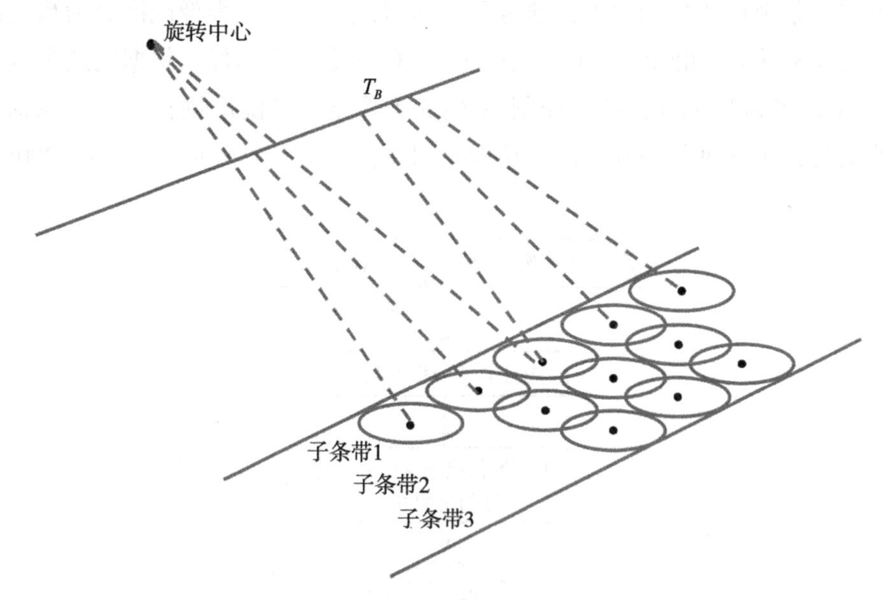

图 3-4　TOPS 模式示意图

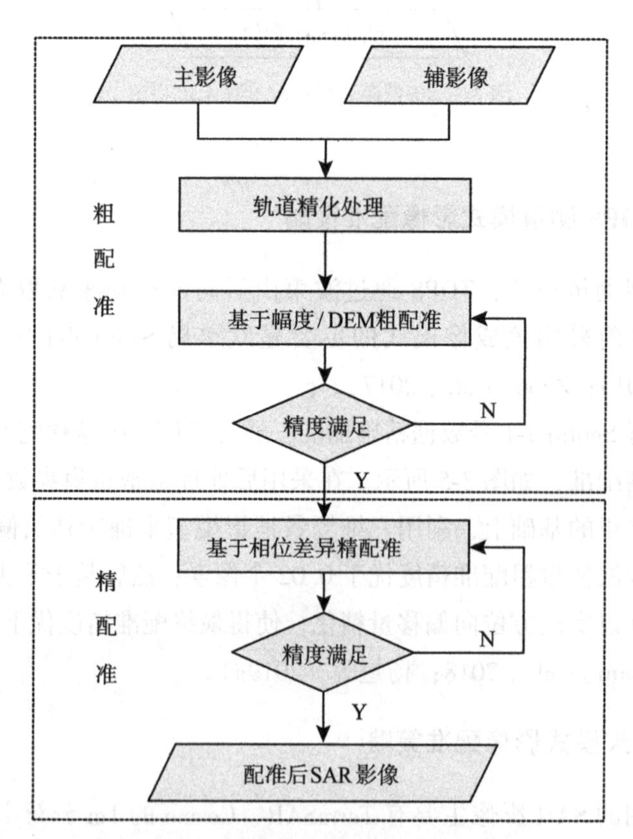

图 3-5　TOPS 测量模式影像配准技术流程图

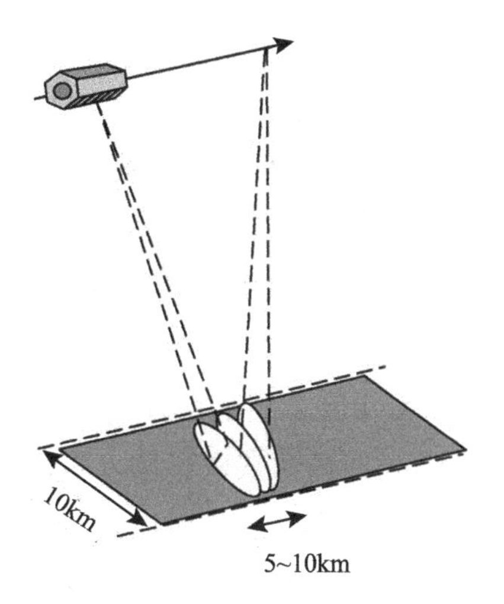

图 3-6 聚束模式示意图

重复频率(Pulse Repetition Frequency, PRF)、时间信息和低分辨率数字高程模型进行粗配准，配准精度应优于距离向一个像素、方位向三个像素的指标；然后，采用类似高信噪比 PSC 点提取方法获取点目标散射体后进行特征点配准，以达到子像素级配准精度(Eineder et al., 2009; Zhu et al., 2018)。

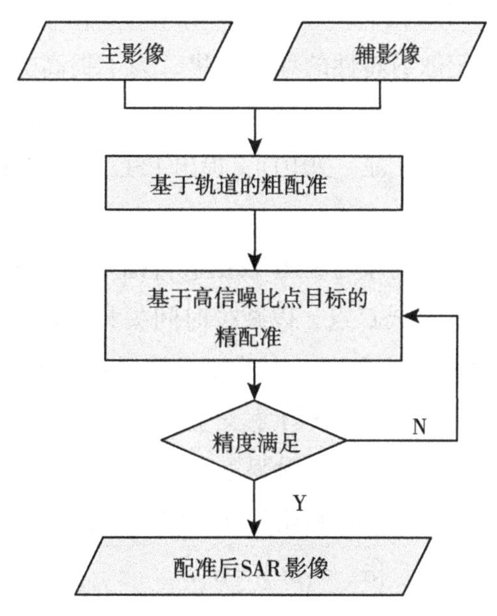

图 3-7 聚束模式影像配准技术流程图

3.2.3 差分干涉集合构建

干涉图是扩展SBAS时序分析基础，其相关程度对形变参数估计可靠性有较大影响。对其去相干源进行分析，主要为SAR系统热噪声去相干、多普勒质心去相干、体散射去相干、几何去相干、时间去相干、数据处理去相干。其中对于同一卫星传感器、相同成像参数的时序SAR影像而言，SAR系统热噪声去相干、多普勒质心去相干、体散射去相干、数据处理去相干等具有一致性，在时序InSAR分析过程中可不予考虑。时序InSAR分析主要去相干源为几何去相干、时间去相干。对应卫星参数为空间基线、时间基线。当空间基线增大时，两次获取影像入射角差异增大，由此引发几何去相干增大，同时干涉图中的地形相位量增大；而当时间基线增大时，两次获取影像时地表目标散射特性发生改变的地物增多，由此引发时间去相干增大，这些都会降低干涉条纹图相干性(葛大庆，2013；许鑫，2017)。

本书在差分干涉集合构建方面，首先采用短基线原则来构建有效差分干涉集合，提高总体相干性；然后结合卫星轨道信息、成像几何模型、SRTM或TanDEM等参考DEM数据，去除干涉图序列中的地形相关相位，生成差分干涉图集。

3.2.4 PSC点提取策略

时序InSAR技术研究对象是PSC点，所有后续相位解缠、时间序列分析、滤波等处理均是针对这些具有稳定散射特性的像元点集。为了提高PSC点密度、同时确保其可靠性，本书基于已有幅度离差法、点目标检测法、相干系数法(Ferretti et al.，2001；Mora et al.，2003；Wegmuller et al.，2010)，提出PSC点提取策略，技术流程如图3-8所示。

首先，对经过定标处理后的序列SAR数据进行幅度参数统计分析，通过幅度离差法来提取时间序列上变化小的PSC点，以减少时间失相干影响。幅度离差阈值法作为PS提取技术中的经典方法，它主要用于大数据量的雷达影像的PS提取。其主要思想是基于振幅偏离差和相位偏离差来从统计意义上反映目标在不同监测时间的差异。对经过定标处理后的雷达数据，以后向散射强度均差和方差的比作为测度，选择大于指定阈值的目标为相干目标。幅度离差和相位标准偏差的数学表达式为

$$\begin{cases} \sigma_A \approx \sigma_{nR} = \sigma_{nI} \\ \sigma_\varphi \approx \dfrac{\sigma_{nI}}{g} \approx \dfrac{\sigma_A}{\mu_A} = D_A \end{cases} \tag{3-1}$$

式中，σ_{nR}、σ_{nI}分别为噪声实部和虚部的标准差；μ_A、σ_A分别为幅度的均值和标准偏

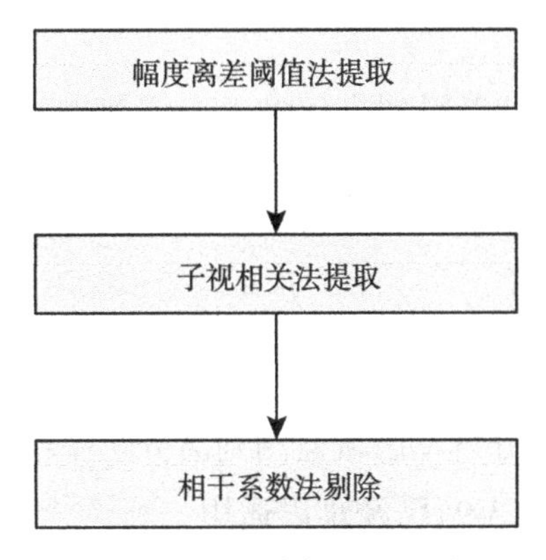

图 3-8 PSC 点提取流程图

差；σ_{φ}、D_A 分别为相位标准偏差和振幅离差。式(3-1)表明，在高信噪比的情况下，可直接用幅度离差来表示目标点的稳定性。

其次，将 SAR 影像生成子孔径图像后确定其频谱相关性，依据子视相关理论来提取出高相关程度的点目标，减少空间失相干影响。子视相关理论原理在于一个雷达分辨单元可以分为点目标和分布式目标，其中点目标在雷达回波信号获取时间内保持几乎恒定的雷达响应，相位特征也表现相对稳定，可以当作 PS。将 SAR 影像生成子孔径图像，并确定其光谱相关性，依据子视相关理论提取出高相关程度的点目标。对于理想的点目标而言，它在雷达回波信号获取时间内应该是保持恒定的雷达响应的(郭华东等，2000)，因此，理想的点目标在任意的两个频谱范围内(也称为子孔径)的影像上都有相同的雷达回波响应。在这种情况下，根据雷达干涉测量中干涉相干性的定义可知，其相干系数为 1。实际计算得到的是相干系数的无偏估计(卢丽君，2008)，如式(3-2)所示：

$$\gamma = \frac{|< s_1 \cdot s_2^* >|}{\sqrt{< s_1 \cdot s_1^* > \cdot < s_2 \cdot s_2^* >}} \tag{3-2}$$

式中，s_1、s_2 为任意两幅子孔径图像；$*$ 为复数共轭；$< s_1 \cdot s_2^* >$ 为邻域平均。

最后，根据相干系数图进行相干系数统计分析，采用相干系数法快速剔除影像中失相关严重的非 PSC 目标，从而获取高密度、高质量的 PSC 点。利用序列相干系数图生成平均相干图的方法如下：

$$\gamma_{\text{mean}} = \frac{1}{N}\sum_{i=0}^{N-1}\gamma_i \tag{3-3}$$

式中，N 为干涉图条纹数；γ_{mean} 为每个像元的均值相干系数；γ_i 为序列相干系数。

3.2.5　长短基线迭代组合的时空相位解缠策略

根据式(2-2)、式(2-4)可以得到未解缠差分干涉相位的函数模型，如式(3-4)所示。模型中同时包含形变和高程误差这两个变化量，即需要在进行形变估计同时对高程误差进行改正。

$$\varphi_{ij}^{k} = -2\pi w_{ij}^{k} - \frac{4\pi}{\lambda}\frac{B_{i}^{\perp}}{R_{i}\sin\theta_{i}}H_{ij}^{k} - \frac{4\pi}{\lambda}D_{ij}^{k} \tag{3-4}$$

但是随着 SAR 应用从中分辨率区域监测到高分辨率精细监测的不断推广，常规方法在城市建筑物密集区域(图 3-9)已经难以适用。

图 3-9　城市建筑物密集区域示意图

本书的扩展 SBAS 方法在已有研究的基础上，将高程误差估计和形变估计分为两个阶段，采用长短基线迭代组合的时空相位解缠策略(周立凡，2014；葛大庆等，2014)。整个方法的技术流程如图 3-10 所示。

以研究区平均建筑物高度作为高程约束来确定初次参与计算的短空间基线差分干涉集合，按照式(3-5)中高程一维估计模型进行时空相位解缠处理，获取初始高程改正数；将所获得高程改正数作为初始地形模拟相位从干涉图中去除后，重新选择短空间基线的差分干涉集合，基于高程一维估计模型计算高程改正数；不断迭代处理直至两次高程改正数差值小于指定阈值，即可依据式(3-6)得到 PS 点高程精化值。然后再利用长基线差分干涉集合、采用传统 SBAS 相位解缠方法，依据式(3-4)进行二维参数估

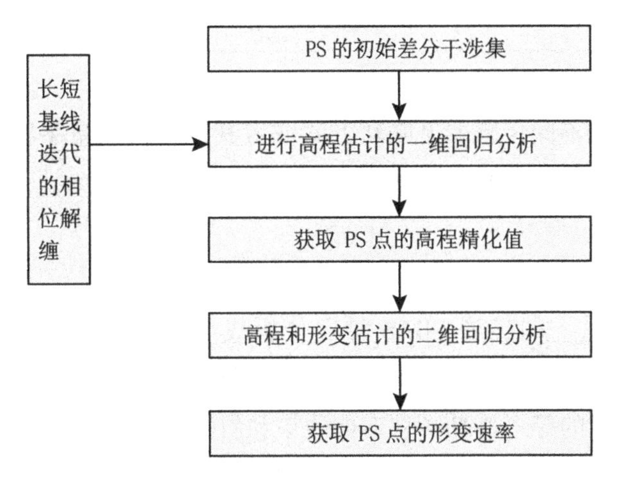

图3-10 长短基线迭代策略下的高程和形变相位估计技术流程图

计，获取最终形变估计值和高程改正值。

$$\varphi_{ij}^{k} = -2\pi w_{ij}^{k} - \frac{4\pi}{\lambda}\frac{B_i^{\perp}}{R_i\sin\theta_i}H_{ij}^{k} \tag{3-5}$$

$$H = \sum_{n=1}^{N}\varepsilon^{n} \tag{3-6}$$

3.2.6 滤波处理

如式(2-9)所示，在去除线性形变相位、高程改正相位后，残余相位中主要包括大气相位、非线性形变相位、噪声相位等。其中，大气相位在空间上表现出低频效应；非线性形变在空间上具有相关性，但相对大气而言表现为空间上的高通特性；噪声相位在空间上表现为随机性。本书对残余相位采用空间低通滤波进行处理，消除大气影响来获取非线性形变相位集；然后采用SVD算法来获取时间序列上的非线性形变(刘国祥等，2012；陈富龙等，2013；聂运菊，2013；Xu et al.，2016)。

3.2.7 视线向变形转化

如第2章中所述，由于其侧视成像特点，InSAR获取的是LOS变形成果，与垂直向形变在方向和大小上均存在一定程度差异。

当仅存在单一升降轨方式数据的限制条件下，假设研究区地表形变主要发生在垂直方向，沿LOS方向监测到的形变信息主要是垂直向沉降所导致的，从而可以实现LOS变形速率 v_{LOS} 到垂直向变形速率 v_{vert} 的转换(Zhang et al.，2016)，如下式所示：

$$v_{\text{vert}} = \frac{v_{\text{LOS}}}{\cos\theta} \tag{3-7}$$

式中，θ 为 SAR 卫星入射角。

而当区域内存在不同传感器升降轨方式或者其他大地测量手段，为了减少此模型误差影响，则可直接基于 LOS 向变形进行进一步的分析。

3.2.8　地理编码

对于图像坐标系下的扩展 SBAS 时序分析成果，需要采用距离-多普勒（Range-Doppler，RD）构像模型将其转化至地理空间坐标系。在 SAR 影像覆盖范围内，PS 点位置由多普勒方程决定的等多普勒频移双曲线束和斜距方程决定的等时延同心圆束内。

图 3-11 表示了因雷达天线和目标的相对运动所形成的回波与飞行方向不垂直的情况，雷达在 D 处朝飞行方向一侧发射波束，照射到地面的宽度为 L（图中为夸张显示），它与在 x_0 处目标的距离为 R_0，x_0 处目标的后向散射回波由雷达天线在 C 处接收，C 点与目标的距离为 R。

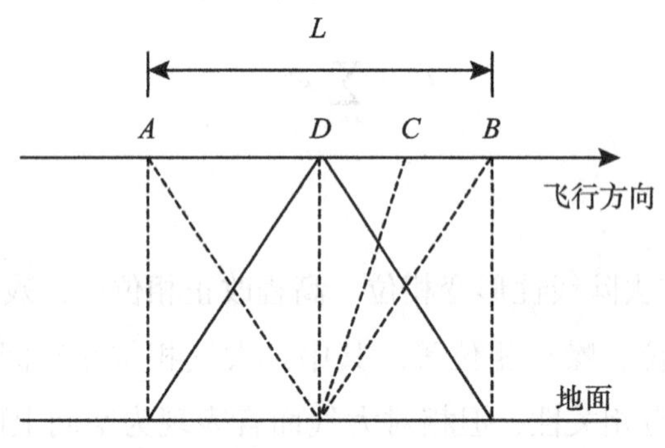

图 3-11　雷达波束发射与地物回波示意图

通过对时间求导、回波频率求解等处理，可以得到多普勒频率偏移 f_D：

$$f_D = -\frac{2}{\lambda R}(\boldsymbol{R}_S - \boldsymbol{R}_G)(\boldsymbol{V}_S - \boldsymbol{V}_G) \tag{3-8}$$

斜距方程原理如图 3-12 所示，载体的位置与速度向量分别为 $\boldsymbol{R}_S = (X_S, Y_S, Z_S)$ 和 $\boldsymbol{V}_S = (V_X, V_Y, V_Z)$，对于影像上 (i, j) 处所对应的地物点 G，其斜距 $\boldsymbol{R}$ 可表示为

$$\begin{aligned} \boldsymbol{R} &= |\boldsymbol{R}_S - \boldsymbol{R}_G| = |(X_S, Y_S, Z_S)^{\mathrm{T}} - (X_G, Y_G, Z_G)^{\mathrm{T}}| = |(X, Y, Z)^{\mathrm{T}}| \\ &= \sqrt{(X_S - X_G)^2 + (Y_S - Y_G)^2 + (Z_S - Z_G)^2} = R_0 + m_j \cdot j \end{aligned} \tag{3-9}$$

式中，$(X, Y, Z)^{\mathrm{T}}$ 为载体与地物点的位置向量差，或称为斜距向量 $\boldsymbol{R}$；R_0 为初始斜

距；m_j 为距离向像元大小；j 为距离向像元坐标。

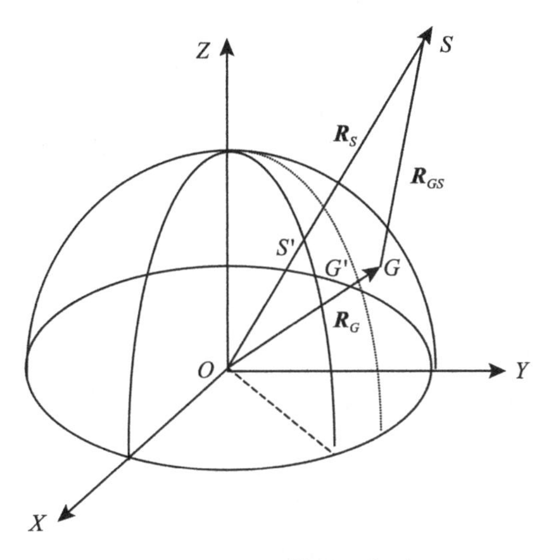

图 3-12　*R-D* 模型示意图

此外，位于地球表面的 PS 点还应满足地球物理模型(魏钜杰等，2009，2011)，如下式所示：

$$\frac{(X_G^2 + Y_G^2)}{(R_e + h_G)^2} + \frac{Z_G^2}{R_p^{\ 2}} = 1 \tag{3-10}$$

$$R_p = (1 - f)R_e \tag{3-11}$$

式中，R_e 为地球椭球赤道半径；R_p 为地球椭球极半径；h_G 为地物点的高程，可从 DEM 上获得；f 为扁率；h_G 可表示为地形方程：$h_G = h(X_G,\ Y_G,\ Z_G)$。

3.3　高分辨率 SAR 数据集的应用分析

3.3.1　研究区和研究数据

高分辨率 SAR 研究区域选择建筑物、地铁等人工设施最密集的天津市中心城区，如图 3-13 浅色矩形所示。其范围主要为和平区、南开区、河西区、河东区、红桥区、河北区等市内六区及外环线内的东丽区、津南区、西青区、北辰区，覆盖面积为 600km²。

覆盖研究区域 SAR 数据为德国的高分辨率 TerraSAR 数据，数据获取时间为 2014 年 5 月至 2015 年 5 月，共有 15 期。数据参数如表 3-1 所示；覆盖范围如图 3-13 深色

图 3-13　SAR数据覆盖图

矩形所示。

表 3-1　**TerraSAR 数据集的影像参数**

数据参数	TerraSAR	数据参数	TerraSAR
波长	X（~3.1cm）	分辨率	3m
入射角	37.3°	影像数	15
成像几何	升轨	覆盖范围	30km×50km
成像模式	条带式		

对15幅TerraSAR数据的幅度信息进行均值处理，得到研究区平均幅度影像，如图3-14所示。相对于单幅SAR数据的幅度影像，平均振幅影像的清晰度较高，该研究区域建筑物、道路、水域等典型地物均清晰可见。

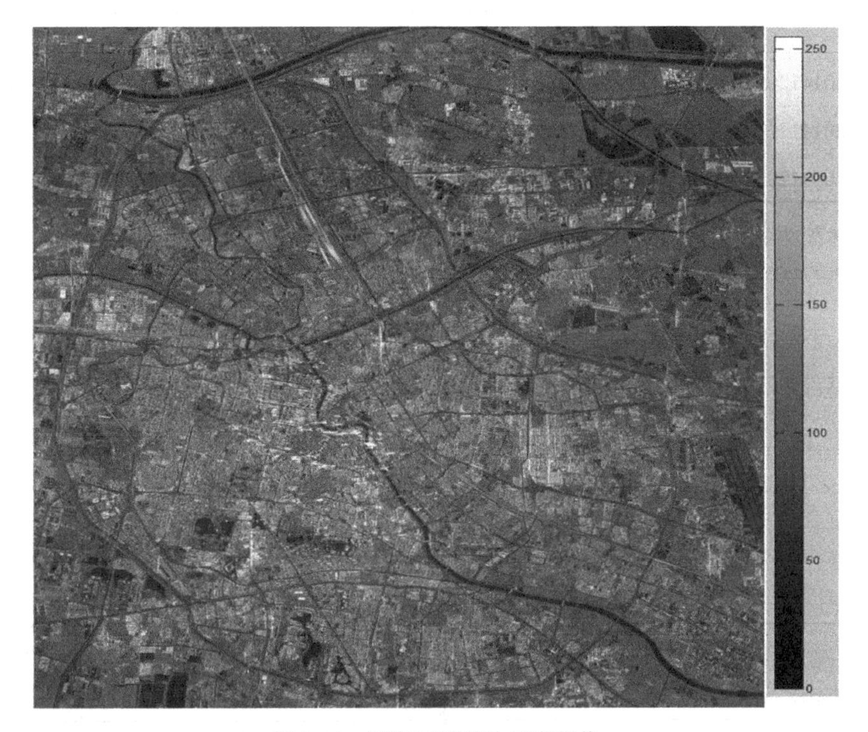

图 3-14 研究区域平均幅度影像

3.3.2 高分 SAR 扩展 SBAS 时序分析实验

3.3.2.1 影像配准与干涉像对选择

实验所选择 TerraSAR 影像为条带式成像，轨道信息也较精确，可以采用图 3-3 中的影像配准流程进行影像配准处理，主影像选择日期为 2014 年 12 月 2 日的 SAR 影像，配准精度统计信息如表 3-2 所示。所有 TerraSAR 影像配准精度均优于规定的 1/8 个像元，整体配准中误差为 0.78 个像元。

表 3-2 **TerraSAR 数据集配准精度统计表**

序号	主影像	辅影像	配准精度	序号	主影像	辅影像	配准精度
1	20141202	20140518	0.82	5	20141202	20140905	0.88
2	20141202	20140609	0.78	6	20141202	20140927	0.82
3	20141202	20140701	0.67	7	20141202	20141019	0.80
4	20141202	20140814	0.74	8	20141202	20141110	0.77

续表

序号	主影像	辅影像	配准精度	序号	主影像	辅影像	配准精度
9	20141202	20141224	0.72	12	20141202	20150217	0.69
10	20141202	20150115	0.81	13	20141202	20150228	0.81
11	20141202	20150206	0.77	14	20141202	20150527	0.83

注：总体配准中误差为0.78。

表3-3中列出卫星获取日期及相对于2014年12月2日获取主影像的垂直空间基线、时间基线。为提高扩展SBAS时序分析总体相干性，从所有差分干涉组合中选择空间基线小于400m、时间基线小于200天的差分干涉集合。如图3-15所示，共从15景TerraSAR数据集中选择66个差分干涉对进行时序InSAR分析。

表3-3　**TerraSAR时空基线分布**

序号	影像	空间基线(m)	时间基线(天)	序号	影像	空间基线(m)	时间基线(天)
1	20140518	21	-198	9	20141202	0	0
2	20140609	455	-176	10	20141224	313	22
3	20140701	63	-154	11	20150115	-82	44
4	20140814	45	-110	12	20150206	73	66
5	20140905	193	-88	13	20150217	-395	77
6	20140927	86	-66	14	20150228	-550	88
7	20141019	195	-44	15	20150527	-196	176
8	20141110	155	-22				

3.3.2.2　PSC点提取实验及分析

为验证本书PSC识别策略的有效性，利用15景X波段的TerraSAR单视复数(Single-Look Complex，SLC)影像，以幅度离差法、子视相关法、相干系数法三种方法为基础进行PSC点提取对比。

采用幅度离差法提取出PSC点共104.1万个，点密度为2168点/km^2，分布如图3-16所示；从图中可以看出，PSC点主要集中在建筑物较密集的城市地区，沿道路两侧、人工建构筑物分布。采用子视相关法提取出PSC点共73.5万个，点密度为1532点/km^2，分布如图3-17所示；在城区、郊区(区域A)中都选取了一定数量的PSC点。

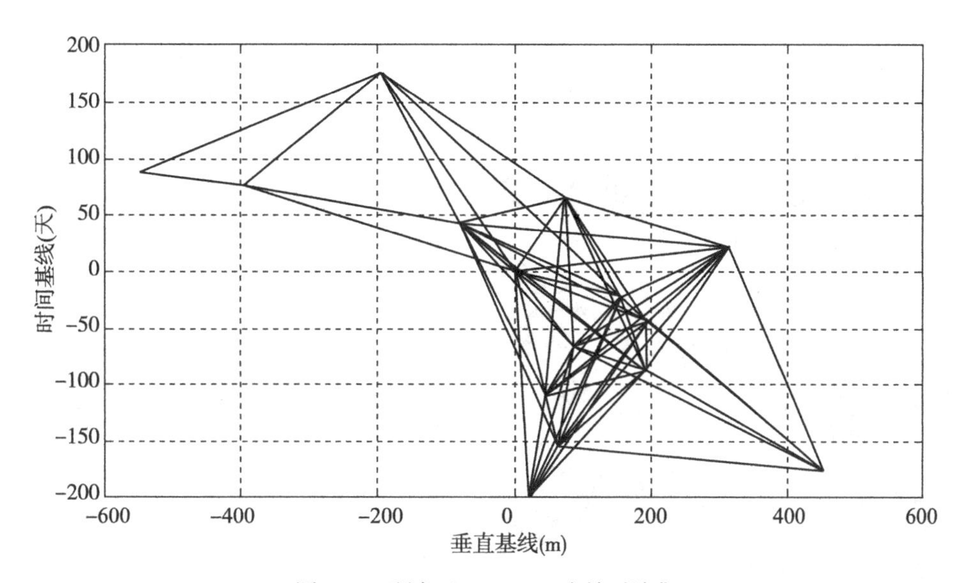

图 3-15　研究区 TerraSAR 有效干涉集

图 3-16　幅度离差法提取 PSC 点图

图 3-17　子视相关法提取 PSC 点图

对图 3-16、图 3-17 中的 PSC 分布进行整体对比分析，两者空间分布格局具有一致性，但图 3-17 的子视相关法获取的 PSC 点分布相对较均匀。以天津市津塔及其附近建筑物为例进行局部对比分析，如图 3-18、图 3-19 所示，两种方法提取出的 PSC 点在空间分布和密度上均存在一定差异。在津塔建筑物上，子视相关法识别 PSC 点数量为 100 个，主要分布在其顶部和底部；而幅度离差法识别 PSC 点数量是子视相关法识别 PSC 点的 3 倍，达到 300 个，在津塔上高密度、均匀分布。这说明幅度离差法对高层建筑物的 PSC 点提取具有优势。而对比周边其他的中层建筑物与低层建筑物，在点密度与点分布方面，幅度离差法获取的 PSC 点远少于子视相关法获取的 PSC 点，这表明子视相关法对中低层建筑物的 PSC 点提取具有优势(杨魁等，2016)。

图 3-18　幅度离差法识别 PSC 点局部图

图 3-19　子视相关法识别 PSC 点局部图

两种 PSC 点识别方法各有优缺点，可以将幅度离差法获取的 PSC 点与子视相关法获取的 PSC 点进行合并组合处理后，通过两类方法优势互补，实现研究区不同类型地物的全面分析，也降低了空间失相干、时间失相干对扩展 SBAS 时序分析的影响。合并后 PSC 分布情况如图 3-20 所示，共提取出 PSC 点 149.0 万个，点密度相对单独的子视相关法而言增加近一倍，分布也更加均匀。

图 3-20　幅度离差法+子视相关法 PSC 点合并分布图

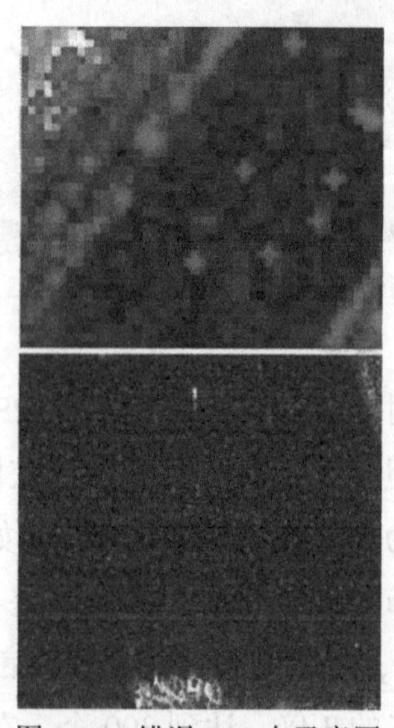

图 3-21　错误 PSC 点示意图

然而由于子视相关法对时间连续性考虑较少，容易将变化的汽车等目标提取为 PSC 点；对于阴影、水体等统计特性较稳定但幅度值较低的地物也容易提取为 PSC 点，导致图 3-21 中的 PSC 点中会存在阴影、水体等部分错误点。需要在此基础上以平均相干系数为准则来剔除小于指定阈值的明显错误点。本研究区共剔除 PSC 点 3.1 万个，从而得到最终 PSC 点集，分布如图 3-22 所示。

图 3-22　最终提取 PSC 点分布图

3.3.2.3　时空相位解缠及地理编码

研究区建筑物密集、不同高度建筑物层次分布。以研究区平均建筑物高度 50m 作为高程约束、时间基线 70 天作为时间上的约束来选择初次参与计算的差分干涉集合；按照式(3-5)中高程一维估计模型进行时空相位解缠处理，获取初始高程改正数；然后将所获得高程改正数作为初始地形模拟相位从 66 个干涉图中去除后，重新选择短空间基线的差分干涉集合，基于高程一维估计模型计算高程改正数；不断迭代处理直至两次高程改正数差值小于指定阈值 5m。采用空间基线大于 100m、时间基线大于 70 天的数据进行二维参数估计，获取初步形变估计值和改正后高程值；并不断增大空间基线与时间基线阈值，直至所有差分干涉图参与计算，获取最终的形变估计值和高程改正值。

3.3.2.4　区域地面沉降成果

采用上述扩展 SBAS 时序分析技术对 15 景影像组成的 TerraSAR 数据集进行处理得到研究区域最终地面沉降监测成果。如图 3-23 所示，研究区域内各 PS 目标沉降速率大小以不同颜色分别表示。其中，中部的市内六区等外环线以内区域沉降速率较小，北部的北辰区等所在区域沉降速率较大。

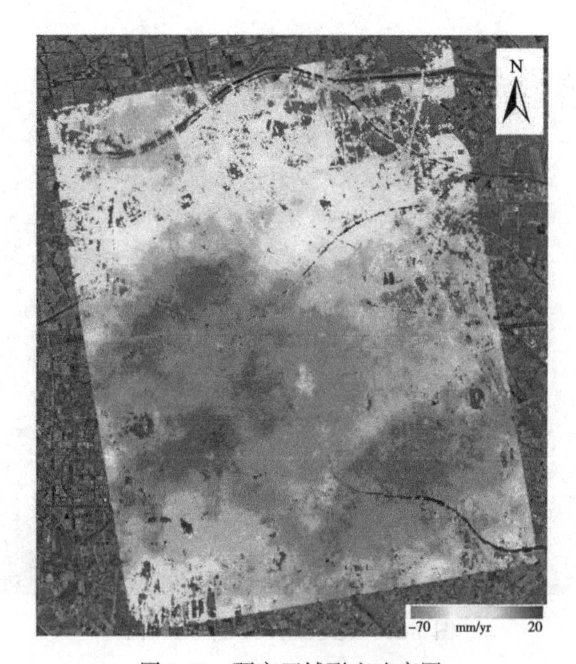

图 3-23　研究区域形变速率图

3.3.3　基于地下水资源的地面沉降成果一致性评价

研究区内参考数据主要为 2015 年天津水资源公报上的第Ⅱ承压含水层水位降落漏斗等值线图，因而本节中主要从定性分析角度来对比分析 2014 年 5 月—2015 年 5 月地面沉降 InSAR 监测成果与 2015 年度第Ⅱ含水层数据的一致性，以验证区域地面沉降监测成果与扩展 SBAS 时序分析方法的可靠性。

3.3.3.1　有效应力原理

对于稳定饱和含水层系统而言，总应力 σ 由有效应力 σ' 和孔隙应力 μ 两部分组成（方玉树，2009）：

$$\sigma = \sigma' + \mu \tag{3-12}$$

如图 3-24 所示，有效应力计算公式可以细化为

$$\sigma' = \sigma - \mu = \sigma - \gamma_w H_2 \tag{3-13}$$

式中，γ_w 为孔隙应力系数。

在总应力没有变化的前提下，由于地下水开采引起地下水位 H_2 下降，将增大有效应力，土层会产生压缩，从而引发地面沉降。

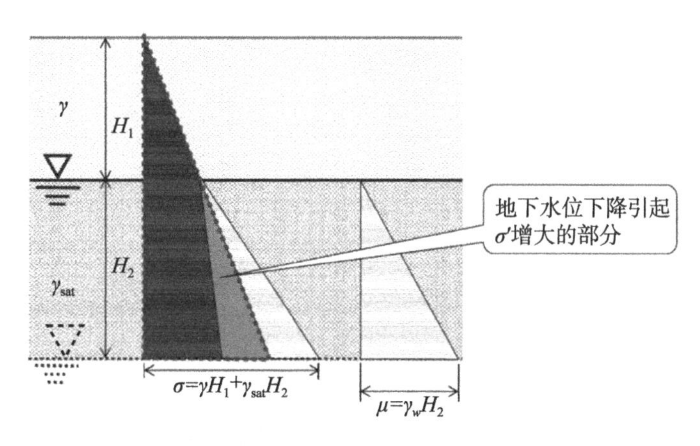

图 3-24　有效应力原理示意图

3.3.3.2　地下水资源数据

参考《2015 年天津市水资源公报》(天津市水务局，2015)涉及的第Ⅱ含水层水位沉降漏斗数据来开展研究区地下水资源数据分析(白泽朝等，2017)。从图 3-25 所示的 2015 年研究区第Ⅱ含水层地下水埋深等值线图可以看出，第Ⅱ含水层地下水埋深从南到北逐渐增大。

此外，针对第Ⅱ含水层中地下水位埋深较大的宜兴埠镇、大张庄镇，结合遥感影像、外业调查进行地下水资源利用分析。图 3-26(a)所示的宜兴埠镇存在大量、成规模的工业生产，图 3-26(b)所示的大张庄镇存在一定规模工业。实地调研发现这些区域也存在一定数量的机井。

3.3.3.3　InSAR 地面沉降与地下水资源开采的一致性分析

结合上述工业数据和地下水位埋深数据对 InSAR 地面沉降成果与地下水资源开采一致性进行分析。

研究区北部的北辰区存在较大规模工业，且其不在天津市示范工业园区范围内；结合实地调绘的机井开采信息和第Ⅱ含水层地下水位埋深数据，表明这些工业可能存

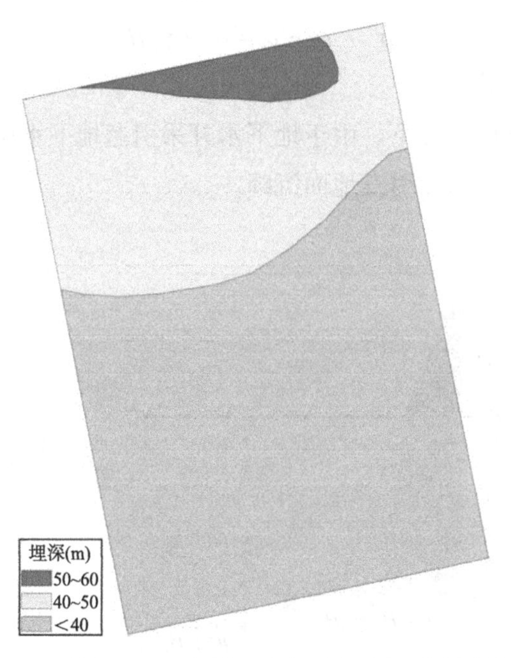

图3-25　研究区2015年第Ⅱ含水层地下水埋深等值线图

（a）宜兴埠镇　　（b）大张庄镇

图3-26　局部沉降较大区域光学遥感示意图

在大量开采地下水的行为。结合有效原理可知，这些区域沉降现象相对较大，这与图3-23中北辰区等所在北部区域沉降量较大的结论相一致。

近年来，研究区内的市内六区地面沉降控制措施得到有效实施，私自开采地下水、随意抽水施工的现象已经得到遏制，地下水开采量很小。结合有效应力原理可知，这些区域的沉降现象相对比较缓慢，这与图 3-23 中市内六区等外环线以内区域沉降速率较小的结论相一致。

因此，将人类工程活动、地下水开采情况、已有地面沉降模型相结合后与地面沉降 InSAR 监测成果进行定性对比分析，两者一致性较好。这也验证了本书扩展 SBAS 时序分析方法的可靠性。

3.4 中分辨率 SAR 数据集的应用分析

3.4.1 研究区和研究数据

中分辨率 SAR 研究区域选择天津市滨海新区的汉沽，如图 3-27 右图多边形所示。其范围主要包括杨家泊镇、寨上街道、汉沽街道等，覆盖面积约 200km^2。

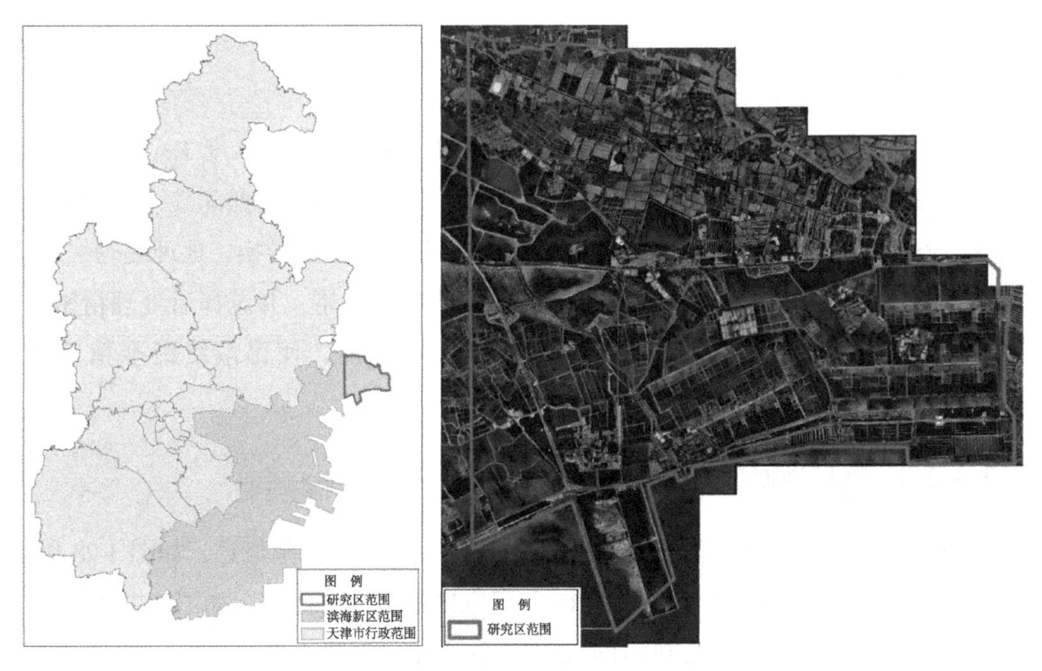

图 3-27 汉沽研究区位置

根据不同 SAR 卫星在汉沽研究区的数据存档情况和汉沽城镇化发展过程，分别选用 2007—2009 年度 Envisat 影像、2015—2016 年 Sentinel-1 影像开展中分辨率地面沉降监测和应用工作，数据参数如表 3-4 所示。

表 3-4　　**汉沽研究区 SAR 数据集的影像参数**

数据参数	Envisat	Sentinel-1
波长	C（~5.6cm）	C（~5.6cm）
入射角	18.7°	39.2°
成像几何	降轨	降轨
成像模式	条带式	TOPS
分辨率	15m	15m
影像数	26 景	33 景
重访时间	35~70 天	12~24 天
时间节点	2007-01—2009-12	2015-05—2016-07

3.4.2　中分 SAR 扩展 SBAS 时序分析实验

3.4.2.1　数据处理方法

本实验分别采用扩展 SBAS 时序分析方法对 2007—2009 年度 Envisat 影像集、2015—2016 年 Sentinel-1 影像集进行处理，处理步骤包括 SAR 数据配准、差分干涉集合构建、PSC 点提取、时空相位解缠、滤波处理、视线向形变转换、地理编码。

需要注意的是，Envisat 影像集配准采用条带式配准策略，并选择后处理精密轨道进行粗配准；Sentinel-1 影像集采用 TOPS 模式配准策略，使得最终配准精度优于 1/1000像素。

3.4.2.2　区域地面沉降成果

利用 Envisat 雷达影像获取了 2007—2009 年研究区地表沉降信息，如图 3-28 所示。基于 Sentinel 雷达影像获取了 2015—2016 年研究区地表沉降信息，如图 3-29 所示。对比两图可知，两个时间段内反映出的沉降中心具有一致性，均位于杨家泊镇付庄村（图中三角形处），但是区域内速率整体存在明显增加。最大沉降中心的沉降速率由 -15mm/yr上升至-70mm/yr。

3.4.3　基于地理国情的地面沉降成果一致性评价

汉沽研究区内参考数据主要为《天津市城市总体规划（2005—2020 年）》（天津市规划局，2016）、2008 年和 2016 年的地理国情监测数据，本节中主要从定性分析角度，基

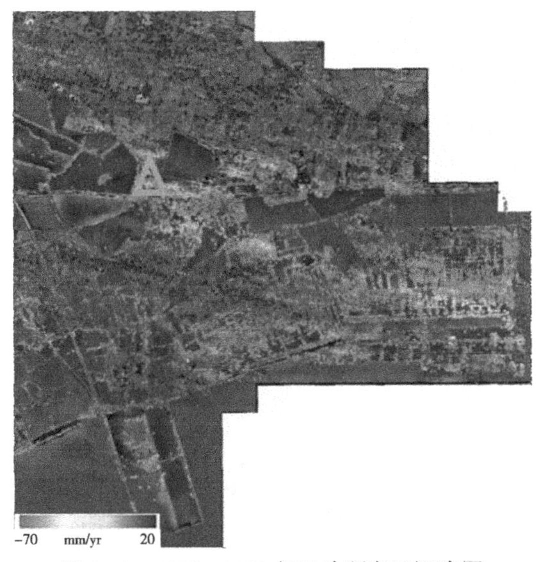

图 3-28 2007—2009 年汉沽研究区沉降图

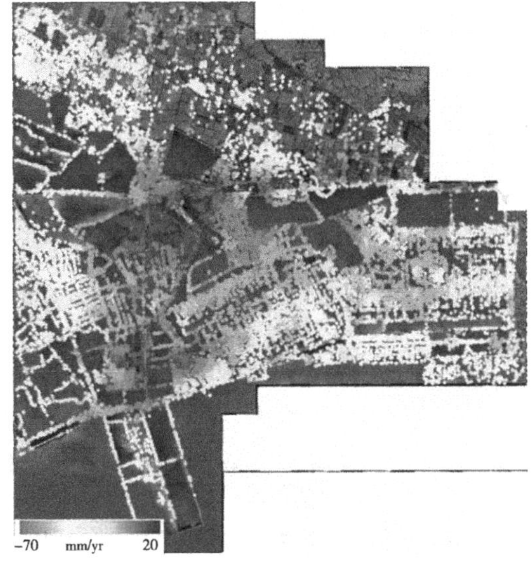

图 3-29 2015—2016 年汉沽研究区沉降图

于《天津市城市总体规划(2005—2020 年)》、相应年度地理国情变化数据来对比分析其与对应时间节点地面沉降变化速率的一致性(杨魁等, 2019), 以评价扩展 SBAS 时序分析方法的可靠性。需要说明的是, 为了保证本书的完整性, 本章的可靠性分析主要是定性分析; 且考虑到如图 3-29 所示的 2015—2016 年沉降速率远大于图 3-28 中的 2007—2009 年沉降速率, 可以近似认为图 3-29 所示的 2015—2016 年沉降速率可以代表 2008 年、2016 年这两个对应时间节点的地面沉降相对变化速率。

3.4.3.1 地理国情数据

地理国情是指与地理空间紧密相连的自然环境、自然资源及基本情况和特点的总和。国务院从 2013—2015 年开展第一次全国地理国情普查工作, 获取覆盖全国的地表覆盖数据和地理要素数据。其中, 地表覆盖数据是指利用高分辨率卫星遥感影像, 依据"所见即所得"原则, 采用人工解译与计算机辅助相结合方法获取全覆盖面状矢量化数据集, 共涉及 10 个一级类、46 个二级类、77 个三级类(李广泳等, 2016; 董春等, 2017)。

本书选择 2008 年、2016 年一级类指标的地表覆盖数据来辅助开展汉沽研究区地面沉降成果可靠性评价工作, 空间分布如图 3-30 和图 3-31 所示。从整体上对比, 各大类地表覆盖在这两个时间段内保持稳定。但是从局部进行分析, 不同类别呈现出不同程度的变化, 如表 3-5 所示。与 2008 年相比, 2016 年减少的地表覆盖类型主要有耕地、人工堆掘地、水域等；2016 年新增的地表覆盖类型主要有草地、房屋建筑、道路等。

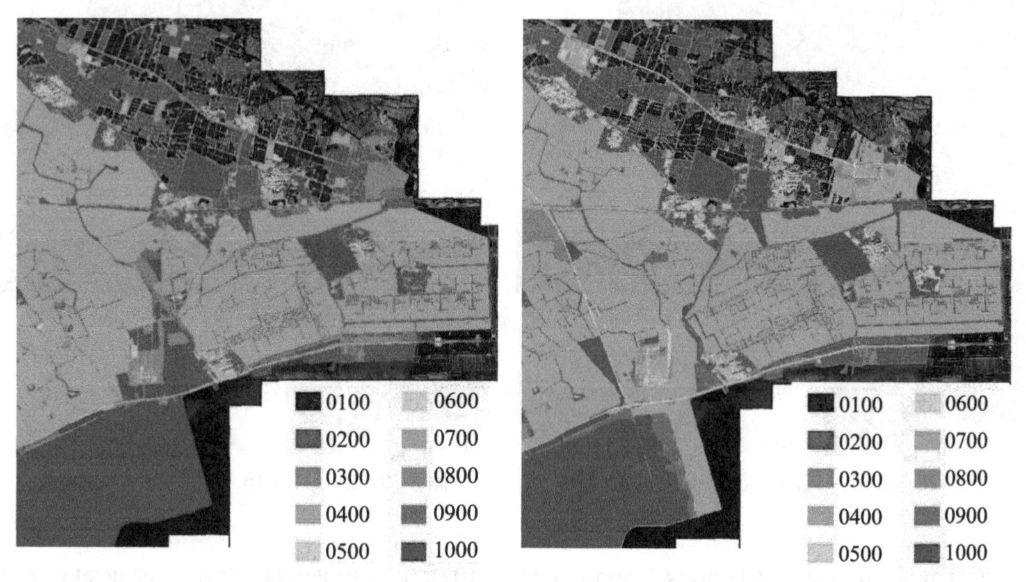

图 3-30 2008 年研究区地表覆盖图

图 3-31 2016 年研究区地表覆盖图

表 3-5 **2008—2016 年研究区地表覆盖变化面积统计**

代码	一级类	变化率
0100	耕地	-0.99%
0200	园地	0.38%
0300	林地	0.22%
0400	草地	1.88%
0500	房屋建筑	0.86%
0600	道路	0.81%
0700	构筑物	4.08%
0800	人工堆掘地	-3.16%
0900	荒漠与裸露地表	2.10%
1000	水域	-6.19%

3.4.3.2 各类地表覆盖数据变化与地面沉降变化的空间分析

以变化率最大水域为例，2016 年相对于 2008 年大面积减少，变化率为-6.19%。

将2008年至2016年水域缩减图与2015—2016年度地表沉降速率图进行空间叠加分析，如图3-32所示，水域减少部分主要分布在沉降较大的临海区域及部分沉降中心。

以变化率为4.08%的构筑物类型为例，2016年相对于2008年新增量较大。将2008年至2016年构筑物扩展分布图与2015—2016年度地表沉降速率图进行空间叠加分析，如图3-33所示，构筑物增加部分主要分布在沉降中心附近及沉降较大的临海等区域。

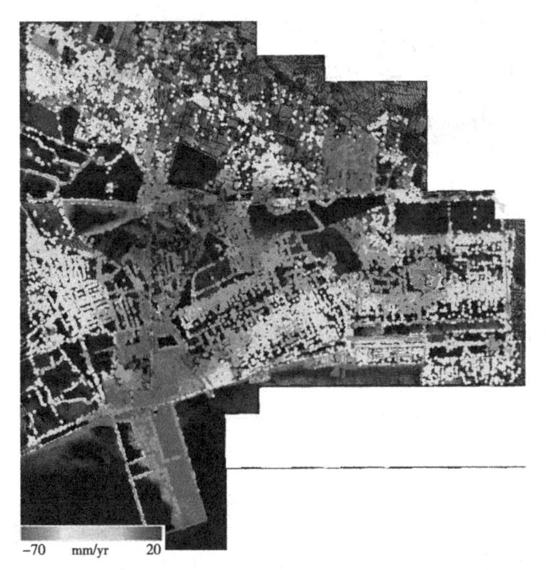

图3-32 水域缩减与地表沉降叠加图

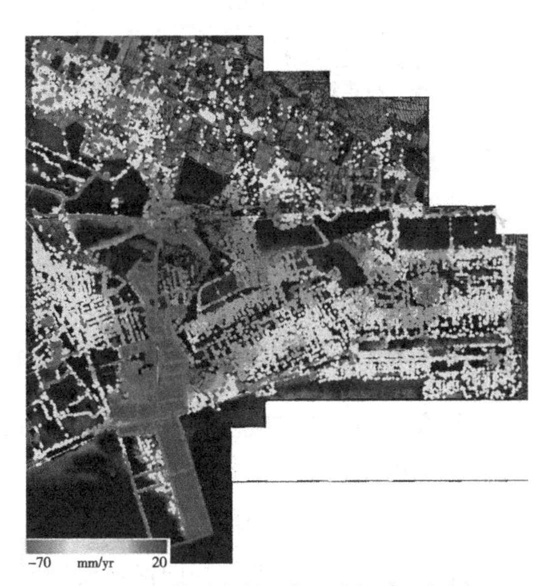

图3-33 构筑物扩展与地表沉降叠加图

以变化率为0.86%的房屋建筑类型为例进行类似空间叠加分析，如图3-34所示。新增建筑物分布比较零散。除左上角区域处地表沉降变化相对较小外，其他新增房屋建筑物均位于沉降增长程度相对较大的区域，其中在杨家泊镇沉降中心的新增建筑物面积为0.29km^2。

以变化率为1.88%的草地、变化率为2.10%的荒漠与裸露地表、变化率为0.81%的道路、变化率为0.38%的园地、变化率为-0.22%的林地、变化率为-0.99%的耕地等地表覆盖类型为例进行分析，类似分布如图3-35所示，这些变化部分主要分布在从2008年至2016年沉降增长程度相对较缓的区域。

综上所述，汉沽实验区内大面积水域减少、构筑物和房屋建筑增加等反映城市建设的指标与地表沉降加剧有密切关系。草地等其他地表覆盖反映的城市建设与地表沉降加剧的关联性较低。

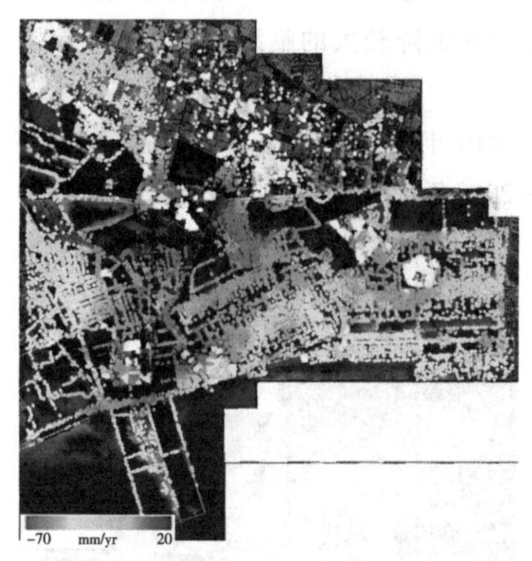

图 3-34　房屋建筑扩展与地表沉降叠加图

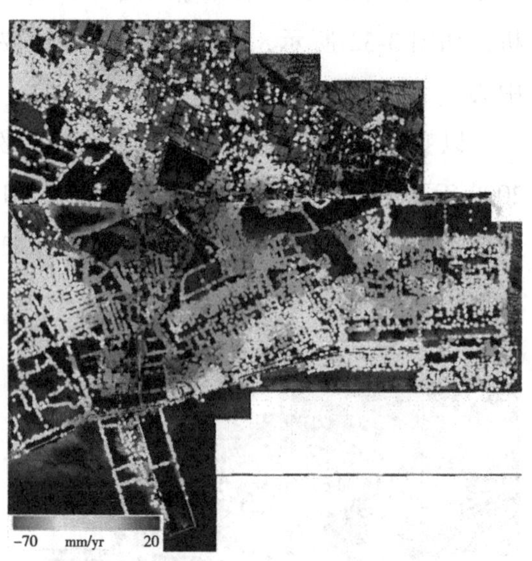

图 3-35　草地扩展与地表沉降叠加图

3.4.3.3　各类地表覆盖数据变化与地面沉降变化的一致性分析

结合《天津市城市总体规划(2005—2020 年)》、2008 年遥感影像、2016 年遥感影像进行分析，得出如下结论。

近年来，汉沽实验区在《天津市城市总体规划(2005—2020 年)》的指导和国家相关政策的支撑下，产业布局向渔业发展，对地表水和地下水开采量不断加剧；结合有效应力原理可知这些开采水区域将导致较大沉降现象。这与图 3-32、图 3-33、图 3-34 沉降中心附近及沉降较大的临海等区域存在增多构筑物和房屋建筑、减少的大面积水域相一致。

而汉沽实验区近年来在《天津市城市总体规划(2005—2020 年)》的指导下，配套建设草地、荒漠与裸露地表、道路、园地、林地等地表覆盖有所增多，但是其对地表水和地下水需求量较小；结合有效应力原理可知，这些少量开采或者不开采的区域沉降现象相对较小。这与上述草地等其他地表覆盖反映的城市建设与地表沉降加剧的关联性较低结论也保持一致。

本书将地理国情变化数据、《天津市城市总体规划(2005—2020 年)》、已有地面沉降模型相结合后与地面沉降 InSAR 监测成果进行定性对比分析，两者的一致性较好。这也进一步验证了本书扩展 SBAS 时序分析方法的可靠性。

3.5 本章小结

(1)为提高时序 InSAR 分析的鲁棒性，本章在已有时序 InSAR 分析方法的基础上，基于经典 SBAS 思想建立扩展 SBAS 时序分析技术。采用由粗到精的配准策略实现不同模式 SAR 影像配准，利用短空间基线、短时间基线原则构建差分干涉集合，通过幅度离差值法、子视相关法、相干系数法相结合的 PSC 提取策略获取高密度、高质量的 PS 点，应用长短基线迭代组合的时空相位解缠策略来实现形变信息的反演。

(2)以高分辨率、条带模式的天津中心城区 TerraSAR 数据为例，对扩展 SBAS 时序分析技术进行实验研究，获取区域地面沉降监测成果，有效揭示市内六区及其周边区域主要沉降漏斗的空间分布状况。结合第Ⅱ承压含水层水位降落漏斗等地下水资源数据、工业用地数据、有效应力原理对其成果进行定性分析，地下水禁采的市内六区沉降缓慢、可能存在大量开采地下水行为的北辰区沉降相对较大的结论与 InSAR 反演形变场的空间分布具有一致性，有效验证本书扩展 SBAS 时序分析方法的可靠性。

(3)以覆盖天津市汉沽地区的 2008 年 Envisat 数据、2016 年 Sentinel-1 数据为例采用扩展 SBAS 时序分析获取形变数据，两个时间点的沉降中心具有一致性，但沉降速率由-15mm/yr 上升至-70mm/yr。结合同时期的地表覆盖数据、城市总体规划、GIS 空间分析工具进行分析，发现在城市总体规划指导下，产业布局向渔业发展，出现大面积水域减少、构筑物和房屋建筑增加等现象，导致沉降现象加剧；与时序 InSAR 反演的地表沉降加剧的空间分布与幅度一致，进一步验证了本书扩展 SBAS 时序分析方法应用的可拓展性和可靠性。

第4章 基于多源SAR的时序InSAR粗差检测研究

4.1 概述

时序InSAR分析基础是解缠后的相位数据，本书所采用的扩展SBAS时序分析技术中通过长短基线迭代组合的PS点时空解缠策略来获取正确相位解缠成果，原则上可以满足时序SAR分析的需求。但是失相干误差、空间基线误差、大气相位误差、DEM误差等众多误差源，都会对相位解缠周期性解算造成影响，从而增加了相位解缠难度。此外，相位解缠成功率还受到干涉相位差异观测值的量测精度、PS点密度和影像数量等多个因素的影响，因此第3章中的相位解缠成功率为100%的条件并不能完全得到保证。依据误差传播定律，其将影响到后续时序InSAR分析成果的可靠性，导致时序InSAR成果中不可避免地存在粗差。

考虑到目前相位解缠算法的局限性，本书并未对解缠算法进行研究；而是以时序InSAR分析成果为研究对象，对不同传感器、不同升降轨观测模式下形成的独立InSAR时序成果进行集成统一分析后，通过引入冗余量后进行粗差探测与分析，识别与剔除单一时序InSAR分析中存在的粗差，从而提高时序InSAR监测的鲁棒性。

4.2 多源时序InSAR集成的数学模型

4.2.1 空间基准统一的数学模型

本书选择空间地理框架为多轨InSAR数据融合的基准，来开展时序InSAR可靠性分析工作。因此首先开展地理编码误差分析，然后针对多源PS点在地理空间坐标系下的位置差异来构建多源SAR空间框架统一的函数模型和随机模型。

4.2.1.1 地理编码误差分析

结合第 3 章中的地理编码原理和示意图(图 4-1)对 PS 点地理编码误差源进行分析。实际上，每个 PS 点三维位置是一个圆弧与 PS 大地高所在平面的交点。其圆心为卫星获取时的精确轨道位置，其半径为 PS 点斜距，PS 大地高通过使用的参考 DEM 与精化后高程计算得到。如第 3 章、第 4 章所述，地理编码误差主要来源于与轨道和距离信息相关的 SAR 传感器参数和 DEM 精化值。

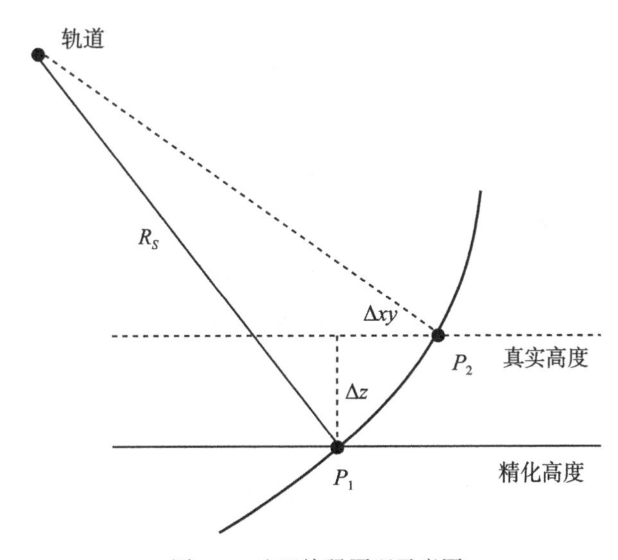

图 4-1 地理编码原理示意图

随着卫星传感器发展，TerraSAR-X、Sentinel-1、RadarSat-2 等新型雷达卫星采用精密雷达成像设备和精确定轨装置，轨道误差控制在厘米级，上述由于轨道和距离向引起的定位误差已经较小，被限制在厘米级范围内(Hackel et al.，2017)。从而可合理假设地理编码误差是高程误差导致的。

其中根据误差来源，高程误差又可以细分为参考点高程未知的系统误差和 DEM 精化的偶然误差。参考点高程不确定性将导致整个 PS 点集在地距向、高程向的偏移，将其纳入空间基准统一的函数模型进行分析。DEM 精化的偶然误差会导致单独 PS 点集在地距向、高程向的偏移，具有一定随机性，将其纳入随机模型中进行分析。

4.2.1.2 多源时序 InSAR 空间基准统一的函数模型

如图 4-2 所示，参考点高程偏移会导致 PS 点相对于卫星轨道位置的一个旋转，旋转角主要取决于参考点真实高程和假定高程间的差异量。在斜距远大于高程向偏移量前提下，基于近似分析原理，可以用沿高程向平移量来代替由于旋转角所形成的偏移。在此几何结构下开展多源 SAR 数据融合工作，首先是在不同数据集中选择对应于同一目标的两个 PS 点，然后利用平差原理来消除两者差异以实现该两点最小二乘匹配，其核心就是多源时序 InSAR 基准统一的函数模型。

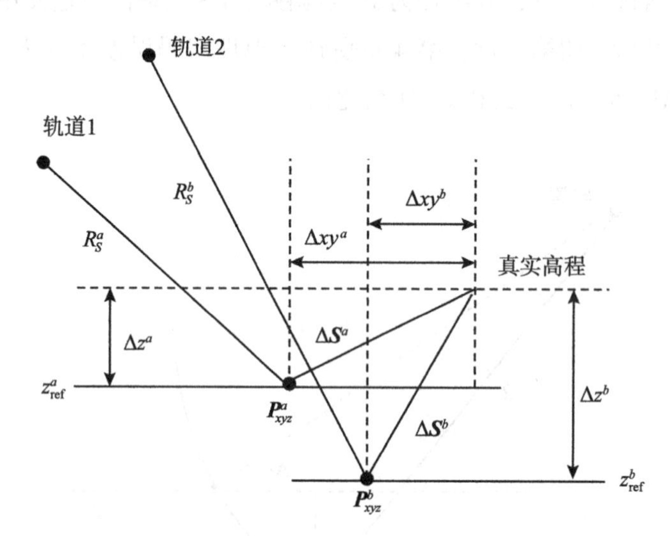

图 4-2　多源数据融合模型的几何形状图

图中显示了相同轨道方式下多源 SAR 数据融合几何结构。轨道 1 数据集的参考点相对于真实高程偏差为 Δz^a，轨道 2 数据集的参考点相对于真实高程偏差为 Δz^b，不同点云集中对应于同一目标的 PS 点在垂直向的定位误差分别为 Δz^a、Δz^b。而根据图 4-2 中地理编码误差原理，基于精确斜距信息 R_S^a、R_S^b，两个 PS 点在水平向的定位误差分别为 Δxy^a、Δxy^b（通常情况下 $\Delta xy^a \neq \Delta xy^b$）。基于图 4-2 中几何结构可直接表示：将对应的两点 P_{xyz}^a、P_{xyz}^b 在其相应高程向分别以矢量 $\boldsymbol{\Delta S}^a$、$\boldsymbol{\Delta S}^b$ 进行平移，使得两点相交于同一点。

综上所述，多源时序 InSAR 基准统一的函数模型可以用下式来表示（相对于一对共同点）：

$$\boldsymbol{P}_{xyz}^a + \boldsymbol{\Delta S}^a \cdot \boldsymbol{S}^a(\alpha_h^a,\ \theta_{\text{inc}}^a) = \boldsymbol{P}_{xyz}^b + \boldsymbol{\Delta S}^b \cdot \boldsymbol{S}^b(\alpha_h^b,\ \theta_{\text{inc}}^b) \tag{4-1}$$

式中，θ_{inc}^a、θ_{inc}^b 为相应入射角；$\boldsymbol{S}^a$、$\boldsymbol{S}^b$ 为归一化高程向（$|\boldsymbol{S}|=1$），其可用航向角 α_h、入射角 θ_{inc} 来定义。

$$\boldsymbol{S}(\alpha_h,\ \theta_{\text{inc}}) = \begin{pmatrix} \Delta x \\ \Delta y \\ \Delta z \end{pmatrix} = \begin{pmatrix} \cos\alpha_h \cos\theta_{\text{inc}} \\ -\sin\alpha_h \cos\theta_{\text{inc}} \\ \sin\theta_{\text{inc}} \end{pmatrix} \tag{4-2}$$

4.2.1.3 多源时序 InSAR 空间基准统一的随机模型

多源时序 InSAR 空间基准统一误差包含卫星轨道误差、斜距误差、DEM 精化误差等，其随机模型可以表示为

$$Q_y = \boldsymbol{W}(Q_{\text{orbit}} + Q_{\text{range}} + Q_{\text{dem}})\boldsymbol{W}^{\text{T}} \tag{4-3}$$

式中，矩阵 $\boldsymbol{W}$ 为从单源时序 InSAR 从自身空间基准至其他空间基准的转化；Q_{orbit} 为卫星轨道误差；Q_{range} 为函数模型不完善所导致的斜距误差；Q_{dem} 为 DEM 精化偶然误差。

4.2.2 沉降参数基准统一的数学模型

4.2.2.1 多源时序 InSAR 成果的 PS 集合

将不同数据源的时序 InSAR 成果进行空间基准统一后，可以将所有 PS 点进行相互叠加，识别出相邻散射体集合后进行沉降基准统一处理。

结合 Daniele Perissin(2006, 2007)的 PS 点研究成果从理论上分析，由于相同轨道模式下 SAR 数据的入射角存在小角度差异，指向卫星视向的两面角和三面角目标很可能可以从多个轨道进行观测。相比较而言，升轨与降轨观测方向正好相反，理论上两者观察的同一目标应为圆形，如柱形杆，但这样散射体在实际场景中并不常见。所以，多源 SAR 数据下 PS 点对应同一目标的理论概率较低。

但是根据地学第一定律"地理事物在空间分布上互为相关"，且考虑到属性相同 PS 点目标代表着相同形变机理，可以合理假设在参数空间内将不同 SAR 数据集上、具有相同属性、距离相近 PS 点视为同一 PS 点，其所对应的沉降信息理论上应该具有一致性，从而可以视为同一目标进行后续分析。

图 4-3 为 2 组升轨 SAR 数据、2 组降轨 SAR 数据空间基准统一后的 PS 点叠加示意图。从图中可以看出，部分 PS 点在 4 组 SAR 数据集中被观测多次，其中有的被观测 2 次，有的被观测 3 次，有的被观测 4 次，将其沉降基准统一后则可以利用冗余观测来进一步开展粗差识别与分析。

4.2.2.2 多源时序 InSAR 沉降参数统一的函数模型

多源 SAR 沉降参数理论上仅存在不同 PS 参考点沉降未知导致的偏移量。但是由于时序 InSAR 分析中可能存在的空间基线误差、大气相位误差、相位解缠误差，多源 SAR 沉降参数之间还会存在一个与距离向或方位向相关的空间趋势。

如图 4-4 所示，设 SAR 数据 1 沉降速率为 $\boldsymbol{v}_a$，SAR 数据 2 沉降速率为 $\boldsymbol{v}_b$，其空间

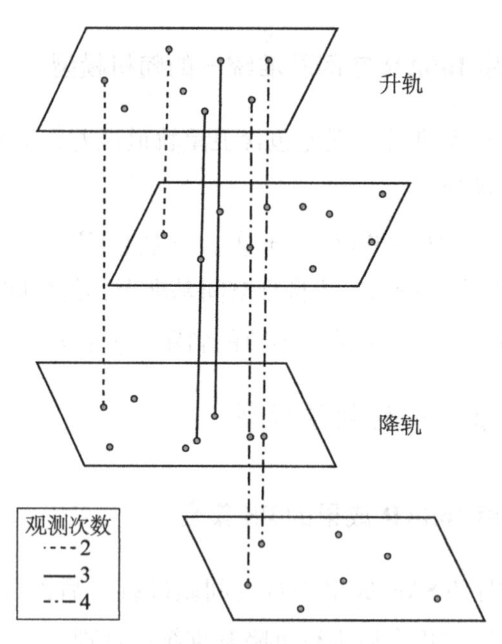

图 4-3　多源轨道的相邻 PS 集合示意图

地理位置为($\boldsymbol{\xi}$, $\boldsymbol{\eta}$)，多源时序 InSAR 沉降参数统一的函数模型可以用下式来表示(相对于一对同名点)：

$$\boldsymbol{v}_a - \boldsymbol{v}_b = \boldsymbol{\xi} \cdot t_\xi + \boldsymbol{\eta} \cdot t_\eta + t_0 \tag{4-4}$$

式中，t_0 为偏移量；t_ξ、t_η 分别为方位向和距离向转换参数。

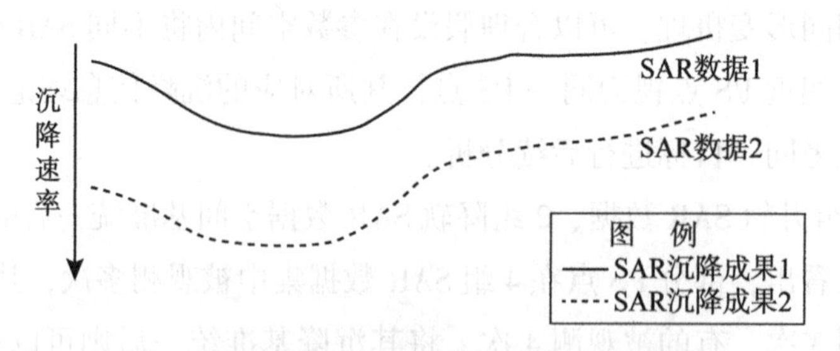

图 4-4　多源 SAR 沉降参数统一模型的示意图

4.2.2.3　多源时序 InSAR 沉降参数统一的随机模型

由于大气误差在空间上具有强相关性，在大范围内采用式(4-4)进行处理后仍存在残余大气误差。此外，根据误差传播定律，单一时序 InSAR 分析中存在的非线性形变误差、噪声也会传播至多源时序 InSAR 沉降参数统一中。因而多源时序 InSAR 沉降参

数统一的随机模型可以表示为

$$Q_y = \boldsymbol{W}(Q_{\text{atmo}} + Q_{\text{defo}} + Q_n)\boldsymbol{W}^{\mathrm{T}} \tag{4-5}$$

式中，矩阵 $\boldsymbol{W}$ 为从单源时序 InSAR 由自身沉降基准至其他沉降基准的转化；Q_{atmo} 为残余大气误差；Q_{defo} 为非线性形变误差；Q_n 为噪声。

4.3 多源时序 InSAR 集成与粗差检测的实现方法

单一时序 InSAR 分析都具有自身坐标系，其由主影像的成像几何所确定。为实现多源时序 InSAR 分析成果整合，首先需要定义一个主空间基准后进行空间框架统一处理；然后对沉降参数进行基准统一后开展粗差检测，实现时序 InSAR 技术的可靠性估计。

4.3.1 空间基准统一的实现方法

4.3.1.1 主坐标系定义

如图 4-5 所示，InSAR 监测会存在多种测量模式(葛大庆，2013)，且不同卫星监测到的 PS 点目标分布和密度会存在一定程度差异。在实现多源 SAR 空间基准统一前，需要首先定义主 SAR 数据集、辅 SAR 数据集；然后在保证主 SAR 数据集 PS 点不变的情况下，实现主辅 SAR 数据集间基准统一。

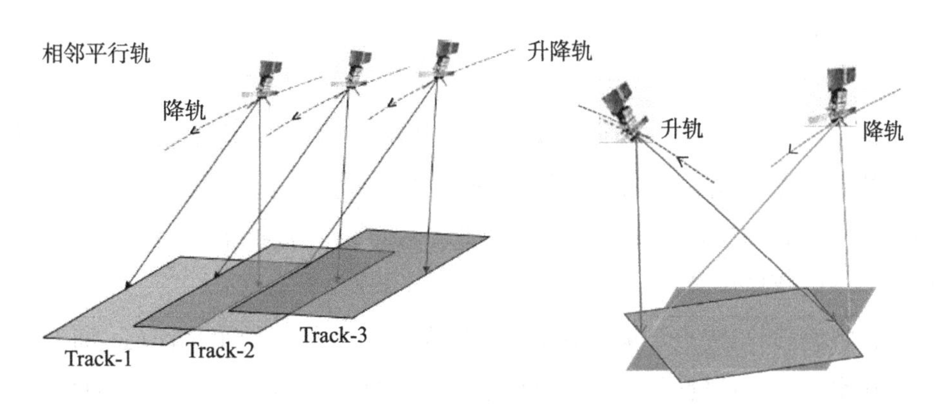

图 4-5　多轨道 InSAR 测量模式(葛大庆，2013)

4.3.1.2 多源 SAR 空间基准统一的技术流程

当成对 PS 点存在的情况下，可以基于式(4-1)的空间基准统一函数模型进行分析。整个算法流程如图 4-6 所示：首先，对每个地理编码后 PS 点集，基于点云的几何相干性和高可靠性的算法来实现多源 PS 点精确匹配；然后，采用最小二乘法来计算未知高程偏移，以最小化所有 PS 点对距离；最后，在相应高程向上平移得到最终 PS 点位。

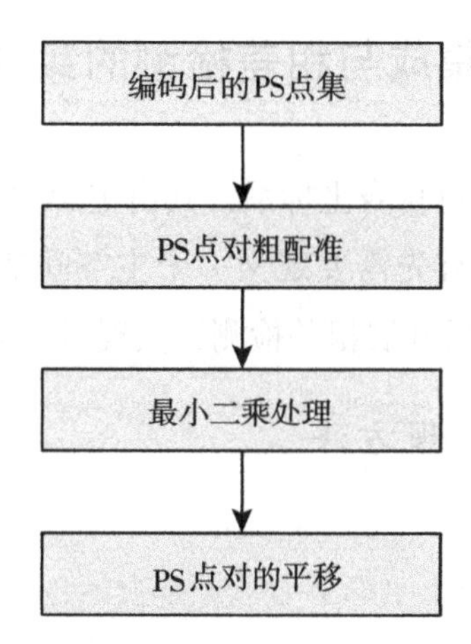

图 4-6　多源 SAR 数据空间基准统一技术流程图

4.3.1.3　基于点云分布的 PS 点对粗配准

对于多源 InSAR 数据空间基准统一而言，通过 PS 点对匹配来获取高质量、分布均匀、高密度的同名 PS 点对是提高其可靠性的关键技术。本书基于 PS 点云几何分布进行粗配准。

对于覆盖同一地区多源 SAR 数据而言，其获取的 PS 点均是该区域内强散射体，在没有大的城市变迁情况下，强散射体位置基本保持不变，多源时序 InSAR 分析获取的 PS 点整体分布具有相似性(图 4-7)。因此，多源 SAR 数据粗配准主要基于 PS 点云几何分布的类似性来开展。

首先，将编码后 PS 点子集投影至格网间距为 1 个像素的水平面(xy 面)生成二值化影像；在水平面上对投影后的主 SAR 数据集、辅 SAR 数据集进行互相关分析来获取初始偏移量，通过对所有位置的遍历，得到整体相关性图后，通过峰值分析来获取 X 向、Y 向偏移量。然后，将编码后 PS 点子集投影至格网间距为 1 个像素的垂直面(xz 面、yz 面)，生成二值化影像；在垂直面上对投影后的主 SAR 数据集、辅 SAR 数据集进行互相关分析(图 4-8)来获取 Z 方向上的偏移量(Gernhardt，2012)。

从而本书可通过对主 SAR 数据集、辅 SAR 数据集进行三维投影、二值化转化、

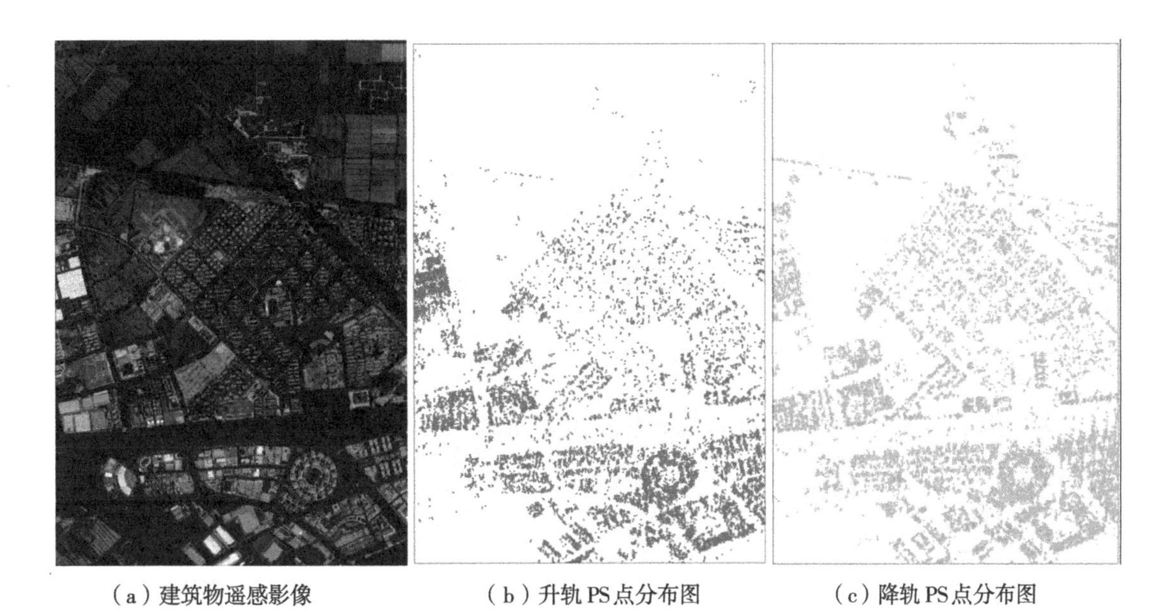
（a）建筑物遥感影像　（b）升轨 PS 点分布图　（c）降轨 PS 点分布图

图 4-7　城市地区建筑物的空间分布图

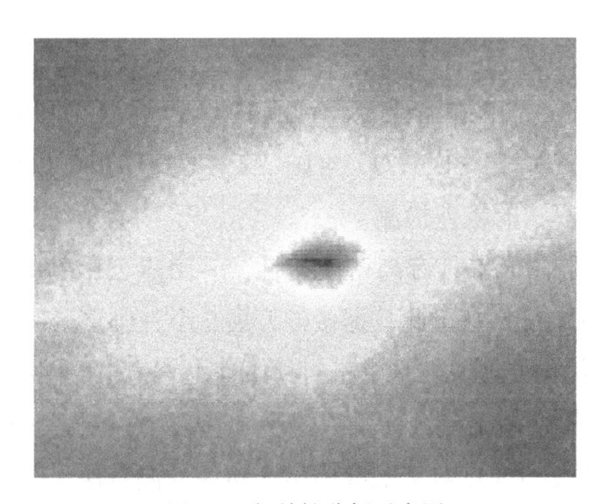

图 4-8　相关性分析示意图

相关性分析得到两者的三维初始偏移量，实现辅 SAR 数据集 PS 点到主 SAR 数据集的初步转化。

4.3.1.4　基于粗差检测的最小二乘处理

1. 最小二乘处理

由于 InSAR 监测高密度特点，存在足够多 PS 点对可以基于式(4-1)开展后续最小二乘分析，获取两个点云集参考点高程与真实高程的差异估计值。对于同名点对，基于观测向量 $\boldsymbol{y}$ 与未知向量 $\boldsymbol{u}$ 的数学模型采用下式来表示：

$$f(\boldsymbol{y},\ \boldsymbol{u}) = \boldsymbol{P}^{a}_{xyz} + \Delta\boldsymbol{S}^{a} \cdot \begin{pmatrix} \cos\alpha^{a}_{h}\cos\theta^{a}_{\mathrm{inc}} \\ -\sin\alpha^{a}_{h}\cos\theta^{a}_{\mathrm{inc}} \\ \sin\theta^{a}_{\mathrm{inc}} \end{pmatrix} - \boldsymbol{P}^{b}_{xyz} - \Delta\boldsymbol{S}^{b} \cdot \begin{pmatrix} \cos\alpha^{b}_{h}\cos\theta^{b}_{\mathrm{inc}} \\ -\sin\alpha^{b}_{h}\cos\theta^{b}_{\mathrm{inc}} \\ \sin\theta^{b}_{\mathrm{inc}} \end{pmatrix} = \boldsymbol{0} \quad (4\text{-}6)$$

高程向偏移量 ΔS 取决于局部入射角 θ_{inc}、垂直向偏移量 Δz，如下式所示：

$$\Delta S = \frac{\Delta z}{\sin\theta_{\mathrm{inc}}} \quad (4\text{-}7)$$

方程观测量有 PS 点初始地理编码位置 $\boldsymbol{P}^{a}_{xyz}$ 和 $\boldsymbol{P}^{b}_{xyz}$、卫星航向角 α^{a}_{h} 和 α^{b}_{h}、入射角 $\theta^{a}_{\mathrm{inc}}$ 和 $\theta^{b}_{\mathrm{inc}}$，待求解未知数有 2 个垂直向偏移量 Δz_{a}、Δz_{b}，该值对于同一 SAR 数据集下所有 PS 点而言为常数。基于式(4-6)进行线性化处理，可以得到每个 PS 点对的 3 个线性观测方程：

$$\begin{cases} \hat{x}^{a} + \dfrac{\Delta\hat{z}^{a}}{\tan\hat{\theta}^{a}_{\mathrm{inc}}} \cdot \cos\alpha^{a}_{h} - \hat{x}^{b} - \dfrac{\Delta\hat{z}^{b}}{\tan\hat{\theta}^{b}_{\mathrm{inc}}} \cdot \cos\alpha^{b}_{h} = 0 \\ \hat{y}^{a} - \dfrac{\Delta\hat{z}^{a}}{\tan\hat{\theta}^{a}_{\mathrm{inc}}} \cdot \sin\alpha^{a}_{h} - \hat{y}^{b} + \dfrac{\Delta\hat{z}^{b}}{\tan\hat{\theta}^{b}_{\mathrm{inc}}} \cdot \sin\alpha^{b}_{h} = 0 \\ \hat{z}^{a} + \Delta\hat{z}^{a} - \hat{z}^{b} - \Delta\hat{z}^{b} = 0 \end{cases} \quad (4\text{-}8)$$

2. 基于 RANSAC 算法的粗差检测

本书采用的 SAR 监测成果具有高密度特性，一个点云中的 PS 点在另一个点云中存在大量近距离 PS 点。可以基于此数据条件开展 2 个三维点云间在统计意义上的最佳匹配，实现偏移量的优化处理。但是由于时序 InSAR 分析中存在卫星轨道误差、斜距误差、DEM 精化误差等众多误差源，难以避免地会在 PS 精匹配中引入粗差，影响到成果准确性。从而需要在 PS 点对精配准中引入粗差检测算法。

目前常用粗差检测方法有数据探测法、选择权迭代法和随机抽样一致性(Random Sample Consensus，RANSAC)算法(李德仁等，2012)。由参考类似卫星遥感影像自动精纠正中的粗差检测实验可知，数据探测法在检测粗差点同时会出现漏检与误检现象，选择权迭代法也存在漏检现象，RANSAC 算法则可以成功剔除全部粗差。因此，本书选择 RANSAC 算法来实现基于粗差检测的 PS 点对粗配准。

RANSAC 算法原理如图 4-9 所示，从所有样本库里随机选择少量样本来预定义一个通用模型，基于提前设置阈值将剩余样本分为内点和外点，利用内点数据比较准确的特点进行模型参数优化。通过对这两步进行多次迭代处理来不断优化模型，直至得到足够多数量的内点可以使得模型匹配效果最优(辛妙妙，2020；高冉，2024)。

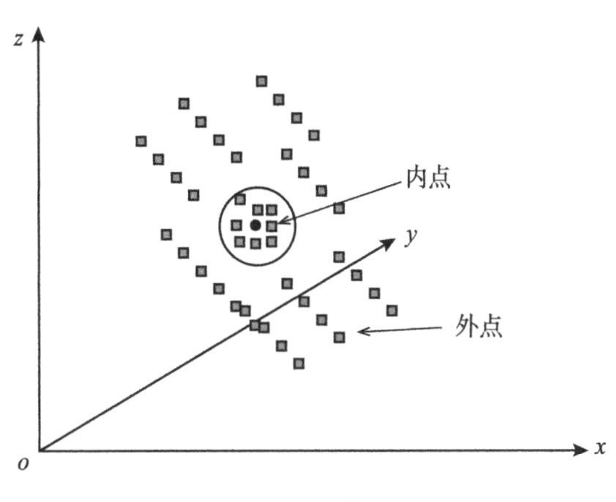

图 4-9 RANSAC 算法示意图

将该算法应用于空间基准统一中，首先在多源 SAR 数据集中选择多对高质量候选 3 维 PS 点后，基于式(4-8)转换模型进行最小二乘处理，获取基准统一的模型参数；在后续每次迭代过程中均随机选择多对高质量 PS 点对，基于选择的两点坐标差异趋向于 0，使得辅影像向主影像偏移；然后，计算其他所有点对的空间距离，基于每个点对的坐标残差和阈值条件来确定内点数量；重复此过程直至获取足够多数量的内点对、高精度的模型参数。

4.3.2 沉降参数基准统一的实现方法

4.3.2.1 多源 SAR 沉降基准统一的技术流程

当在多源 SAR 数据中存在重复观测 PS 点时，可以基于式(4-4)沉降基准统一模型来开展分析。整个技术流程如图 4-10 所示：首先，对空间基准统一后的多源 SAR 监测成果，基于属性、点位距离来生成多次被观测的 PS 集合；然后，采用最小二乘准则对包含偏移量和偏移趋势的沉降基准统一模型进行计算，以最小化所有重复观测 PS 集合的沉降观测量；最后，进行沉降参数转换来获取最终沉降监测成果。

4.3.2.2 重复观测 PS 集合生成

由于卫星传感器参数不同，不同卫星监测到的 PS 点目标分布和密度会存在一定程度的差异；虽然在采取由粗至精匹配策略后，多源 SAR 数据成果 PS 点位分布仍然

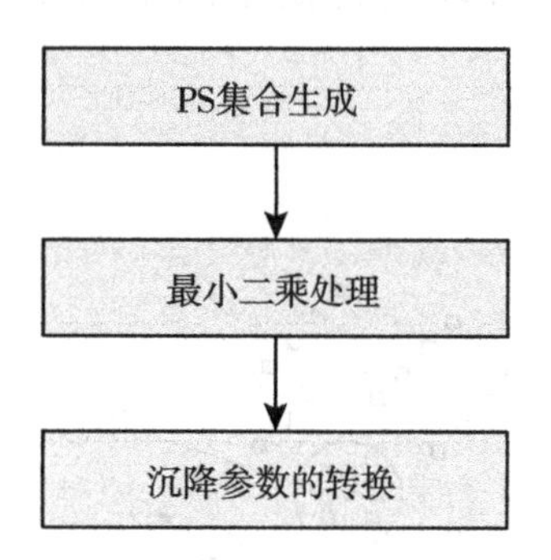

图 4-10　多源 SAR 数据沉降基准统一技术流程图

存在差异，相同 PS 点目标的空间地理位置也难以保持一致。因而本书在综合考虑算法的理论误差基础上，提出重复观测 PS 集合生成方法。

对经过空间基准统一处理后的多源 PS 点，获取相同类型 PS 点后进行空间分析以获取空间距离。如式(4-9)所示，在一定阈值范围内两个属性相同 PS 点可以视为同一个 PS 点进行分析：

$$\begin{cases} P_1 = P_2 \\ \sqrt{(X_1 - X_2)^2 + (Y_1 - Y_2)^2 + (Z_1 - Z_2)^2} < T_d \end{cases} \tag{4-9}$$

式中，P_1 为 PS 点在 SAR 数据集 1 中的属性；P_2 为 PS 点在 SAR 数据集 2 中属性；(X_1, Y_1, Z_1) 为 PS 点在 SAR 数据集 1 中的空间点位；(X_2, Y_2, Z_2) 为 PS 点在 SAR 数据集 2 中空间点位；T_d 为空间距离阈值。

在此基础上，通过遍历整个实验区范围内的 SAR 影像，即可得到重复观测的 PS 集合。

4.3.2.3　基于粗差检测的多源 SAR 沉降转换模型解算

由于 InSAR 监测高密度特点，存在足够多的 PS 点对可以基于式(4-4)开展后续最小二乘分析，获取两个点云集的沉降转换参数。对于同名点对，基于观测向量 $\boldsymbol{y}$ 与未知向量 $\boldsymbol{u}$ 的数学模型采用下式来表示：

$$f(\boldsymbol{y}, \boldsymbol{u}) = (\boldsymbol{v}_a - \boldsymbol{v}_b) - (\boldsymbol{\xi} \cdot t_\xi + \boldsymbol{\eta} \cdot t_\eta + t_0) = \boldsymbol{0} \tag{4-10}$$

方程观测量有 PS 点沉降速率 $\boldsymbol{v}_a$ 和 $\boldsymbol{v}_b$、东西向位置 $\boldsymbol{\xi}$、南北向位置 $\boldsymbol{\eta}$，待求解未知数为偏移参数 t_0、东西向趋势系数 t_ξ、南北向趋势系数 t_η。

从数学意义上分析，三对同名点对用于上式解算而言已经足够精确。但是在 PS 点沉降量估计不确定性、难以避免地存在相位解缠误差的情况下，需要利用多余观测值进行粗差检测与最小二乘平差处理，以消除单一时序 InSAR 沉降估计中存在的空间基线误差。

考虑到 RANSAC 算法则剔除粗差成功率较高，以及尽量保持本书粗差检测算法一致性，多源 SAR 沉降参数解算的粗差检测算法选择 RANSAC 算法，并将最小二乘法与其相结合。首先，从所有重复观测 PS 集合中依据尽可能均匀分布的原则选择少量样本，采用最小二乘法预定义一个转换模型后，根据阈值将剩余样本分成内点和外点，利用内点数据进行最小二乘处理来优化模型参数；然后，通过不断迭代处理来获取最优转换模型。

4.3.3 多源 SAR 沉降参数的粗差检测方法

4.3.3.1 多源 SAR 沉降参数融合的模型

多源 SAR 重复观测 PS 集合如图 4-3 所示。图中观测次数为 1 的点由于未能找到同名点进行比较，难以发现粗差，在后续处理中不予考虑；以超过 1 次的重复观测 PS 集合为例，构建多源 SAR 沉降参数融合模型。

$$d = \frac{1}{n}\sum_{i=1}^{n} d_i \quad (n = 2,\ 3,\ 4) \tag{4-11}$$

式中，n 为重复观测次数；d_i 为每组 SAR 数据对应沉降观测量；d 为多源 SAR 沉降参数融合后的沉降速率。

4.3.3.2 粗差检测的相关参数计算

多余观测分量在粗差检测中十分重要，若给定平差几何条件和观测值精度（权矩阵），则不需要具体观测值即可算出它们的值。常用的多余观测分量计算方法有直接算法、模拟算法、递归算法。由于多源 InSAR 沉降参数融合算法所求解未知数非常有限，利用直接算法计算观测值的多余观测分量并不困难（李德仁等，2012），因此本书主要采用直接算法进行多余观测分量计算。在此基础上，可以根据式(2-15)、式(2-16)计算反映内部可靠性指标、外部可靠性指标。

假设统计参数的选择为显著性水平 $\alpha_0 = 0.1\%$，检验功效 $\beta_0 = 80\%$，非中心化参数 $\delta_0 = 4.13$。对于不相关观测值，可由下式直接计算出反映内部可靠性指标的可控性数值，得到平差系统可发现模型误差能力：

$$\delta'_{0,\ i} = \frac{4.13}{\sqrt{r_i}} \tag{4-12}$$

同理在假设显著性水平 $\alpha_0 = 0.1\%$，检验功效 $\beta_0 = 80\%$，反映外部可靠性指标的影响向量长度计算公式为

$$\bar{\delta}_{0,i} = 4.13\sqrt{\frac{1-r_i}{r_i}} \tag{4-13}$$

4.3.3.3　粗差检测的方法

当式(4-11)中存在粗差时，可以采用函数模型的粗差处理方法进行粗差检测。即在给定显著性水平 α_0 下，通过设置阈值 K_a 来判断观测值中是否含有粗差。

本书采用数据探测法来实现多种 SAR 数据成果内粗差检测。在单位权中误差已知情况下，作为检测量的标准化残差 w_i 理论上应该为正态分布，其计算公式如下：

$$w_i = \frac{v_i}{\sigma_{l_i}\sqrt{r_i}} \tag{4-14}$$

式中，v_i 为观测值误差；σ_{l_i} 为观测值中误差；r_i 为多余观测分量。

给定一个显著性水平 α_0，如通常令 $\alpha_0 = 0.1\%$，则可由正态分布表查的检验临界值 $K_a = 3.29$。若 $w_i \leqslant K_a$，则认为该观测值为正常观测值；若 $w_i > K_a$，则认为该观测值可能含有粗差(李德仁等，2012)。

4.4　基于多源 SAR 数据的时序 InSAR 粗差检测实验

4.4.1　研究区和研究数据

基于多源 SAR 数据的时序 InSAR 粗差检测实验选择天津市滨海新区中部区域作为研究区，如图 4-11 的右图中多边形所示。其范围包括塘沽、空港经济区、中新生态城、东疆港保税区、临港工业区，覆盖面积为 1200km^2。

在搜集实验区不同卫星存档情况后，依据多源 SAR 数据覆盖相同时间段、相同区域，具有相同波长、相同分辨率等原则，本书收集覆盖研究区从 2017 年 8 月至 9 月的 30 景降轨 Sentinel-1 数据(以下简称为降轨 S1)、30 景升轨 Sentinel-1 数据(以下简称为升轨 S1)、17 景降轨 RadarSat-2(以下简称为降轨 R2)数据来开展基于多源 SAR 数据的时序 InSAR 粗差检测工作。3 组 SAR 数据集时间列表如图 4-12 所示，相应数据参数如表 4-1 所示。需要注意的是，为了确保时序 InSAR 成果的对比性，降轨 R2 数据处理中做了 3 倍多视，多视后分辨率为 15m。

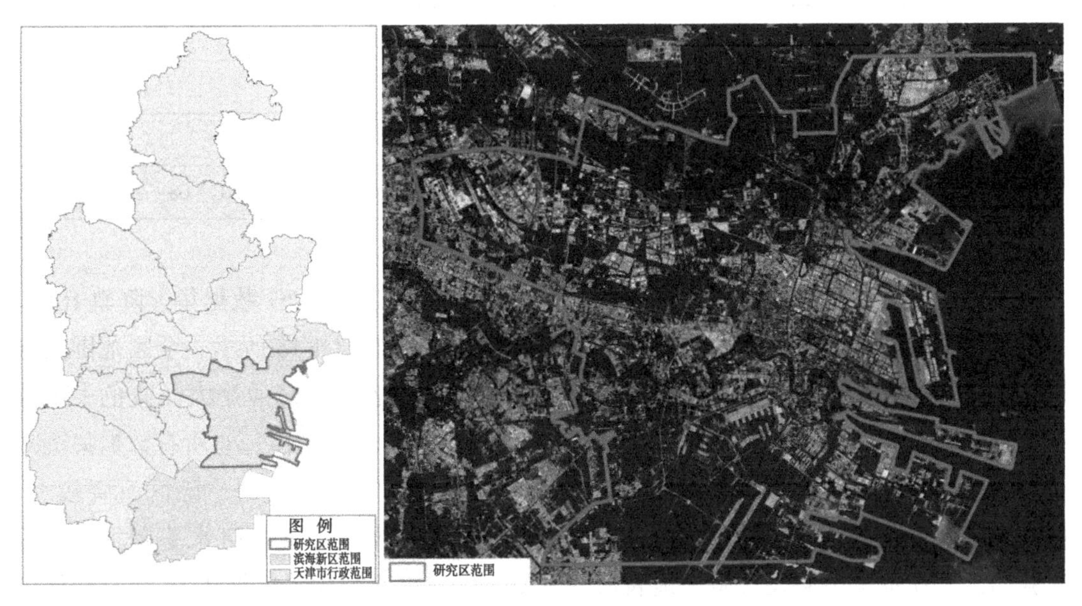

图 4-11　多源 SAR 数据集成研究区范围示意图

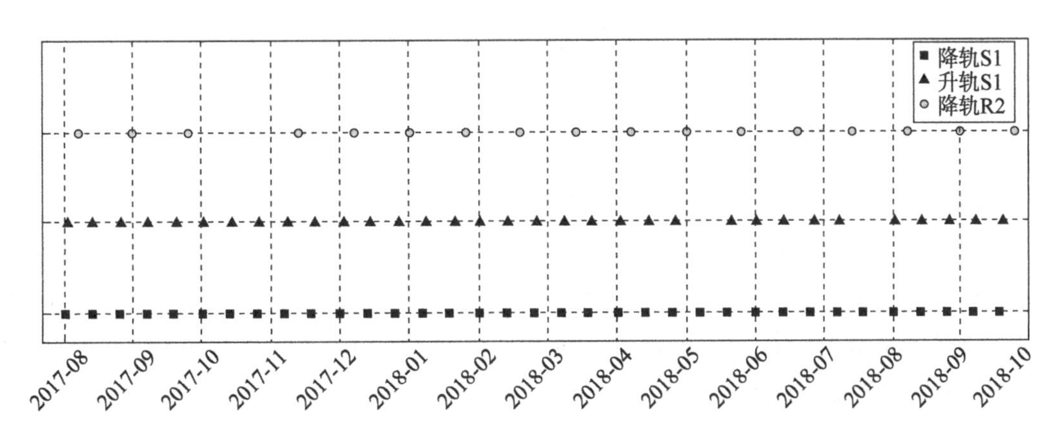

图 4-12　研究区 SAR 数据时间分布图

表 4-1　**实验区 SAR 数据集的影像参数**

数据参数	降轨 S1 数据	升轨 S1 数据	降轨 R2 数据
波长	C（~5.6cm）	C（~5.6cm）	C（~5.6cm）
入射角	39.2°	36.7°	25.6°
成像几何	降轨	升轨	降轨
成像模式	TOPS	TOPS	StripMap

续表

数据参数	降轨 S1 数据	升轨 S1 数据	降轨 R2 数据
分辨率	15m	15m	15m
影像数	30	30	17
时间节点	2017-08—2018-09	2017-08—2018-09	2017-08—2018-09

采用扩展 SBAS 时序分析技术分别对降轨 S1 数据集、升轨 S1 数据集、降轨 R2 数据集进行处理，得到研究区 3 个时序 InSAR 监测成果，如图 4-13 所示。全区范围内各 InSAR 监测点沉降速率大小以不同颜色分别表示，红色表示沉降速率大，蓝色表示沉降速率小。由于参考点选择原因，降轨 S1 整体沉降相对较大。但是对所有数据集沉降趋势进行分析，三者均表现出中部塘沽核心区沉降较小、东部围海造陆区沉降较大、西部空港经济区沉降较大现象。需要说明的是，由于没有获取实验区水平和垂直变形先验信息，在本章中假设实验区地表形变主要发生在垂直方向，依据式(3-7)直接将视线向形变投影到垂直方向进行后续分析。

4.4.2　多源时序 InSAR 数据空间基准统一

4.4.2.1　主坐标系与辅坐标系定义

本实验中存在 3 种测量模式，不同模式下监测到 PS 点目标分布和密度存在差异。如图 4-13 所示，升轨 S1 数据集 PS 点密度为 120 点/km^2，降轨 S1 数据集 PS 点密度为 110 点/km^2，降轨 R2 数据集 PS 点密度为 120 点/km^2。为保证空间基准一致性，在考虑 R2 数据成像模式为常见条带模式的前提下，定义降轨 R2 数据为主坐标系，降轨 S1 和升轨 S1 数据为辅坐标系。

因此本实验 3 组 InSAR 数据的空间基准统一工作可以分为降轨 S1 与降轨 R2 之间的空间基准统一、升轨 S1 与降轨 R2 之间的空间基准统一。两者在处理方法上具有一致性，本节以降轨 S1、降轨 R2 为例来介绍多源 InSAR 数据的空间基准统一。

4.4.2.2　基于三维点云分布的 PS 点对粗配准

首先将编码后 PS 点子集投影至格网间距为 1 个像素的水平面生成二值化影像，局部放大示意如图 4-14 所示。在水平面上对投影后降轨 R2 的 PS 点集、降轨 S1 的 PS 点集进行互相关分析来获取初始偏移量，X 向偏移量为 2 个像素，Y 向偏移量为 1 个像素。然后将编码后 PS 点子集投影至格网间距为 1 个像素的垂直面(xz 面、yz 面)生成二值化影像。在垂直面上对投影后降轨 R2 数据集、降轨 S1 数据集进行互相关分析，

(a) 升轨 S1 时序分析成果

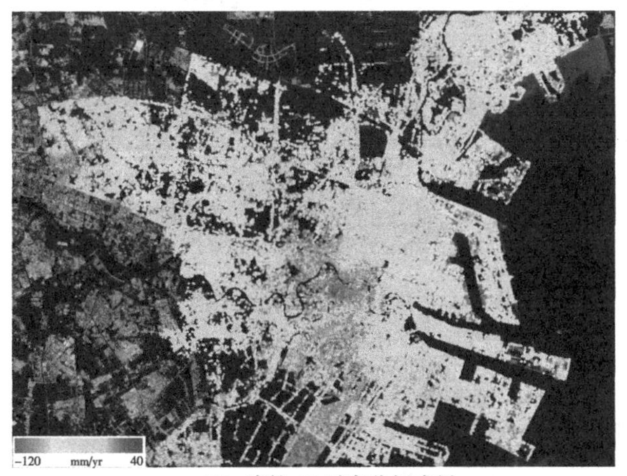

(b) 降轨 S1 时序分析成果

(c) 降轨 R2时序分析成果

图 4-13　滨海新区 3 组 SAR 数据集的时序分析成果

获取 Z 向偏移量为 2 个像素。

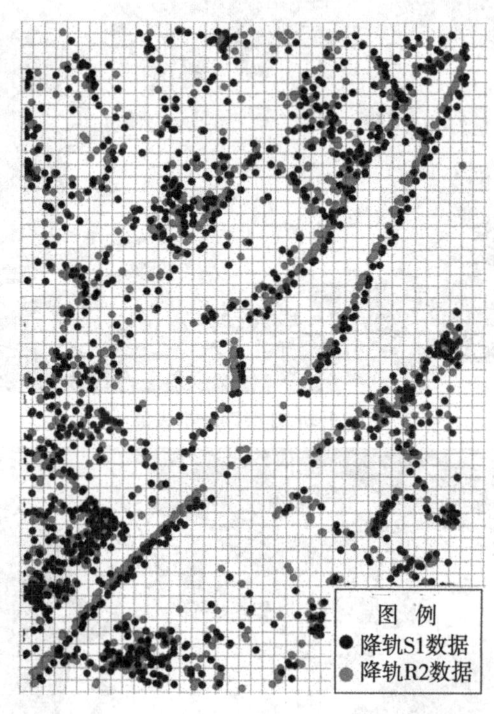

图 4-14　局部 xy 平面投影二值化影像

4.4.2.3　基于 RANSAC 算法的最小二乘处理

由于 InSAR 监测高密度特点，在基于三维点云分布的 PS 点对粗配准后可以得到分布研究区的同名 PS 点对上万对，存在足够多 PS 点对可基于式(4-8)开展后续最小二乘分析，获取 2 个点云集的参考点高程与真实高程差异估计值。

考虑到同名点对匹配中粗差的存在，本书基于 RANSAC 算法的最小二乘处理来进行模型参数求解。首先选择均匀分布、质量较好的少量点，采用最小二乘法计算精配准模型；然后利用阈值将剩余点分为内点和外点，将内点参与精配准模型计算获取优化后模型参数并剔除粗差点；不断迭代直至获取最优转换模型。经过多次迭代后可以得到未知量 $\Delta\hat{z}^a$、$\Delta\hat{z}^b$ 估计值，分别为 2.8m、9.1m。基于这两个垂直向偏移量，最终将所有 PS 点云沿其高程向偏移至其最终绝对位置，如图 4-15 所示。

对图 4-15 局部区域进行放大分析，如图 4-16 所示。将其与图 4-14 进行对比，可以看出在配准后，黑色所示降轨 S1 的 PS 点集与红色所示降轨 R2 的 PS 点集在点位空间分布的一致性上得到有效提高。

采用类似方法对上述地理编码精度优化后的降轨 R2 数据集和升轨 S1 数据集进

行处理，可以得到升轨 S1 数据进行空间基准统一后点集，两者叠加成果如图 4-17 所示。

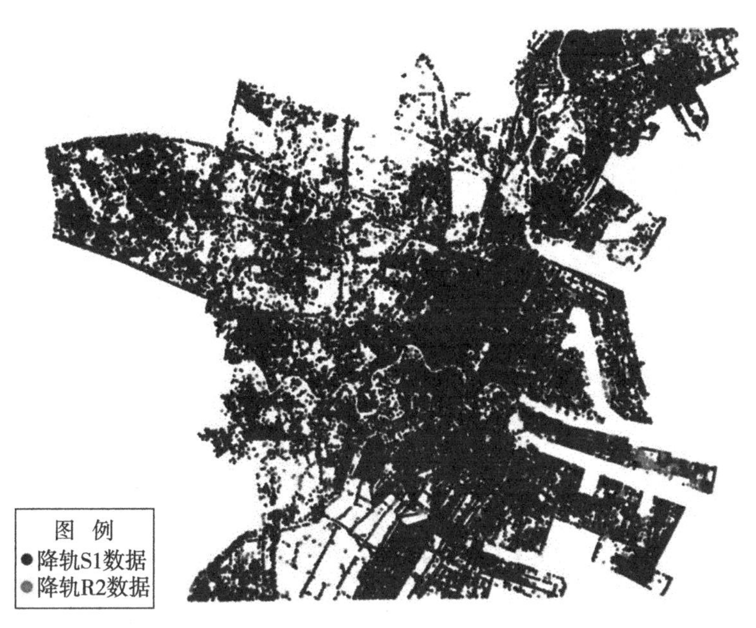

图 4-15　降轨 R2 与降轨 S1 的空间基准统一后空间分布成果

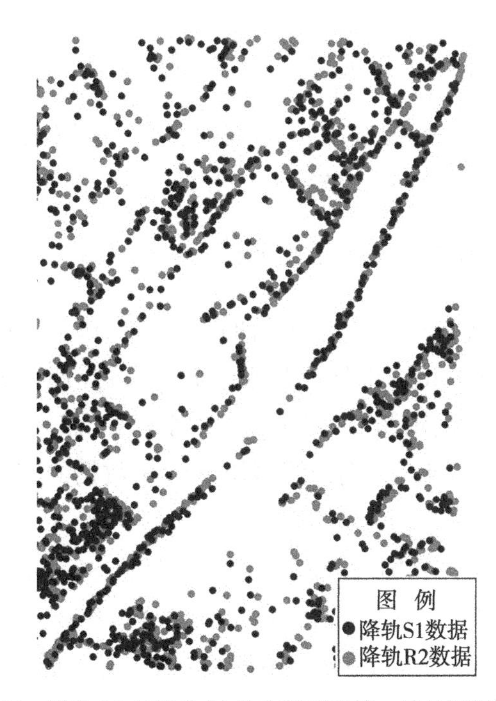

图 4-16　降轨 R2 与降轨 S1 的空间基准统一后的局部放大图

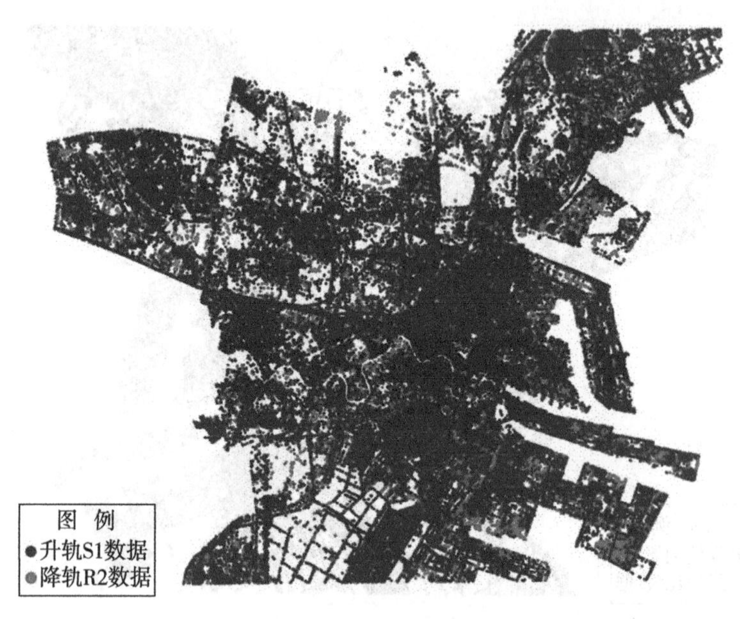

图4-17　降轨R2与升轨S1的空间基准统一后空间分布成果

4.4.3　多源时序InSAR数据沉降参数基准统一

将空间基准统一后的降轨S1数据、升轨S1数据、降轨R2数据进行空间叠加，生成重复观测PS点集后进行沉降基准统一模型参数求解。

4.4.3.1　主影像与辅影像间的重复观测PS点集合生成

对本实验中用于区域性地面沉降与分析的多源中分辨率时序InSAR成果，在处理和分析过程中可以假设时序InSAR分析获取的PS点沉降速率表示真实地面沉降，直接视为地面PS点来生成重复观测PS点集合，用于计算沉降基准统一的模型参数。

本小节以降轨S1、降轨R2为例介绍多源InSAR数据的沉降基准统一。实验区范围内主影像降轨R2有地面PS点140000个，辅影像降轨S1有地面PS点135000个。对于降轨R2的每个PS点，分别计算其与辅影像降轨S1数据集所有点的空间距离，选择空间距离小于一定阈值的辅影像PS候选点，从这些候选点中基于最小距离法获取最近PS点作为主影像PS点同名点。依照此方法，对主影像数据集中的每个PS点进行类似处理，得到重复观测PS点集，如图4-18所示，降轨R2的地面PS点集中有120000个点可以实现重复监测，其比例为85.7%。

图 4-18 降轨 R2 与升轨 S1 的重复观测地面 PS 点分布图

4.4.3.2 沉降基准统一模型参数求解

由于 InSAR 监测高密度的特点，主影像与辅影像间的重复观测 PS 点对有上万对，存在足够多的 PS 点对可基于式(4-10)开展后续的最小二乘分析，获取两个点云集的偏差、距离向、方位向三个转换参数。

考虑到同名点对沉降粗差的存在，本书基于 RANSAC 算法的最小二乘处理进行沉降统一模型参数求解。首先，在实验区范围内选择均匀分布、质量较好的少量点，采用最小二乘法计算沉降参数转换模型；然后，利用阈值将剩余点分为内点和外点，将内点参与沉降参数转换模型计算，获取优化后的模型参数并剔除粗差点；最后不断迭代直至获取最优转换模型。经过多次迭代后可以得到未知量，如表 4-2 所示，偏差因子为 37mm/yr，距离向系数因子为 1.6mm/(yr · 100km)，方位向系数因子为 0.4mm/(yr · 100km)。

表 4-2 **降轨 R2 与升轨 S1 的沉降基准统一参数**

偏差	距离向系数	方位向系数
37mm/yr	1.6mm/(yr · 100km)	0.4mm/(yr · 100km)

将沉降基准转换参数应用于降轨 S1 数据集，得到降轨 S1 转换后成果，如图 4-19

所示。与转换前的图 4-13(b)进行对比分析，整体趋势一致，参考点选择导致的整体沉降量偏大问题得以部分消除，偏差因子达 37mm/yr。

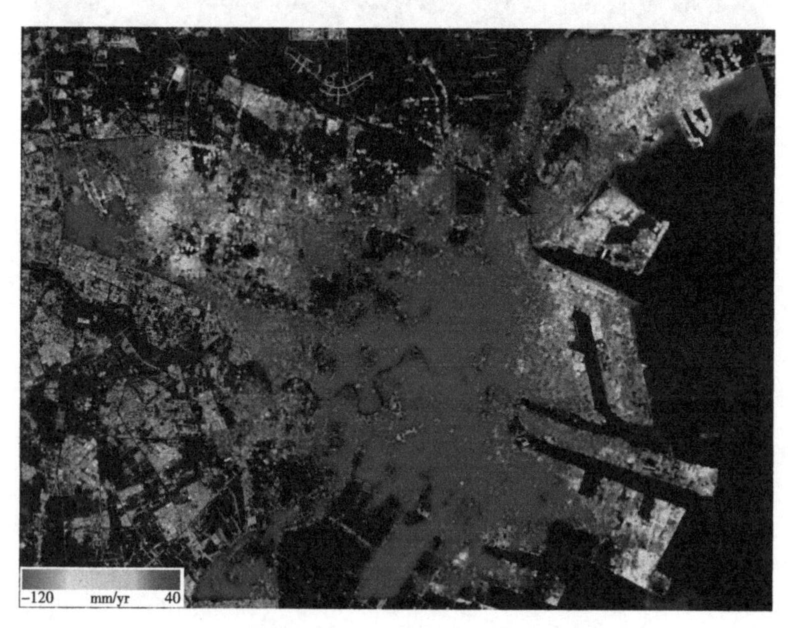

图 4-19　降轨 S1 的沉降基准统一后成果

采用类似方法对升轨 S1 数据集进行处理，可以得到升轨 S1 数据进行沉降基准统一后的点集，如图 4-20 所示。与转换前的图 4-13(a)进行对比分析，整体趋势一致。

4.4.4　多源时序 InSAR 数据集成的粗差检测与分析

4.4.4.1　多源重复观测 PS 点集合生成

如 4.4.3.1 小节所示，对本实验中的 3 组 SAR 数据，采用距离原则、属性原则生成降轨 S1 和降轨 R2 的多源重复观测 PS 点集 S1D_R2D 后，采用同样原则生成升轨 S1 和降轨 R2 的多源重复观测 PS 点集 S1A_R2D 后，以 PS 点集 S1D_R2D、S1A_R2D 为输入得到最终多源重复观测 PS 点集合。

如图 4-21 所示。观测次数有 1 次、2 次、3 次。红色点所示观测次数为 1 的重复观测 PS 集合，不存在可以对比的沉降值，在粗差检测中直接予以剔除。绿色点所示观测次数为 2 的重复观测 PS 集合，可以根据其沉降差值来判断两组 SAR 数据间是否存在沉降粗差，但不能确定是哪一个 SAR 观测数据值；对于此类点，在程序中对有可能存在粗差的点对予以剔除。蓝色点所示观测次数为 3 的重复观测 PS 集合，则可以根据相互之间沉降差值来判断多组 SAR 数据间是否存在沉降粗差，并确定粗差在哪一个

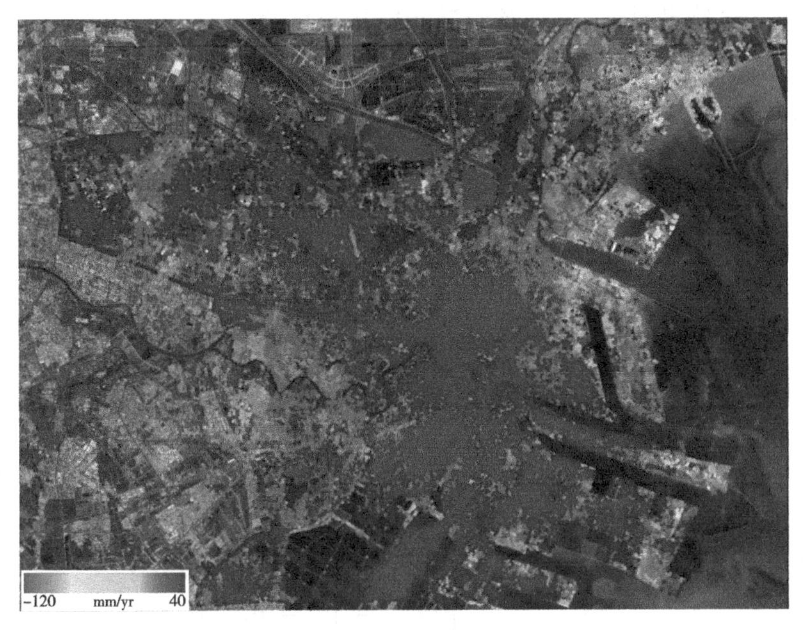

图 4-20 升轨 S1 的沉降基准统一后成果

SAR 观测数据值上，从而实现粗差定位。

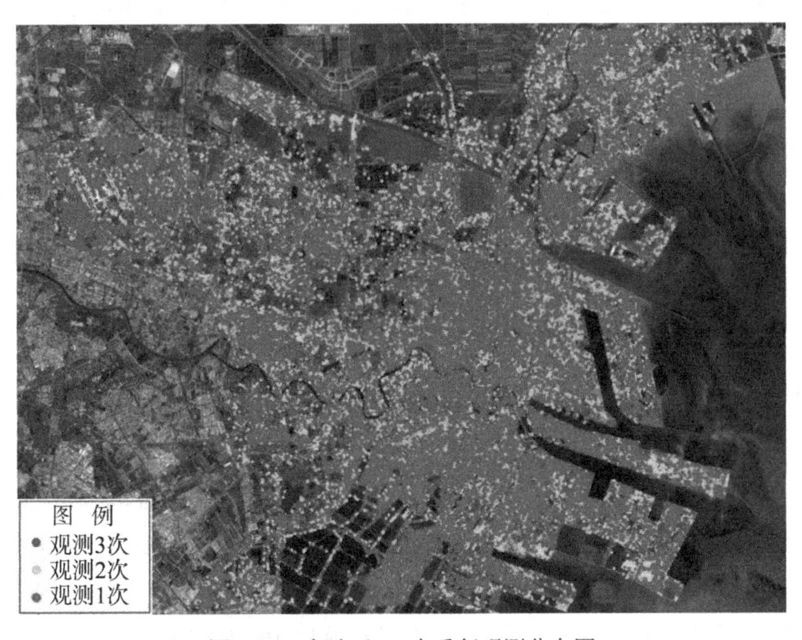

图 4-21 实验区 PS 点重复观测分布图

4.4.4.2　多源 SAR 沉降集成的可靠性参数计算

1. 单一 PS 点可靠性参数计算与分析

对于本实验而言，单一 PS 点的观测次数为 1、2、3，分别进行分析。

观测次数为 1 的情况下不存在多余观测，无法计算可靠性参数。

对观测次数为 2 的 PS 点集进行分析，其协方差矩阵 $\boldsymbol{Q}_{VV}\boldsymbol{P}$ 如式(4-15)所示，每个观测值多余观测分量为 0.5。将其代入式(4-12)、式(4-13)，可以得到反映内部可靠性指标的可控性数值为 5.8，反映外部可靠性指标的可控性数值为 4.1。

$$\boldsymbol{Q}_{VV}\boldsymbol{P}=\frac{1}{2}\begin{pmatrix}1 & -1\\ -1 & 1\end{pmatrix} \tag{4-15}$$

对观测次数为 3 的 PS 点集进行分析，其协方差矩阵 $\boldsymbol{Q}_{VV}\boldsymbol{P}$ 如式(4-16)所示，每个观测值多余观测分量为 0.67。将其代入式(4-12)、式(4-13)，相应反映内部可靠性指标的可控性数值为 5.0，反映外部可靠性指标的可控性数值为 2.9。

$$\boldsymbol{Q}_{VV}\boldsymbol{P}=\frac{1}{3}\begin{pmatrix}2 & -1 & -1\\ -1 & 2 & -1\\ -1 & -1 & 2\end{pmatrix} \tag{4-16}$$

综上所述，对于单一 PS 点而言，在只有 1 个 SAR 数据集覆盖的情况下，观测次数为 1，其为必要观测。从 1 次覆盖到 2 次覆盖，内部可靠性指标降至 5.8，外部可靠性指标降至 4.1，可靠性迅速提升但无法实现粗差定位。从 2 次覆盖到 3 次覆盖，内部可靠性有所提升但可以实现粗差定位。

2. 区域可靠性参数计算与分析

由于区域内部一般具有相对均匀的可靠性，其平均多余观测分量 $\bar{r}$ 计算公式如下(李德仁等，2012)：

$$\bar{r}=\frac{r}{n}=\frac{\sum r_i}{n} \tag{4-17}$$

将此可靠性数值代入式(4-12)、式(4-13)进行计算，可以得到区域平均可靠性参数。

选择具有代表性的城市地区、郊区后，进行多源 InSAR 融合的可靠性参数计算与分析。代表性城区观测次数分布如图 4-22 所示，主要表现为 3 次观测为主，2 次观测零散分布的特点。代表性郊区观测次数分布如图 4-23 所示，主要表现为 2 次观测为主，1 次观测量零散分布的特点。其主要原因是城区 PS 点密度较高，存在大量可以被识别为同一 PS 点的目标，而郊区由于相干性低、地物目标稀少等特点难以被多次观测。

图 4-22 城市地区重复观测示意图

图 4-23 郊区重复观测示意图

以两者为例来进一步对比介绍多源 SAR 数据集成的区域可靠性参数。如表 4-3 所示，第 3 列为区域平均多余观测分量，第 4 列为内部可控性值，第 5 列为外部可靠性参数。

表4-3　　　不同代表区域多源SAR数据融合的区域可靠性

地区	SAR数据集个数	平均多余观测分量	内部可控性值	外部可靠参数
城区	1	0	∞	∞
	2	0.43	6.3	3.0
	3	0.56	4.5	2.4
郊区	1	0	∞	∞
	2	0.22	8.8	4.4
	3	0.26	8.1	4.0

结合内部可控性值对内部可靠性进行分析，在只有1个SAR数据集覆盖的情况下，城区和郊区多余观测量为0，其为必要观测。从1次覆盖到2次覆盖，可靠性提高迅速，城区内部可靠性参数减至6.3，郊区内部可靠性减至8.8；但由于郊区多余观测较少，其可靠性数值仍为城区的1.4倍。从2次覆盖到3次覆盖，城区和郊区内部可靠性均有所提升，但减少量均较少，仅为0.7左右。

结合外部可靠性参数对外部可靠性进行分析，在只有1个SAR数据集覆盖的情况下，城区和郊区外部可靠性为无穷大。从1次覆盖到2次覆盖，外部可靠性提高迅速，城区内部可靠性参数减至3.0，郊区外部可靠性减至4.4，其可靠性数值为城区的1.5倍。从2次覆盖到3次覆盖，城区和郊区内部的可靠性均有所提升，但减少量均较少，仅为0.5左右。

因此，SAR数据集从1次增加至2次，内部可靠性和外部可靠性提高迅速；而从2次增加至3次，可靠性提高缓慢。并且，在2组SAR数据观测的情况下，城区平均多余观测分量达到0.4以上，这表明当SAR数据集增加至2组以上时，多源SAR数据沉降参数集成可靠性比较稳定。但是郊区由于地物目标稀少等特点难以被多次观测，平均多余观测分量较低，可靠性有所提升，但仍相对较差。

4.4.4.3　基于粗差检测的多源InSAR数据沉降集成

1. 单一PS点粗差检测与沉降集成

选择如图4-22所示的城区某一重复观测3次的PS点进行单一PS点粗差检测与分析，点位分布如图4-24中圆点高亮显示。

其观测值为 $\boldsymbol{d}=(6.7, 5.4, -3.2)$，多余观测值为 $\boldsymbol{r}=(0.67, 0.67, 0.67)$；参考第4章中的InSAR精度指标约为1.1mm，取整后假设InSAR测量中误差 σ_{l_i} 为1mm；

图 4-24 单一 PS 点位置示意图

将上述值代入式(4-14)计算标准化残差为 $\boldsymbol{w}=(4.62,\ 2.92,\ 7.55)$。在临界值 $K_a=3.29$ 情况下，第一个观测值、第三个观测值均大于临界值，两个观测值可能包含粗差。

依据剔除最大误差原则，每次仅剔除超过临界值中最大标准化残差所对应观测值。剔除第三个观测值后重新进行计算。其观测值为 $\boldsymbol{d}=(6.7,\ 5.4)$，多余观测值为 $\boldsymbol{r}=(0.5,\ 0.5)$，代入式(4-14)计算得到标准化残差为 $\boldsymbol{w}=(0.99,\ 0.99)$；观测值均小于临界值，认为 2 个观测值中不包含有粗差。从而进一步可将观测值代入式(4-13)，得到多源 SAR 沉降参数为 6.1mm。

2. 区域 PS 点粗差监测

选择具有代表性的城市地区、郊区后，进行区域 PS 点粗差检测与分析。代表性城区 PS 点粗差识别成果如图 4-25 所示，依据单一 PS 点粗差检测方法识别出一定数量的粗差点 100 个，占该区域内重复观测点(包含 2 次观测和 3 次观测)的 7%。

代表性郊区 PS 点粗差识别成果如图 4-26 所示，依据单一 PS 点粗差检测方法识别出一定数量的粗差点(80 个)，占该区域内重复观测点(包含 2 次观测和 3 次观测)的 32%。

结合图 4-25、图 4-26 进行分析，城区内 PS 点以 3 次观测为主，且沉降值由于其高密度特点受相位解缠影响相对较小，因而观测值中包含粗值概率较低；而郊区内 PS 点以 2 次观测为主，且沉降值由于其低密度特点受相位解缠影响相对较大，所以观测值中包含粗值概率较高。

采用同样的方法对实验区内所有重复观测点进行粗差检测与分析，PS 点粗差识别

图 4-25　城区 PS 点粗差检测成果

图 4-26　郊区 PS 点粗差检测成果

成果如图 4-27 所示，共识别出 20000 个粗差点，占研究区重复观测点的 11.1%。其主要集中分布在东部临港工业区和西部空港经济区，在研究区的郊区也呈一定规模分布，在建筑物密集区域则呈零散分布。

图4-27 研究区PS点粗差检测成果

3. 多源InSAR沉降参数集成

将如图4-27所示粗差点剔除后，基于式(4-11)进行多源SAR沉降参数计算，集成后的沉降速率成果如图4-28所示。点密度最终为155点/km^2。沉降量最大地区位于中新生态城的围海造陆区，实验区共有6个面积较大的沉降漏斗，分别位于西部空港经济区和东部围海造陆区域。

4.4.5 多源时序InSAR沉降数据集成的精确性评价

4.4.5.1 区域沉降水准监测的成果

为有效评价区域地面沉降InSAR监测的精确性，在研究区内收集均匀分布的56个水准点进行对比分析，水准点空间分布如图4-29所示。

4.4.5.2 多源时序InSAR分析成果的精确性评价

由于物理机制不同，水准点位与InSAR水准点位的位置之间存在一定差异，本章选择一定距离范围内的InSAR点后进行空间插值处理获取水准点位上的InSAR沉降量，然后进行区域沉降精确性评价。

将研究区53个监测点的水准沉降量和InSAR沉降量进行对比；将经典高精度水准

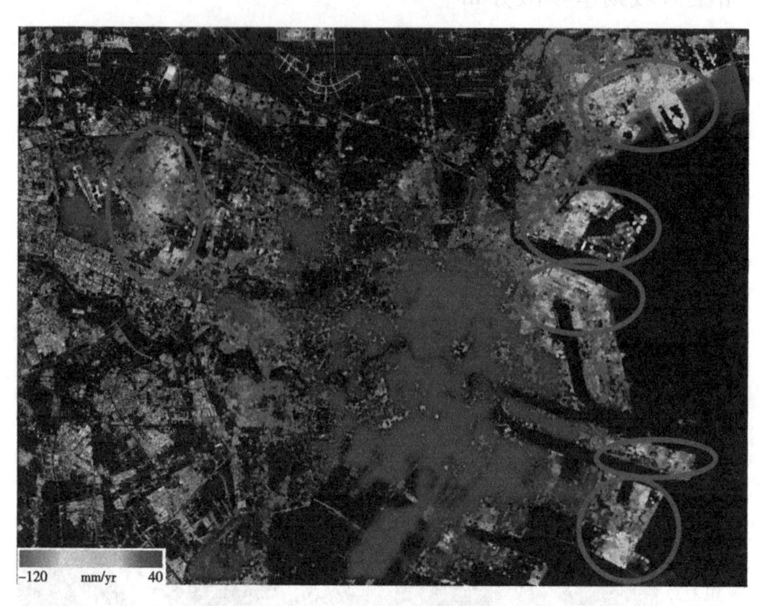

图 4-28　多源 SAR 数据集成后的成果

图 4-29　区域水准点分布图

沉降视为真值后，得到 InSAR 测量误差，其中包含沉降基准差异所导致的11mm/yr偏差。在剔除此系统误差后，对 53 个监测点偶然误差进行分析，如图 4-30 所示。最大误差为 16. 0mm/yr，位于西部 6 号点；最小误差为 0. 5mm/yr，位于东部 52 号点。将 53 个点的误差值代入式(4-4)进行测量中误差统计，得到 RMSE 值为 6. 5mm/yr。

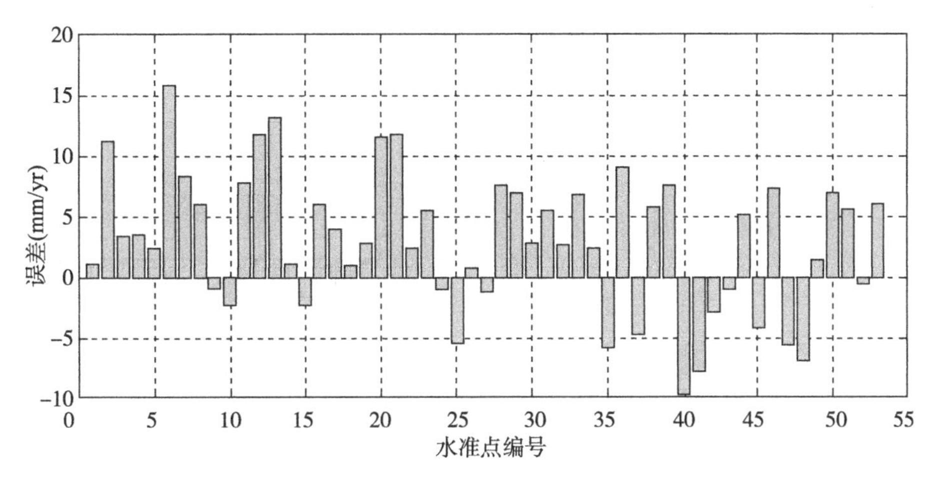

图 4-30 多源 InSAR 时序分析测量误差图

4.4.5.3 多源时序 InSAR 分析与单源时序 InSAR 分析的对比

采用研究区相同的 53 个水准监测点对单一时序 InSAR 分析成果进行类似精确性分析。以图 4-13(b)降轨 S1 数据为例，将水准沉降视为真值后剔除由于基准差异存在的 33mm/yr 系统误差后，得到 InSAR 测量误差如图 4-31 所示。其在 11 号、12 号点附近不存在 InSAR 沉降值，不参与分析；将其余 51 个点的误差值代入式(4-4)进行测量中误差统计，得到 RMSE 值为 9.3mm/yr，该值远大于多源 InSAR 时序集成后的 6.5mm/yr 精度指标。

结合图 4-30、图 4-31 对所有误差点进行分析，降轨 S1 成果中存在 3 个误差大于 20mm/yr 点，分别为 2 号、41 号、47 号点；此外，还存在 2 个误差在[15，20] mm/yr 区间，分别为 5 号、6 号点；这些粗差点在图 4-30 多源融合成果中的误差均得到较大程度降低。此外，其他点误差在图 4-30 中也得到一定程度的降低。

4.4.5.4 多源时序 InSAR 集成的精确性评价小结

本小节以区域水准沉降数据为参考，采用测量误差统计方法对滨海研究区多源时序 InSAR 集成成果的精确性进行评价，得到降轨 R2、降轨 S1、升轨 S1 等多源时序 InSAR 集成精度可以达到 6.5mm/yr 的高精度结论。

而将多源时序 InSAR 误差分析成果与单一时序 InSAR 误差分析成果进行对比，前者通过粗差识别可有效剔除单一时序 InSAR 中存在的误差大于 15mm/yr 的监测点，从而降低 InSAR 的测量误差，提高时序 InSAR 分析可靠性。

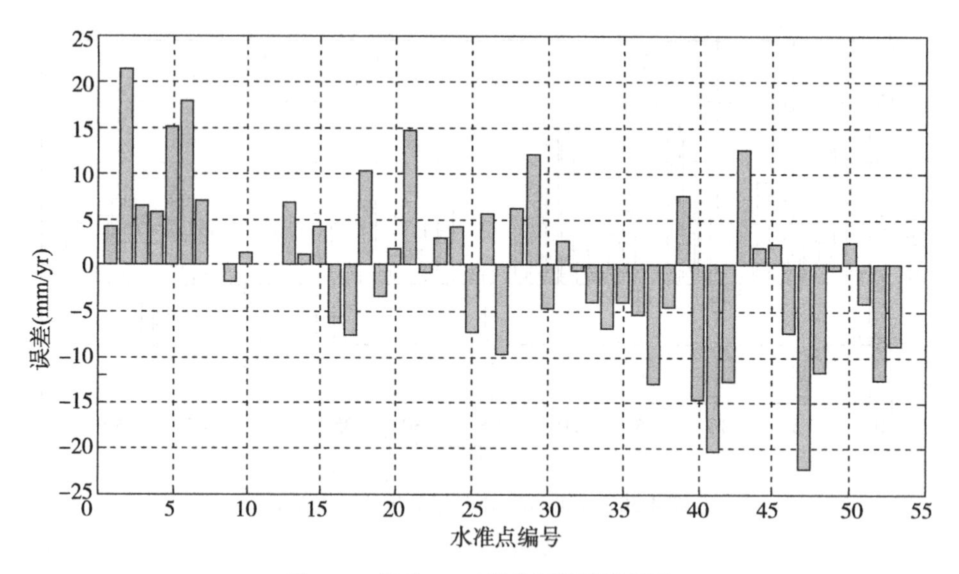

图 4-31　降轨 S1 时序分析测量误差图

4.5　本章小结

(1)为解决相位解缠成功率不足 100%的情况，本章从空间基准统一、沉降参数基准统一来构建多源时序 InSAR 分析集成的数学模型。首先，在合理假设地理编码误差主要是高程误差所导致的基础上，将参考点高程的不确定性纳入空间基准统一函数模型，将 DEM 精化的偶然误差纳入空间基准统一随机模型。然后，依据地学第一定律生成重复 PS 集合后，构建与空间趋势相关的沉降参数统一函数模型及相应的随机模型。

(2)在模型分析基础上，本章提出多源时序 InSAR 集成与粗差检测的实现方法。首先，在定义一个主坐标系后，基于不同点云分布的三维相似性进行相关分析实现粗配准，采用 RANSAC 算法和最小二乘法在剔除配准粗差的同时获取最优空间转换参数；然后，依据属性相同、空间距离相近的原则生成多源 SAR 数据集的同名 PS 点对后，采用基于 RANSAC 算法的最小二乘处理进行沉降统一模型参数的求解；基于测量平差可靠性理论计算内部可靠性、外部可靠性指标后，采用迭代数据探测法实现多源 InSAR 沉降观测值的粗差检测与识别。

(3)以覆盖天津市滨海新区研究区的降轨 R2、降轨 S1、升轨 S1 等多组 SAR 数据为研究对象，选择降轨 R2 数据集为主坐标系后，采用上述方法进行多源时序 InSAR 集成与粗差检测；对于单一 PS 点，由 1 次观测到 2 次观测，可靠性迅速提升，从 2 次到 3 次，可靠性提升不大但可实现粗差定位；对于区域监测而言，不同观测次数分析可以得到类似结论，且城区在观测 2 次以上就已接近稳定，但郊区需要观测多次方能达到稳定的可靠性。

采用迭代的数据探测法来识别与定位上述多源 InSAR 成果中的粗差，在剔除比例为 11.1%、在郊区呈一定规模分布的粗差点后，得到研究区的多源 InSAR 集成沉降场，沉降中心主要位于西部空港经济区和东部围海造陆区等 6 个区域。

通过以区域水准沉降为参考，对比分析多源 InSAR 集成成果、单一时序 InSAR 分析成果；多源集成的数据可以提升 InSAR 点密度，使单一时序 InSAR 中可分析的 51 个水准点增加至 53 个；此外，在不考虑沉降基准误差的情况下，多源集成还可通过剔除误差较大的粗差点来提升精确性，将单一时序 InSAR 分析指标从 9.3mm/yr 提升至 6.5mm/yr。

第5章 基于多源测量的时序 InSAR精确监测研究

5.1 概述

第4章中对基于多源SAR数据的时序InSAR粗差检测方法进行研究，其核心为式(4-10)的多源沉降转换模型、式(4-11)的多源SAR沉降参数统一模型。该两式成立的前提是：①假设主影像地面沉降数据不存在明显相位解缠误差；②假设沿LOS方向监测到的形变信息主要是垂直向沉降所导致的。但是由于时序InSAR分析中相位解缠误差的不可避免性(张静，2014)，第一个假设在现实情况中的应用会存在一定问题；而现实世界中地物常常表现为三维形变，第二个假设仅对于以垂直向变形所占比例较大的京津冀等沉降严重地区而言较合理(张永红等，2016)，对于其他地区应用而言却存在一定不足。需要在多源InSAR粗差检测的基础上，进一步引入外部测量的必要元素来提高时序InSAR分析鲁棒性。

目前，常用城市地面沉降监测方法有水准测量、GNSS测量等。水准测量利用水准仪的视线轴与管水准轴相平行原理获取每站间高差，通过重复观测获取高精度地面沉降信息。GNSS测量利用卫星导航定位系统进行前方定位获取监测点观测数据，通过时间序列分析来得到监测点上高精度三维变形信息(Motagh et al.，2007；王爱国，2015，2017；李更尔等，2017)。这两者分别在垂直沉降方向和三维形变方向上具有高精度特点，从而可以充分利用它们作为外部测量必要元素，对多源时序InSAR数据集成研究进行深化。

本章在时序InSAR分析与可靠性控制研究的基础上，充分利用GNSS三维形变测量、水准高精度垂向形变测量的特点来构建水准、GNSS、InSAR等多源测量集成数学模型，通过角反射器识别、空间插值、测量平差等算法实现多源测量技术联合分析，进一步提高沉降观测数据的精确性。

5.2 多源测量沉降参数集成的数学模型

5.2.1 多源测量的沉降数据差异分析

水准、GNSS、InSAR 等常见大地测量沉降数据的差异主要表现在以下几个方面：

(1)空间密度和分布上的差异性。水准测量形变是水准点所处位置的形变信息，其点密度通常为 0.2~0.5 个/km²；GNSS 测量的形变量是 GNSS 站点位置的形变量值，其点密度通常为 0.001 个/km²；InSAR 测量反映的是地表强反射体形变量值，其点密度通常为 100~200 个/km²；这三者在空间密度上存在较大差异。此外，GNSS 站点位置、水准测点位置通常都是根据现场情况来人为布设，且大部分已经运行多年；而 InSAR 测量获取的 PS 点与地表场景相关，相对而言分布具有一定随机性，因此水准测点、GNSS 测点的空间位置与 InSAR 地理坐标之间也可能存在一定偏差(郭利民，2014)。

(2)采样频率的差异性。不同大地测量方法由于测量设备不同，监测频率也存在差异。常规区域水准测量，测量频率为一年一次；GNSS 测量为连续监测，测量频率为几秒一次；InSAR 测量频率取决于卫星类型和数量，一般为 11~24 天。在对这些多源地面沉降数据进行集成分析时，必须选择合理沉降指标进行分析，以降低其差异性影响(郭利民，2014)。

如上所述，由于多源测量的空间密度和分布、采样频率不同，难以直接进行集成分析。但是根据地学第一定律“地理事物在空间分布上互为相关”，可以在参数空间范畴内将水准、GNSS、InSAR 等多种大地测量技术的沉降值进行合理空间插值、时间插值，选择合理沉降指标后来构建数学模型，实现相关形变信号联合评价与分析。

5.2.2 多源测量沉降数据集成的函数模型

5.2.2.1 多源测量数据集成的理论函数模型

为确保集成函数模型可推广性，假设有 M 种监测方法来获取地面沉降，第 i 种监测方法获得观测量为 y_i，设 $\boldsymbol{x}$ 为未知参数向量，n_i 为噪声向量，建立函数模型为

$$\begin{cases} y_1 = A_1\boldsymbol{x} + n_1 \\ \quad\vdots \\ y_M = A_M\boldsymbol{x} + n_M \end{cases} \tag{5-1}$$

采用三维空间坐标实现 x 向量具体化分解，可定义为 $\boldsymbol{x}=(d_e\quad d_n\quad d_u)^{\mathrm{T}}$，其中 d_e 为东西向形变、d_n 为南北向形变、d_u 为垂直向形变。则式(5-1)可以具体化为

$$\begin{cases} y_1 = a_1 d_e + b_1 d_n + c_1 d_u + n_1 \\ \quad\vdots \\ y_M = a_M d_e + b_M d_n + c_M d_u + n_M \end{cases} \tag{5-2}$$

5.2.2.2　InSAR/GNSS/水准集成的函数模型

如2.3.7小节所述，由于SAR侧视成像原理，其主要获取沿斜距方向上的相位信息 d_{InSAR}，其与三维形变量关系可以用以下两式来表示：

$$d_{\mathrm{InSAR}} = (I_x\quad I_y\quad I_z)(d_e\quad d_n\quad d_u)^{\mathrm{T}} \tag{5-3}$$

$$\begin{cases} I_x = -\sin\left(\alpha_h - \dfrac{3\pi}{2}\right)\sin(\theta_{\mathrm{inc}}) \\ I_y = -\cos\left(\alpha_h - \dfrac{3\pi}{2}\right)\sin(\theta_{\mathrm{inc}}) \\ I_z = \cos(\theta_{\mathrm{inc}}) \end{cases} \tag{5-4}$$

当该地区拥有连续GNSS运行站时，可以考虑利用该测量数据获取三维形变信息，如下：

$$(d_{\mathrm{GNSS}}^{E}\quad d_{\mathrm{GNSS}}^{N}\quad d_{\mathrm{GNSS}}^{U})^{\mathrm{T}} = (d_e\quad d_n\quad d_u)^{\mathrm{T}} \tag{5-5}$$

当该地区具有高精度垂直观测量的水准监测时，其与三维形变量关系可以用式(5-6)表示：

$$d_{\mathrm{level}} = d_u \tag{5-6}$$

将式(5-3)、式(5-5)、式(6-6)代入式(5-2)中，得到InSAR/GNSS/水准集成的函数模型：

$$\begin{pmatrix} d_{\mathrm{InSAR}} \\ d_{\mathrm{GNSS}}^{E} \\ d_{\mathrm{GNSS}}^{N} \\ d_{\mathrm{GNSS}}^{U} \\ d_{\mathrm{level}} \end{pmatrix} = \begin{pmatrix} I_x & I_y & I_z \\ 1 & 0 & 0 \\ 0 & 1 & 0 \\ 0 & 0 & 1 \\ 0 & 0 & 1 \end{pmatrix} \begin{pmatrix} d_e \\ d_n \\ d_u \end{pmatrix} \tag{5-7}$$

考虑InSAR中可能存在的空间基线误差、大气相位误差、相位解缠误差，InSAR与其他大地测量之间往往存在一个与距离向或方位向相关的空间趋势，如图5-1所示。

式(5-7)可以进一步拓展为下式：

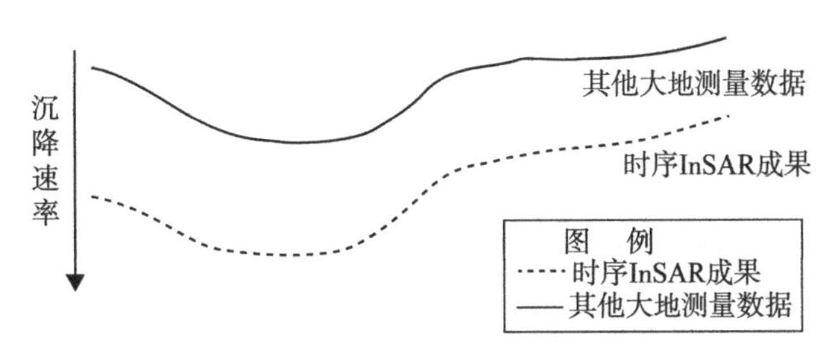

图 5-1 时序 InSAR 与其他测量手段的空间趋势差异示意图

$$\begin{pmatrix} d_{\text{InSAR}} \\ d_{\text{GNSS}}^{E} \\ d_{\text{GNSS}}^{N} \\ d_{\text{GNSS}}^{U} \\ d_{\text{level}} \end{pmatrix} = \begin{pmatrix} I_x & I_y & I_z \\ 1 & 0 & 0 \\ 0 & 1 & 0 \\ 0 & 0 & 1 \\ 0 & 0 & 1 \end{pmatrix} \begin{pmatrix} d_e \\ d_n \\ d_u \end{pmatrix} + \begin{pmatrix} \boldsymbol{\xi} & \boldsymbol{\eta} & 1 \\ 0 & 0 & 0 \\ 0 & 0 & 0 \\ 0 & 0 & 0 \\ 0 & 0 & 0 \end{pmatrix} \begin{pmatrix} t_{\xi} \\ t_{\eta} \\ t_0 \end{pmatrix} \tag{5-8}$$

式中，InSAR 空间地理位置为 $(\boldsymbol{\xi},\ \boldsymbol{\eta})$； t_0 为偏移量；t_{ξ}、 t_{η} 分别为方位向和距离向转换参数。

5.2.3 多源测量沉降数据集成的随机模型

多源测量数据集成误差包含有时序 InSAR 分析的形变误差和残余大气误差、GNSS 观测误差和插值误差、水准观测误差等，其随机模型可以表示为

$$Q_y = \boldsymbol{W}(Q_{\text{InSAR}}^{\text{atmo}} + Q_{\text{InSAR}}^{\text{defo}} + Q_{\text{InSAR}}^{n} + Q_{\text{GNSS}}^{\text{defo}} + Q_{\text{GNSS}}^{\text{chazhi}} + Q_{\text{GNSS}}^{n} + Q_{\text{level}}^{\text{defo}} + Q_{\text{level}}^{n})\boldsymbol{W}^{\text{T}} \tag{5-9}$$

式中，矩阵 $\boldsymbol{W}$ 为从单独的一种大地测量数据至多源测量数据集成的转化；$Q_{\text{InSAR}}^{\text{atmo}}$ 为 InSAR 中残余大气误差；$Q_{\text{InSAR}}^{\text{defo}}$ 为 InSAR 中非线性形变误差；Q_{InSAR}^{n} 为 InSAR 中的噪声；$Q_{\text{GNSS}}^{\text{defo}}$ 为 GNSS 观测误差；$Q_{\text{GNSS}}^{\text{chazhi}}$ 为 GNSS 插值误差；Q_{GNSS}^{n} 为 GNSS 中噪声；$Q_{\text{level}}^{\text{defo}}$ 为水准观测误差；Q_{level}^{n} 为水准噪声。

5.3 多源测量沉降参数的集成方法

5.3.1 多源测量沉降参数基准统一的技术流程

参考已有大地测量变形监测文献(葛大庆，2013；郭利民，2014；杜凯夫，2017)可知，连续 GNSS 观测技术获取三维形变精度均较高；水准测量具有高精度垂直观测量；InSAR 对垂直向形变敏感，且布设角反射器可以同时实现高精度水准测

量和 InSAR 测量。因而本章在第 4 章基于多源 SAR 的时序 InSAR 粗差检测理论和实验研究基础上，提出 InSAR、GNSS、水准等多源测量技术集成的技术流程，如图5-2所示。

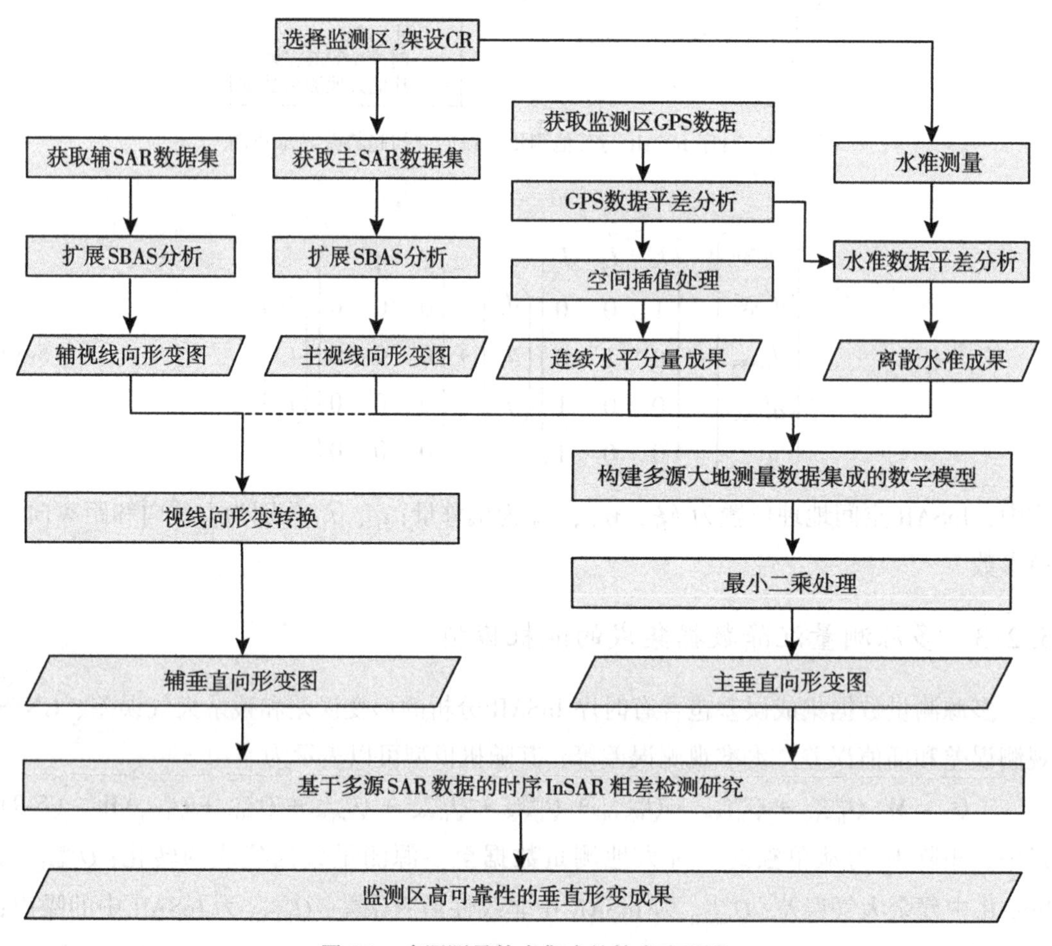

图 5-2　多源测量技术集成的技术流程图

总体处理方法通过以下几个步骤来实现：①角反射器布设，在监测区内均匀布置具有强反射作用、水准测量标志的角反射器；②LOS 形变场获取，利用扩展 SBAS 时序分析方法分别对覆盖监测区的多种 SAR 数据集进行处理，获取 LOS 形变数据；③GNSS形变场获取，收集监测区内 GNSS 监测数据后，利用 GAMIT/GLOBK 软件进行平差分析获取离散三维形变数据，进行空间插值后得到连续水平形变场成果；④离散水准成果获取，采用一、二等水准测量实现角反射器、连续 GNSS 站联测，在连续 GNSS 站垂直向形变约束下采用水准平差分析软件来获取离散、高精度水准成果；⑤构建基于主 LOS 形变数据、离散水准数据、连续 GNSS 水平分量成果等多源数据的数学模型后，通过最小二乘处理获取主垂直向形变数据；⑥采用 GNSS 测量成果实现辅 SAR 数据集从 LOS 形变至垂直向形变转换；⑦采用第 4 章中基于多源 SAR 数据粗差识别与剔除方法，来获取监测区高可靠性垂直形变成果。

5.3.2 多源测量沉降数据的获取与处理

1. 角反射器的布设

角反射器是典型人工目标，其在 SAR 影像上表现出高亮度特点，可以被有效识别出来；同时具有的高信噪比使其在时序 InSAR 分析中具有较好可靠性，能够实现高精度微小形变提取(闫世勇，2009；葛大庆，2013)。在监测区内均匀布置实现强反射、具有水准测量标志的角反射器(图 5-3)可以降低水准测点与 InSAR 地理坐标之间空间分布的差异。

图 5-3 水准/角反射器一体监测点现场图

2. GNSS 形变数据的获取与处理

利用已有连续 GNSS 站进行连续监测，获取三维形变场数据；然后利用 GAMIT/GLOBK 软件进行平差分析获取空间离散的三维形变数据，采用滤波等处理获取平均沉降量，降低与 InSAR 间的采样频率差异。

3. 离散水准成果数据的获取与处理

采用一、二等水准测量实现角反射器、连续 GNSS 站联测后获取精密水准测量成果，降低三者间的空间分布差异；然后采用连续 GNSS 站垂直向形变约束下的精密水准平差模型来获取高精度水准测量成果，采用滤波等处理获取平均沉降量。

5.3.3 多源测量数据的模型构建与解算

由于 InSAR、水准、GNSS 测量方法的差异，采用式(5-8)进行多源测量数据联合解算前需要获取这些测量方法的随机模型(即先验方差)，以便在平差模型中实现精确定权。然而 InSAR、GNSS、水准测量的先验方差往往是难以获取，基于式(5-8)进行模型构建与解算目前仍然存在一定难度。本书在充分利用不同大地测量数据优势的基础上，采用分组处理方式来实现式(5-8)的多源测量数据的模型构建与解算，即 GNSS 数据与 InSAR 数据融合、基于角反射器的水准数据与 InSAR 数据融合。

5.3.3.1　基于 GNSS 和 InSAR 的集成模型构建与解算

在只考虑 GNSS 数据和 InSAR 数据时，式(5-8)可以简化为

$$\begin{pmatrix} d_{\text{InSAR}} \\ d_{\text{GNSS}}^{E} \\ d_{\text{GNSS}}^{N} \\ d_{\text{GNSS}}^{U} \end{pmatrix} = \begin{pmatrix} I_x & I_y & I_z \\ 1 & 0 & 0 \\ 0 & 1 & 0 \\ 0 & 0 & 1 \end{pmatrix} \begin{pmatrix} d_e \\ d_n \\ d_u \end{pmatrix} \tag{5-10}$$

两者在三维形变上的关系可以用图 5-4 来表示。

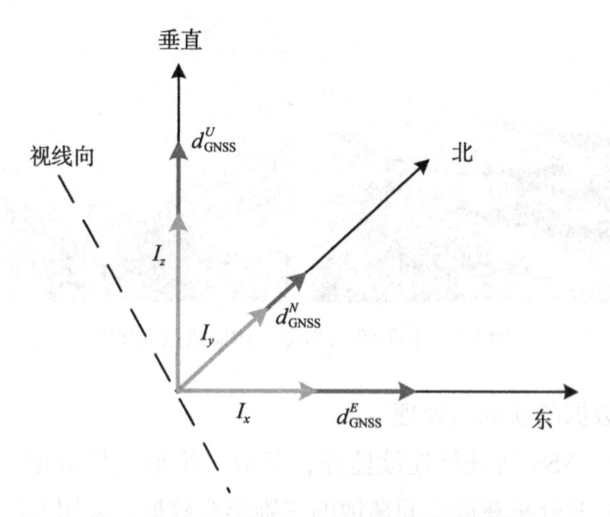

图 5-4　InSAR 和 GNSS 的三维形变示意图

同时考虑到连续 GNSS 站相对较少，垂直向形变变化较大，式(5-8)可以进一步简化为

$$\begin{pmatrix} d_{\text{InSAR}} \\ d_{\text{GNSS}}^{E} \\ d_{\text{GNSS}}^{N} \end{pmatrix} = \begin{pmatrix} I_x & I_y & I_z \\ 1 & 0 & 0 \\ 0 & 1 & 0 \end{pmatrix} \begin{pmatrix} d_e \\ d_n \\ d_u \end{pmatrix} \tag{5-11}$$

GNSS 站点密度远小于 InSAR 点位密度，在进行两者集成前，首先需要进行空间

插值确保两者空间分辨率一致性。本书采用无偏最优估计的普通克里金(Kriging)插值方法进行空间插值处理。因为该方法在插值时不仅考虑了插值点与邻近已知点的空间位置，还考虑了各邻近点之间的位置关系，保证估计值更精确(汤国安等，2006)，从而降低 GNSS 测点与 InSAR 地理坐标之间的空间密度与分布差异。

在此基础上，对于式(5-11)而言，每个 PS 点可以建立一个 GNSS 和 InSAR 的集成模型，且方程数量与未知数数量一致。如图 5-4 所示，可以直接从视线向形变中将东西向形变分量、南北向形变分量去掉，得到垂直向形变分量，实现 InSAR 从 LOS 形变至垂直向形变转换。

5.3.3.2 基于角反射器的水准和 InSAR 集成模型构建与解算

在上述视线向形变转换基础上，考虑角反射器的 InSAR 沉降量与水准沉降量理论上具有相同性，但两者在实际中存在一个与距离向或方位向相关空间趋势的差异。式(5-8)可以简化为

$$
\begin{pmatrix} 1 & -1 \end{pmatrix} \begin{pmatrix} d^{u}_{\text{InSAR}} \\ d_{\text{level}} \end{pmatrix} = \begin{pmatrix} \boldsymbol{\xi} & \boldsymbol{\eta} & 1 \end{pmatrix} \begin{pmatrix} t_{\xi} \\ t_{\eta} \\ t_{0} \end{pmatrix} \tag{5-12}
$$

从数学意义上分析，三对 InSAR 和水准测量同名点对用于上式解算而言已经足够精确。但是在 PS 点沉降量估计不确定性、难以避免地存在相位解缠误差的情况下，本章基于 RANSAC 算法、最小二乘法进行水准和 InSAR 的集成模型与解算。

5.3.4 基于粗差检测的多源测量和多源 SAR 数据集成方法

在采取上述方法实现主 SAR 数据集的垂直向形变获取的基础上，采用 GNSS 测量数据、式(5-11)的 GNSS 和 InSAR 集成模型实现辅 SAR 数据集从视线向形变至垂直向形变的转换，得到覆盖同一监测区的多组时序 InSAR 垂直向变形数据。然后采用第 4 章的方法进行辅 SAR 数据集与主 SAR 数据集的空间基准统一、沉降基准统一、粗差检测与沉降信息融合等工作。

5.4 基于多源测量的时序 InSAR 精确监测实验

在第 4 章滨海新区多源 SAR 数据融合的基础上，收集滨海新区其他测量技术，开展滨海新区多源测量技术的集成实验。

5.4.1 研究区和研究数据

基于多源测量的时序 InSAR 精确监测实验选择天津市滨海新区中部区域，具体位

置和范围均与 5. 4. 1 小节中保持一致。研究数据如图 5-5 所示，主要有：①结合监测区实地情况，尽可能均匀布设的 26 个角反射器点；②从天津已有连续 GNSS 网中收集监测区范围及周边的 8 个 GNSS 测站数据信息；③以天津市一等水准网为起测网，采用二等水准测量对监测范围内 GNSS 站、角反射器进行联测，得到的 2017 年 10 月—2018 年 10 月水准沉降信息；④覆盖研究区的 3 组 SAR 数据，分别为降轨 R2、降轨 S1、升轨 S1。

图 5-5　研究区多源数据空间分布总图

5. 4. 2　多源测量数据的处理

5. 4. 2. 1　角反射器识别

作为较理想的时序 InSAR 监测目标，角反射器雷达回波信号很强，在 SAR 幅度影像中具有很高幅度值，在小区域内主导其周围像素的散射特征。在空间表现上，以其为中心、距离向和方位向的几个像素组成局部范围内表现为近似对称分布的亮斑信息。从而可以基于此特征采用目视判别方法和统计分析相结合方法从 SAR 影像中予以识别(闫世勇，2009；杨魁等，2014)。图 5-6 中列出角反射器 CR5 在降轨 R2 数据中的幅度影像。

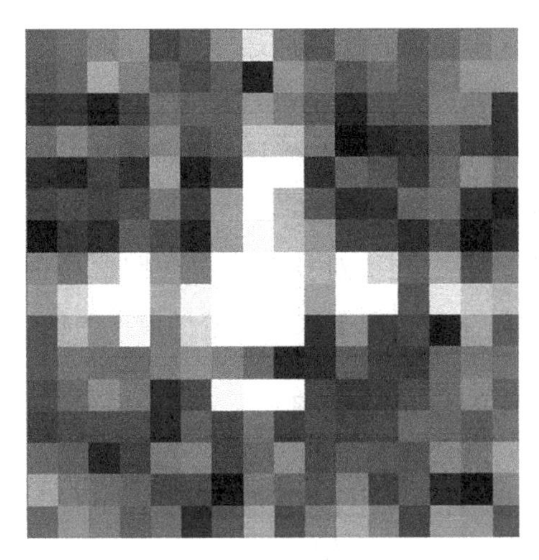

图 5-6　角反射器 CR5 在降轨 R2 数据中的幅度图

5.4.2.2　GNSS 监测网数据平差与插值

基于 IGS 站网和中国大陆构造环境监测网络数据、采用 GAMIT/GLOBK 和 QOCA 软件通过逐级解算获取各个站点在 ITRF 框架下的三维坐标时间序列。某 GNSS 站点(去掉大数后)三维坐标时间序列如图 5-7 所示。

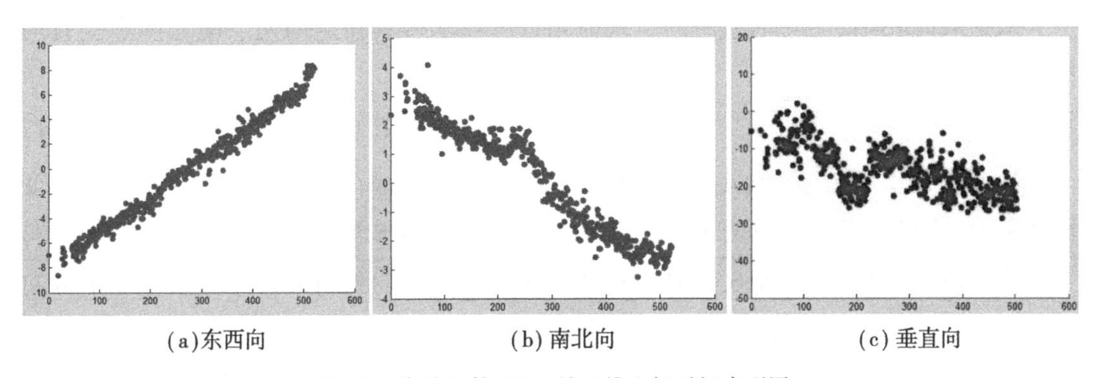

(a)东西向　　(b)南北向　　(c)垂直向

图 5-7　实验区某 GNSS 站三维坐标时间序列图

对连续 GNSS 站进行水平方向上最小二乘处理，得到站点水平向运动场，然后采用式(5-13)从 GNSS 站点速率中去掉整体平动分量。

$$\begin{cases} V'_{E,i} = V_{E,i} - \dfrac{1}{n}\sum\limits_{i=1}^{n} V_{E,i} \\ V'_{N,i} = V_{N,i} - \dfrac{1}{n}\sum\limits_{i=1}^{n} V_{N,i} \end{cases} \tag{5-13}$$

式中，$V_{E,i}$、$V_{N,i}$ 分别为第 i 个站点的东西向速率和南北向速率；$V'_{E,i}$、$V'_{N,i}$ 分别为去掉平动分量后第 i 个站点的东西向速率、南北向速率(杜凯夫，2017)。基于天津地壳运动较稳定的特点，本书采用Kriging插值对去掉平动分量后的GNSS水平向观测值进行插值，获得高精度东西向和南北向形变场。

对连续GNSS站采用最小二乘法对其垂直向周期信号进行分析，剔除观测粗差、周年信号后，得到真实垂向速率，用于水准测量约束平差估计。

5.4.2.3　水准监测网数据平差处理

利用实验区范围内2个连续GNSS站的垂直向速度分量作为先验值约束，对所测量水准观测结果采用线性动态平差模型进行平差处理，得到解算结果(杜凯夫，2017)。

5.4.3　多源测量沉降数据集成实验

5.4.3.1　基于GNSS数据的InSAR视线向形变转换

与第4章保持一致，本实验中选择降轨R2数据为主坐标系。然后以降轨R2数据、GNSS数据为基础，采用式(5-11)来实现两者的集成。

根据RadarSat-2卫星的航向角、入射角，可以求得其在东西向、南北向和垂直向投影系数为

$$(I_x \quad I_y \quad I_z)^{\mathrm{T}} = (0.413 \quad -0.089 \quad 0.906)^{\mathrm{T}} \tag{5-14}$$

从上式可知，研究区南北向形变对视线向形变贡献最小，垂向形变对视线向形变贡献最大，因此在没有水平方向先验知识前提下，将LOS形变转换为垂直向变形具有一定的合理性。但是在GNSS数据点密度足够的情况下，利用式(5-11)去掉水平方向变形的模型误差，时序InSAR分析可靠性可以进一步提高。

基于式(5-11)和式(5-14)，将降轨R2时序InSAR分析成果中的东西向形变分量、南北向形变分量去掉，得到垂直向形变分量，如图5-8所示。需要注意的是，对于大范围区域沉降监测而言，近、远距离端的入射角差异达到2°~3°，在整个LOS形变转换过程中需要考虑入射角变化。

5.4.3.2　基于最小二乘法的水准和InSAR集成

对于测绘而言，测量基准确定是首要工作任务，其本质是如何将不同测量数据统一到同一参考基准下进行分析。第4章中将所有辅SAR数据集成果统一到主SAR数据

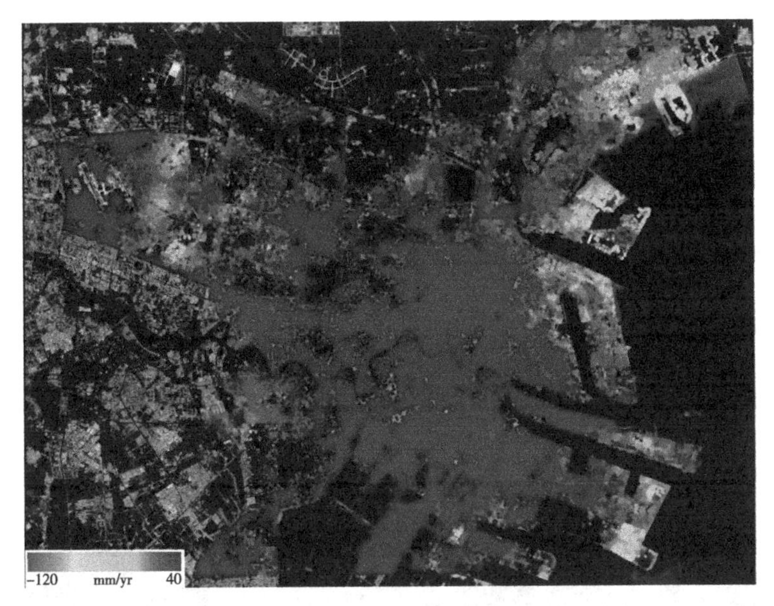

图 5-8 降轨 R2 的垂直向形变成果

集的基准下进行粗差检测与分析，但是在缺乏足够多先验知识情况下，主 SAR 数据集成果与真实变形之间往往存在差异，影响到成果准确性。因而本实验在上述视线向形变转换的基础上，进一步利用高精度水准测量来消除此类差异。

考虑到角反射器可以实现同步 InSAR 测量与水准测量，采用角反射器值、基于 RANSAC 算法的最小二乘处理来实现水准和 InSAR 的集成。实验区共有 26 个角反射器，对应有 26 组同步 InSAR 沉降值与水准沉降值。首先选择均匀分布、质量较好的少量点，采用最小二乘法计算沉降参数转换模型；然后利用阈值将剩余点分为内点和外点，将内点参与沉降参数转换模型计算，获取优化后的模型参数并剔除粗差点；最后不断迭代直至获取最优转换模型。经过多次迭代后得到最优转换模型。如表 5-1 所示，偏差因子为 12. 8mm/yr，距离向系数因子为 1. 0mm/(yr · 100km)，方位向系数因子为 0. 1mm/(yr · 100km)。

表 5-1 **降轨 R2 与水准测量沉降基准统一的参数**

偏差	距离向系数	方位向系数
-12. 8mm/yr	1. 0mm/(yr · 100km)	0. 1mm/(yr · 100km)

将表 5-1 沉降基准转换参数应用于降轨 R2 数据集，得到降轨 S1 转换后成果，如图 5-9 所示。与转换前的图 5-8 进行对比分析，整体趋势一致，但是由于参考点选

择导致整体沉降量偏大的问题得以消除，偏差因子达 12.8mm/yr。与图 4-13(a)相比，整体趋势一致，但靠近西侧的沉降量相对有所提升，后续将结合水准数据作进一步分析。

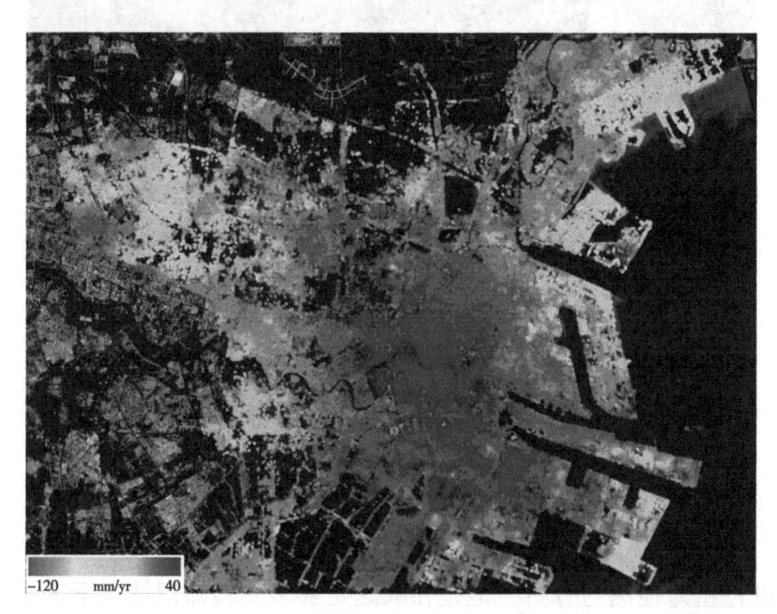

图 5-9　多源测量集成后的降轨 R2 成果

5.4.4　基于粗差监测的多源测量与多源 SAR 集成实验

5.4.4.1　基于 GNSS 数据的辅 SAR 数据集形变转换

基于 GNSS 数据对辅 SAR 数据集的视线向形变进行转换。依据降轨 S1 卫星航向角、入射角，可以求得其在东西向、南北向和垂直向投影系数为

$$(I_x \quad I_y \quad I_z)^{\mathrm{T}} = (0.614 \quad -0.148 \quad 0.775)^{\mathrm{T}} \tag{5-15}$$

依据升轨 S1 卫星航向角、入射角，可以求得其在东西向、南北向和垂直向的投影系数为

$$(I_x \quad I_y \quad I_z)^{\mathrm{T}} = (-0.588 \quad -0.105 \quad 0.802)^{\mathrm{T}} \tag{5-16}$$

然后基于式(5-11)和 GNSS 数据的水平场数据，将降轨 S1 卫星、升轨 S1 卫星时序 InSAR 分析成果中的东西向形变分量、南北向形变分量去掉，得到垂直向形变分量，如图 5-10、图 5-11 所示。与第 4 章中直接进行 LOS 转换的图 4-13(b)、图 4-13(c)进行对比，两者的沉降趋势在整体上均具有一致性。

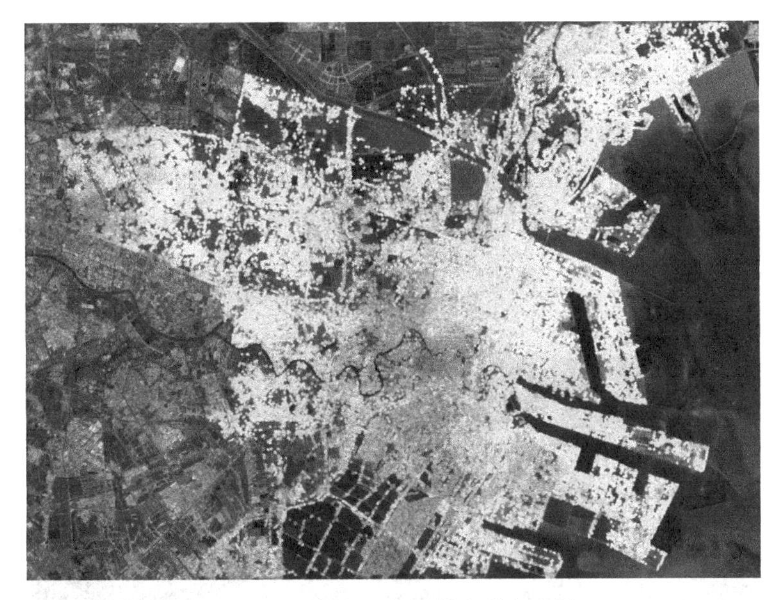

图 5-10 降轨 S1 的垂直向形变成果

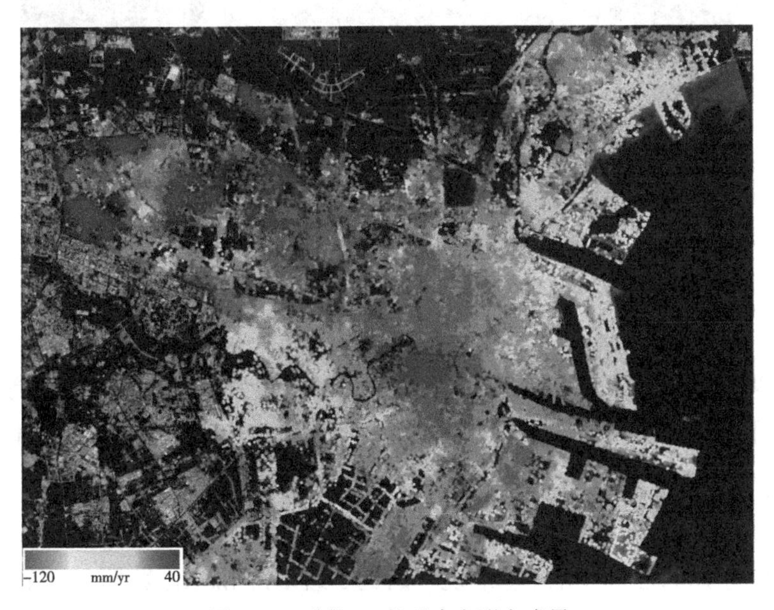

图 5-11 升轨 S1 的垂直向形变成果

5.4.4.2 基于主影像的多源 InSAR 数据基准统一

以图 5-10 经过 GNSS、InSAR、水准等多源测量数据集成处理后的主 SAR 影像时序分析成果、图 5-12 降轨 S1 的垂直向形变成果为基础，依据三维点云分布相似性、基于 RANSAC 算法的最小二乘处理实现多源 InSAR 数据的空间基准统一；然后依据属性相同、空间距离相近原则，采用式(5-9)选择多源 SAR 数据集的同名 PS 点对后，采用基于 RANSAC 算法的最小二乘处理来进行沉降统一模型参数求解，经过多次迭代后获取降轨 S1 相对于主 SAR 影像的沉降转换因子；并将沉降基准转换参数应用于降轨 S1 数据集，得到降轨 S1 转换后的成果，如图 5-12 所示。与转换前的图 5-10 进行对比分析，整体趋势一致，但是参考点选择导致的整体沉降量偏大问题得以消除，偏差因子达 25mm/yr。

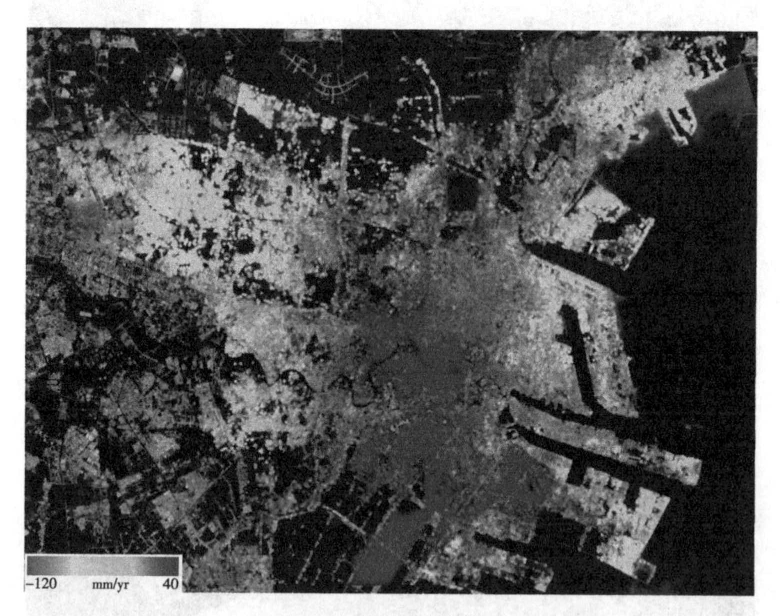

图 5-12　降轨 S1 的沉降基准统一后的成果

采用类似方法对升轨 S1 数据集进行处理，可以得到升轨 S1 数据进行沉降基准统一点集，如图 5-13 所示。与转换前的图 5-11 进行对比分析，整体趋势一致。

5.4.4.3　基于粗差检测的多源 InSAR 数据沉降集成

对经过空间基准统一、沉降基准统一后的 3 组多源 InSAR 数据集，采用距离原则、属性原则生成重复观测 PS 点集后；对观测次数为 2 次、3 次的 PS 点集进行粗差检测与分析，剔除粗差点对后基于式(5-11)进行多源 SAR 沉降参数计算，集成后沉降速率成果如图 5-14 所示。

点密度最终为 155 点/km^2。整体沉降格局与图 5-14 一致，沉降量最大地区位于中新生态城的围海造陆区，研究区共有西部空港经济区和东部围海造陆区域等 6 个面积较大的沉降漏斗。

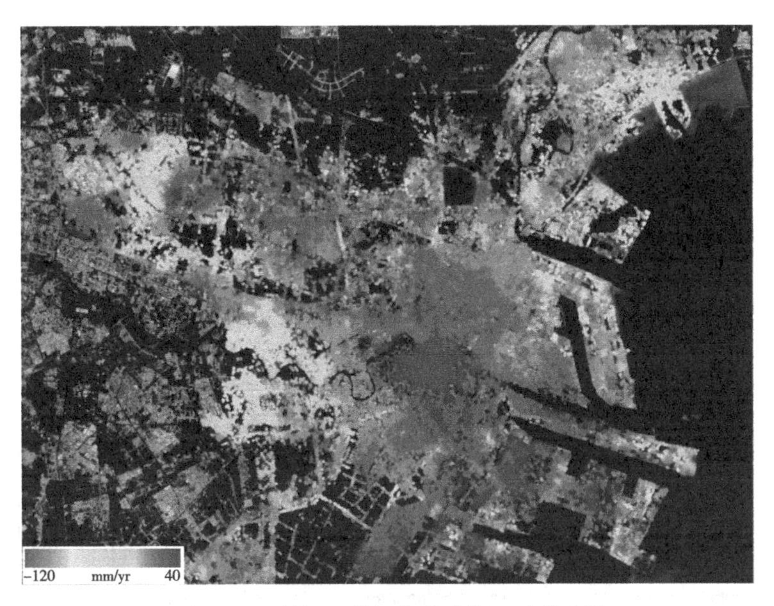

图 5-13　升轨 S1 的沉降基准统一后的成果

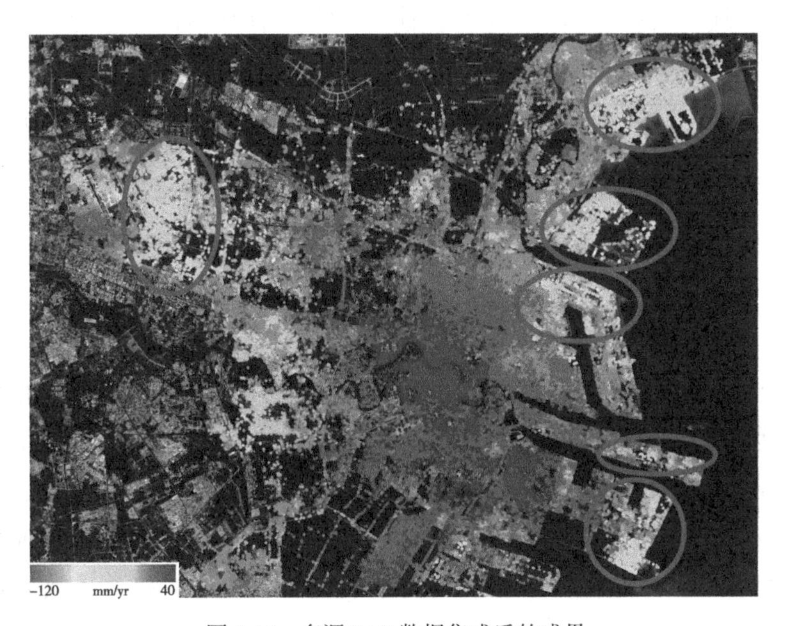

图 5-14　多源 SAR 数据集成后的成果

5.4.5　多源测量沉降数据集成的精确性评价

5.4.5.1　多源测量成果的精确性评价

采用第 4 章中 53 个水准监测点对多源测量集成成果进行分析。将高精度水准沉降视为真值，得到 InSAR 测量误差，如图 5-15 所示。最大误差为 10.3mm/yr，位于东部东疆港的 53 号点；最小误差为 0.22mm/yr，位于北部汉沽的 43 号点。将 53 个点的误差值代入式(4-4)进行测量中误差统计，得到 RMSE 值为 5.7mm/yr。这表明区域性 InSAR 精度可以达到 6mm/yr 精度指标，与相关时序 InSAR 分析研究成果具有一致性（葛大庆，2013；张永红等，2016；Zhang et al.，2016）。

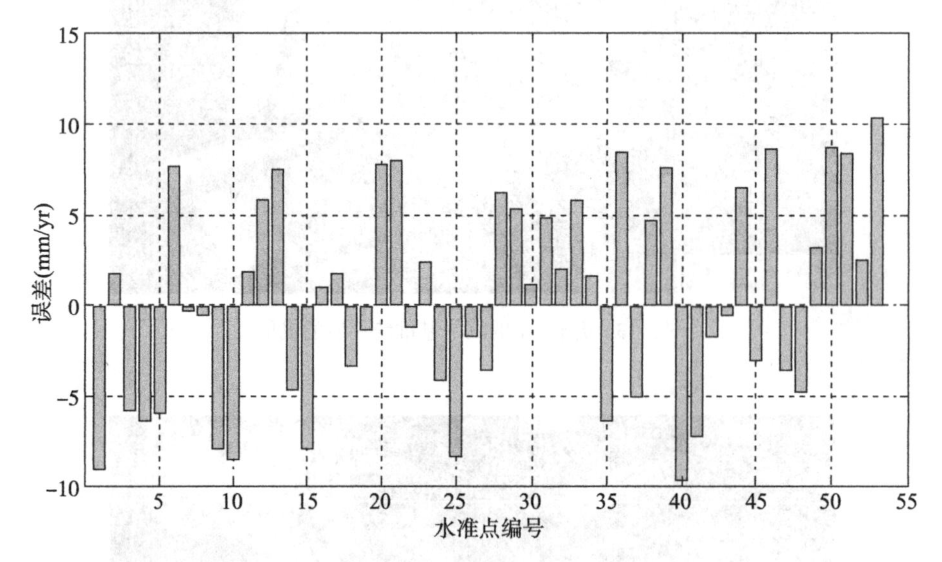

图 5-15　多源测量集成成果的误差分析图

5.4.5.2　多源测量集成与多源 InSAR 集成的整体对比

将图 5-15 的多源测量集成误差分析数据与图 4-30 的多源时序 InSAR 集成分析数据进行精确性对比，前者成果精细性更高，主要体现在如下几个方面：前者最大误差为 10.3mm/yr，后者最大误差为 16.0mm/yr；前者平均误差为 0.4mm/yr，后者平均误差为 11.0mm/yr；前者误差大于 10mm/yr 的有 1 个，而后者有 6 个；前者中误差为 5.7mm/yr，后者中误差为 5.5mm/yr；前者水准与 InSAR 值的相关系数为 0.84，后者相关系数为 0.80。

因而采用这几个常用精确性指标从研究区整体尺度进行分析，本章的方法比第 4 章的方法更优化。

5.4.5.3　多源测量集成与多源 InSAR 集成的局部对比

以局部变化最大的空港经济区为例，来分析多源测量集成与多源 InSAR 集成方法差异性。图 5-16(a)为空港经济区多源测量集成成果，图 5-16(b)为空港经济区多源

InSAR 集成成果，两者在空间分布上均具有一致性，均表现为东侧工业区沉降较大、西侧机场区沉降较小的空间布局。

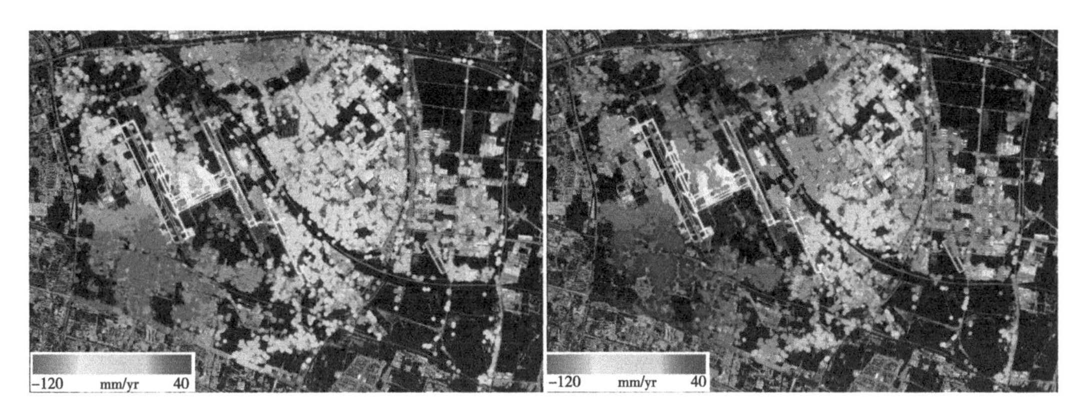

(a)多源测量集成成果　　(b)多源 InSAR 集成成果

图 5-16　空港经济区的成果对比图

从图 4-29 中选择空港经济区范围内水准点，编号分别为 1~8，如图 5-17 所示。

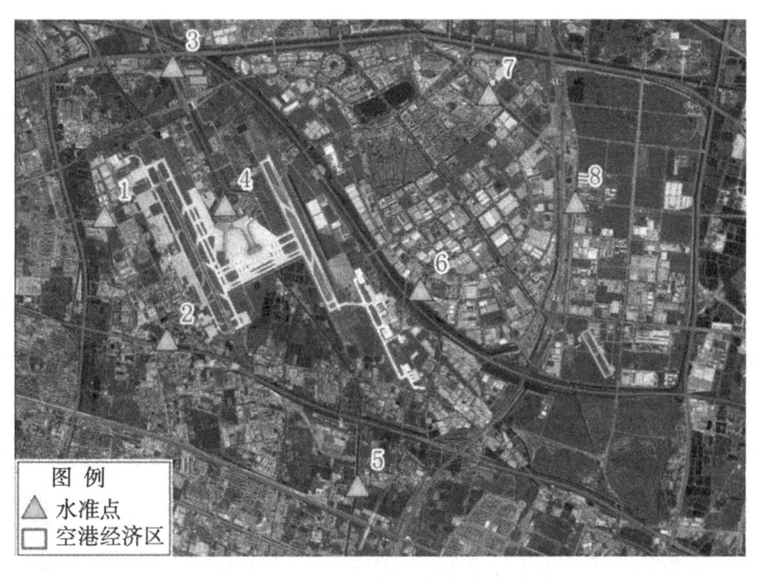

图 5-17　空港经济区水准点分布图

将高精度水准沉降视为真值，得到多源测量集成、多源 InSAR 集成获取测量的成果误差，如图 5-18 所示。从图中可以看出，空港经济区前者成果的精细性更高，主要体现在如下几个方面：前者最大误差为 9. 0mm/yr，后者最大误差为 16. 0mm/yr；前者平均误差为-2. 3mm/yr，后者平均误差为 14. 5mm/yr；前者误差大于 10mm/yr 的有 0

个，而后者有2个；前者中误差为5.7mm/yr，后者中误差为8.1mm/yr；前者水准与InSAR值的相关系数为0.68，后者相关系数为0.62。

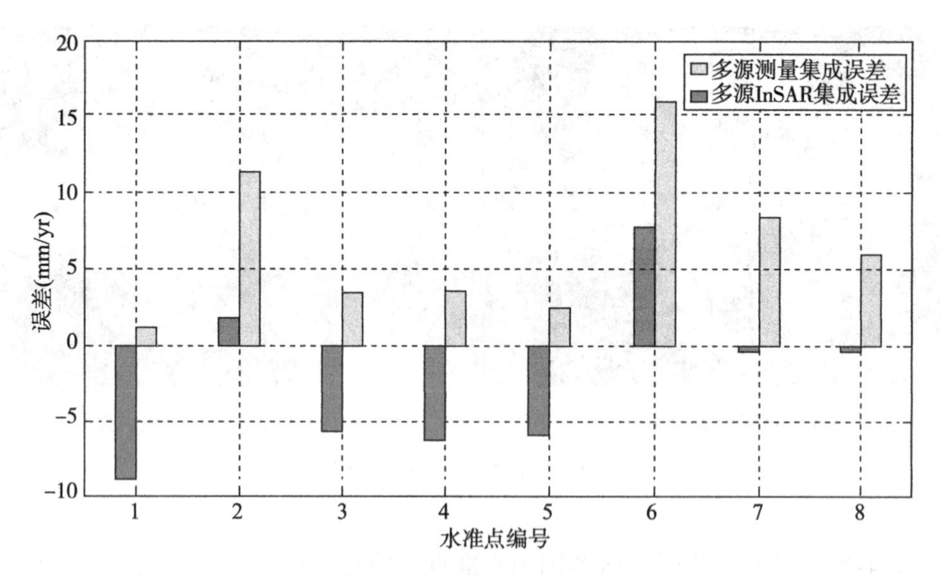

图5-18　空港经济区的误差分析图

因此采用这几个常用精确性指标从研究区局部尺度进行分析，本章的方法比第4章的方法更优化。可以改正主影像沉降基准误差、基线误差、相位解缠误差和视线向变形所导致的成果误差。

5.4.5.4　多源测量集成的精确性评价小结

本小节以区域水准沉降数据为参考，采用测量误差统计方法对滨海研究区多源测量集成成果的精确性进行评价，得到GNSS、水准、InSAR等多源测量集成精度可以接近5mm/yr的高精度结论。

然后采用最大误差、平均误差、粗差点、中误差、相关系数等5个精确性评价指标对多源测量集成成果、多源InSAR集成成果进行整体对比分析，前者通过基准控制、减小空间基线等误差影响可有效将平均误差从11mm/yr降至0.4mm/yr，将中误差从5.5mm/yr提升至5.7mm/yr，有效提高整体沉降场的可靠性。

采用类似5个指标对局部的空港经济区进行对比分析，通过多源测量集成可以将平均误差从14.5mm/yr降至-2.3mm/yr，将中误差从8.1mm/yr提升至5.7mm/yr。这表明采用本章多源测量集成方法可以明显改善局部测量的可靠性。

5.5 本章小结

(1)为解决视线向形变转换误差、沉降基准误差和空间基线误差，本章在分析典型大地测量沉降数据在空间分布、采样频率上的差异后，提出在参数空间内集成多源测量沉降数据的理论函数模型，并以 InSAR、GNSS、水准数据为例构建相应的函数模型和随机模型。

(2)在第 4 章研究和上述模型的基础上，提出 InSAR、GNSS、水准等多源测量技术集成的方法和技术流程。在分别获取角反射器、GNSS 形变数据、离散水准成果等多源测量沉降数据的基础上；利用 GNSS 连续观测数据和 Kriging 插值方法获取水平运动场后，从时序 InSAR 的 LOS 形变中剔除东西向分量、南北向分量；基于 RANSAC 算法、最小二乘法进行水准和 InSAR 的集成分析，实现单一 SAR 数据下的多源测量技术融合；基于 GNSS 水平运动场获取辅 SAR 数据垂直形变后，进行多源 SAR 数据的集成与粗差检测，获取高可靠性的垂直形变成果。

(3)以覆盖滨海新区的角反射器点、GNSS 站、水准点、多组 SAR 数据(降轨 R2、降轨 S1、升轨 S1)为基础，选择降轨 R2 数据集为主坐标系后，采用上述方法进行单一 SAR 数据的多源测量沉降集成，参考点选择导致的整体沉降量偏大问题得以消除，偏差因子达 12. 8mm/yr。然后利用 GNSS 站数据实现辅数据 LOS 形变的转化后进行集成与粗差检测，得到研究区的多源测量集成沉降场，整体沉降中心主要位于西部空港经济区和东部围海造陆区等 6 个区域，与第 4 章的结论一致，但是其沉降值大小更符合客观现象。

通过以区域水准沉降为参考，验证本书所获取的区域性可靠性沉降成果精度可以达到 5. 7mm/yr。采用最大误差、平均误差、粗差点、中误差、相关系数 5 个精确性评价指标对多源测量集成成果、多源 InSAR 集成成果进行整体对比分析，前者可将平均误差从 11mm/yr 降至 0. 4mm/yr，将中误差从 5. 5mm/yr 提升至 5. 7mm/yr，有效提高整体沉降场的可靠性。采用同样 5 个指标对局部的空港经济区进行两种方法对比分析，多源测量集成可以将平均误差从 14. 5mm/yr 降至-2. 3mm/yr，将中误差从 8. 1mm/yr 提升至 5. 7mm/yr。这表明采用本章多源测量集成方法可以从整体和局部两个尺度来明显改善时序 InSAR 测量的可靠性。

第6章　基于多源数据的时序InSAR精细监测研究

6.1　概述

作为一种重要遥感对地监测手段，InSAR可以监测的目标包含地表各种复杂地物，如地面、建筑物、道路等。区域性地面沉降监测对监测点密度、精细度要求相对较低，在处理和分析过程中可以假设时序InSAR分析获取的PS点沉降速率表示真实地面沉降(兰恒星等，2011)。但是，实际上由于不同地物的桩基结构、施工工艺等存在差异，不同地物沉降在速率分布、时间序列上均有着不同表现。因而对于特定行业的InSAR应用而言，有必要将建筑物、地面等不同类型的时序InSAR监测点区分开来，实现针对性应用和分析(Mao et al.，2018；Martín et al.，2022)。

此外，在建筑风格和工程技术方面具有独特建筑特征和科学价值的历史建筑反映了历史文化和民间传统，具有重要的历史意义。历史建筑作为城市历史文化遗产的重要载体，对城市发展作出了重大贡献。然而，这些历史建筑经常受到自然环境和人类活动的影响，会受到不同程度的破坏，需要采用先进的方法进行监测与分析(Drougkas et al.，2021)。

本章基于时序InSAR分析精细性和历史建筑保护的应用需求，在对InSAR监测点信息进行详细分析的基础上，提出时序InSAR精细识别的方法，然后以天津市典型历史建筑物为例进行时序InSAR精细监测与应用，并从精确性、适用性两个方面对精细监测成果进行分析，验证本章算法的可靠性。

6.2　时序InSAR监测点精细识别方法

6.2.1　时序InSAR监测点信息分析

6.2.1.1　空间位置信息

如第3章中地理编码原理所示，采用RD模型可以实现时序InSAR监测点从图像坐标到地理空间的坐标转化。但是其存在的 SAR 卫星参数、多普勒参数、地球模型参数、改正后的高程信息等不确定性因素都会对地理定位的精度和可靠性造成影响。

SAR 卫星参数主要用于计算卫星位置到地面点目标的斜距，当影像头文件中提供的离散卫星位置存在误差时，对应于每个像元的卫星位置和速度矢量也将存在误差，从而降低了斜距计算精度；多普勒参数偏移则对多普勒频移双曲线束的准确定位产生影响，降低地理空间定位误差；在参考点高程存在偏移的情况下，则将导致所有 PS 点的高程产生误差。这个偏移将会对 PS 点在水平面上的地理位置产生影响，形成地理编码误差。众多学者通过大量理论分析、外业像控点验证等工作，获取常见高分 SAR 数据的地理编码误差，如表 6-1 所示(Prati et al.，2010；Ghiglia et al.，2010)。

表 6-1 **常见高分 SAR 数据的地理编码误差**

SAR 卫星	波段	东西向误差	南北向误差
TerraSAR	X	4m	1m
Cosmo	X	4m	1m

6.2.1.2 高程信息

PS 高度作为未知参数纳入式(2-4)的时序 InSAR 函数模型，与形变参数同时进行估算。其中，误差 σ_H 可以用下式来表示(Gernhardt，2012)：

$$\sigma_H \approx \frac{\lambda R}{4\pi\sqrt{N}\cdot\sqrt{2\cdot \mathrm{SNR}}\cdot\sigma_B} \tag{6-1}$$

σ_H 取决于星地距离 R、影像个数 N、信噪比 SNR、空间基线分布标准差 σ_B。在利用第 3 章中 TerraSAR 数据集的情况下，星地距离为 600km，空间基线分布标准差为 200m，对于高相干性 PS 点而言，假设 SNR 为 10dB，计算得到高程理论中误差为 0.42m。

6.2.1.3 幅度信息

建筑物墙面和地面相交形成二面角反射、三面角反射，因而回波效应相对较强。如图 6-1 所示，靠近卫星的建筑物两侧形成角反射器效应，表现为高亮度特点，建筑物屋顶则形成镜面反射，于是整个建筑物在图像上呈现“L”形(舒宁，2003)。

6.2.2 时序 InSAR 监测点识别方法

如上所述，时序 InSAR 监测点识别的可用信息主要有空间位置信息、高程信息和幅度信息。利用自身幅度信息可以实现时序 InSAR 监测点分类识别，但是由于鲁棒性

 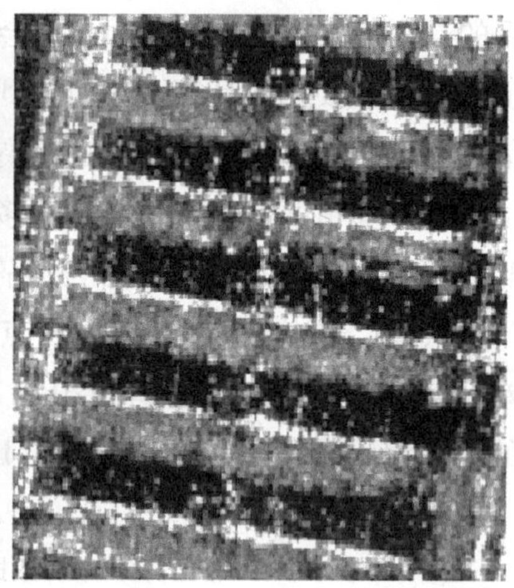

图6-1　建筑物SAR解译标志

较差，在实际应用过程中仍然存在一定的难点(Ouchi et al.，2013)而难以直接应用。需要借助其他辅助数据来开展时序InSAR监测点分类识别(Lan et al.，2012)。而GIS数据所具有的高精度位置信息和丰富属性信息刚好满足此项要求，本章首先基于时序InSAR监测点的空间位置信息和GIS数据库来实现基于多源数据的时序InSAR初步精细识别工作；然后考虑到城市环境复杂性和InSAR监测点的地理编码误差，进一步利用高度信息来提高识别率。

6.2.2.1　基于GIS数据库的空间定位方法

GIS数据库是以形成数字信息服务的产业化模式为目标，对光学遥感、航空摄影、外业测量等不同技术手段获取的基础地理信息进行编辑处理、存储后建成的地理信息数据库。城市地区GIS数据库一般包括大比例尺矢量地形要素数据库、高分辨率正射影像数据库、三维模型数据库等，其主要内容有地貌、水系、居民地、交通、地名等，如图6-2所示。

时序InSAR监测成果以离散点成果形式表示，GIS数据库以面形式表示。基于GIS数据库的空间定位方法就是通过二者空间叠加分析，来确定PS点与GIS数据面的拓扑关系(汤国安等，2006)。如图6-3所示，通过计算每个PS点相对于GIS面数据的位置后，判断其与面数据的空间关系，完成几何关系计算；然后利用空间关联操作将丰富的基础地理信息属性信息叠加到其中的PS点上，实现PS点精细属性识别处理。需要注意的是，由于PS点空间位置存在误差，在进行PS点与GIS面的拓扑算法中，应当分别加入东西向误差、南北向误差。

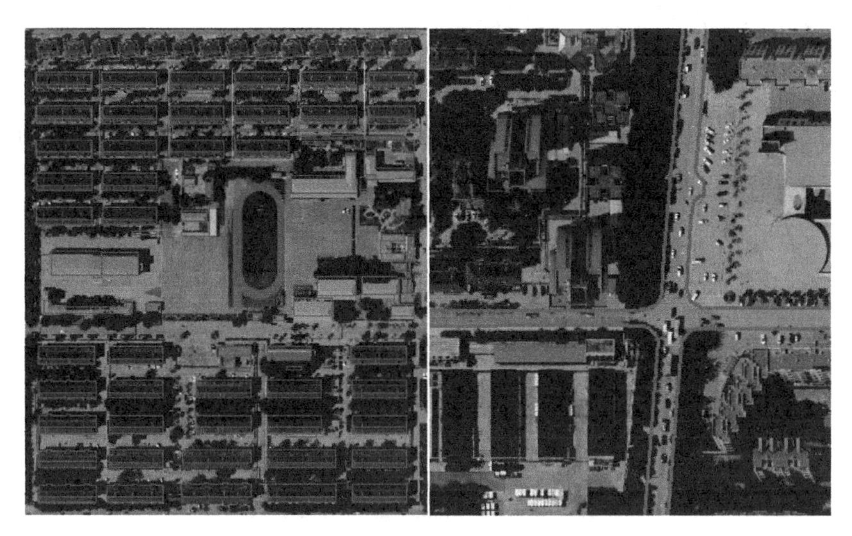

图 6-2　GIS 数据库内容示意图

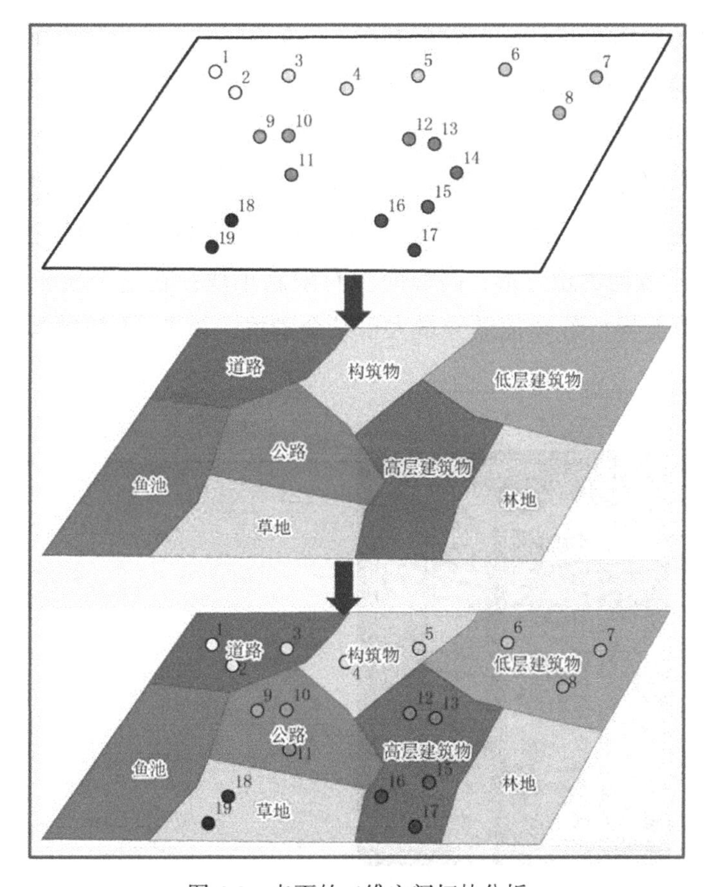

图 6-3　点面的二维空间拓扑分析

6.2.2.2　基于高程信息的空间定位方法

上述方法可以实现时序 InSAR 监测点属性初步识别，但是由于城市地物环境相对比较复杂，如图 6-4 所示，基于空间位置进行平面地物点与建筑物识别容易出现属性混淆。

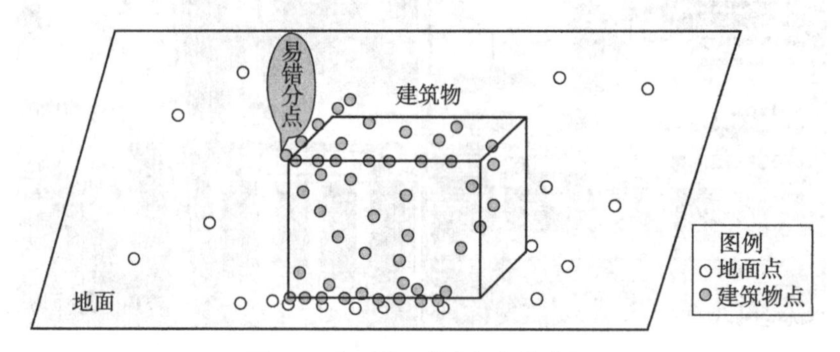

图 6-4　点面的三维空间拓扑分析

本章在基于 GIS 数据库的空间定位基础上，利用 PS 点高程信息来进一步识别目标属性，确定其是来源于地面或者屋顶，从而可以区分出地面点和建筑物点。

此外可以充分利用高精度三维位置信息进行建筑物侧面 PS 点滤波处理，进一步识别出属于建筑物的点。如图 6-5 所示，某高层建筑物 PS 点位的三维信息十分直观，对应侧面点的垂直向排列点高程差异值较大，可对地理编码后的每个 PS 点，以其为中心选择一个水平方向为正方形，高程向没有限制小块；在这个狭长长方体内统计分析该 PS 点的 Z 值差异，若 Z 值差异量大于某个阈值，该 PS 点被视为侧面点，否则视为屋顶或地面点。

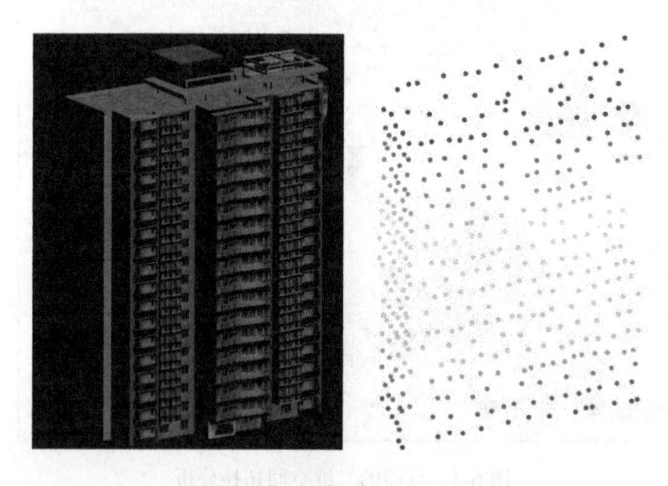

图 6-5　建筑物 PS 点识别与分类

6.3 建筑物 InSAR 点精细识别的实验

6.3.1 研究区和研究数据

建筑物监测实验区域选择建筑物较密集的天津市和平区。从第 3 章中的高分辨时序 InSAR 监测结果中选择位于基坑附近两座建筑物进行建筑物 InSAR 精细监测与分析，分别为渤海大楼、中国大戏院(图 6-6)。渤海大楼是天津租界时期幸存下来的重要建筑，建于 1933 年，该建筑已被指定为文物保护单位，并被列为天津市具有特殊保护等级的历史风貌建筑。中国大戏院是天津著名的大型文化娱乐场所，拥有近 90 年的历史。

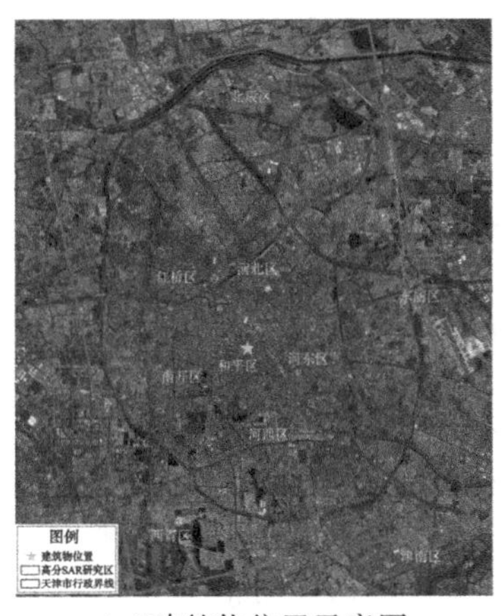

(a)建筑物位置示意图

(b)建筑物周边环境示意图

(c)渤海大楼现场照片

(d)中国大戏院现场照片

图 6-6 建筑物精细识别研究区位置及现场照片

考虑到水准验证数据时间同步，从第3章中覆盖研究区域15景SAR数据中选择2014年5月至2014年12月的9期高分辨率TerraSAR数据进行分析。

6.3.2　建筑物InSAR点精细识别

6.3.2.1　数据处理方法

采用扩展SBAS时序分析方法对上述TerraSAR数据集进行处理，得到建筑物周边地区沉降速率，如图6-7所示。监测区整体沉降速率从-35mm/yr到0mm/yr，大部分区域的沉降速率在-20mm/yr，用红色圆形表示建筑物所在地区的区域沉降约为-20mm/yr。

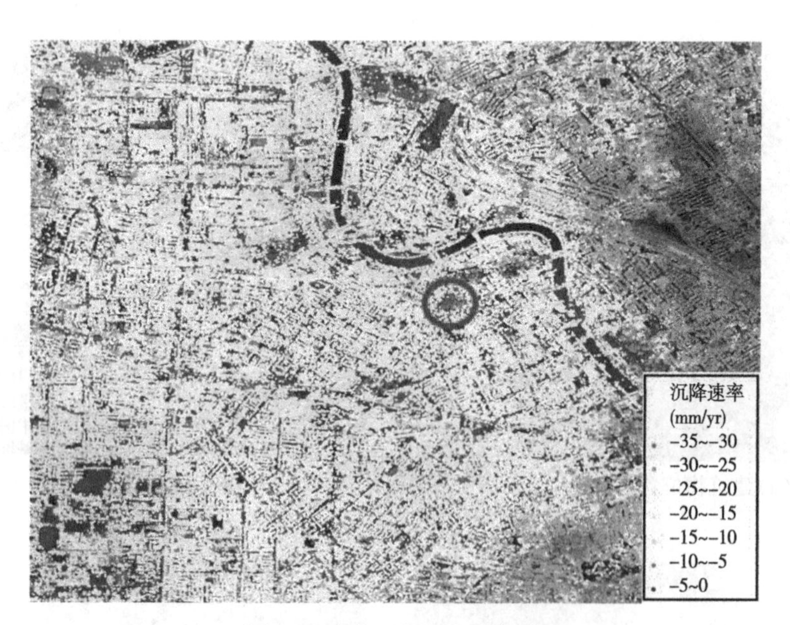

图6-7　研究区域形变速率图

首先，开展地理编码后PS点与GIS数据库的空间基准统一处理；然后，在考虑PS点东西向定位误差、南北向定位误差的前提下将图6-7中离散PS点与图6-8中大比例尺GIS数据库进行空间叠加处理实现初步属性识别；最后，充分利用PS点高程信息进行滤波处理来获取建筑物侧面点、建筑物屋顶点，进一步实现建筑物监测点的精细识别。

6.3.2.2　建筑物InSAR点精细识别成果

对渤海大楼进行InSAR监测点识别后得到建筑物监测点分布如图6-9(a)所示，共

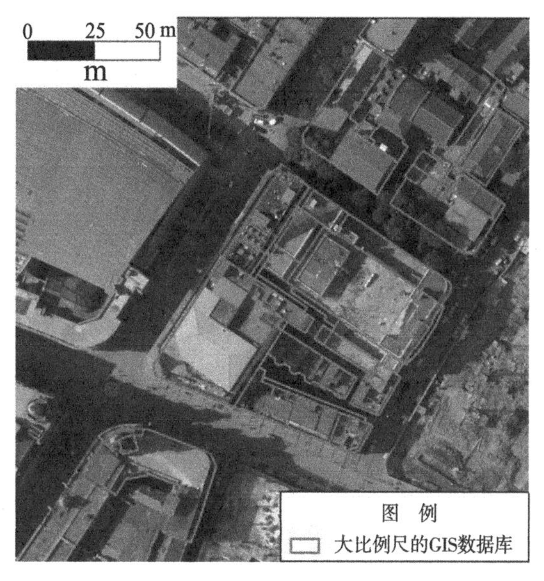

图 6-8 中国大戏院及周边 GIS 数据库示意图

有 117 个点，其主要分布在渤海大楼屋顶、朝向卫星飞行方向两边(东边和南边)的侧面上。对中国大戏院进行 InSAR 监测点识别后得到的建筑物监测点分布如图 6-9(b)所示，共有 68 个，其主要分布在中国大戏院屋顶。

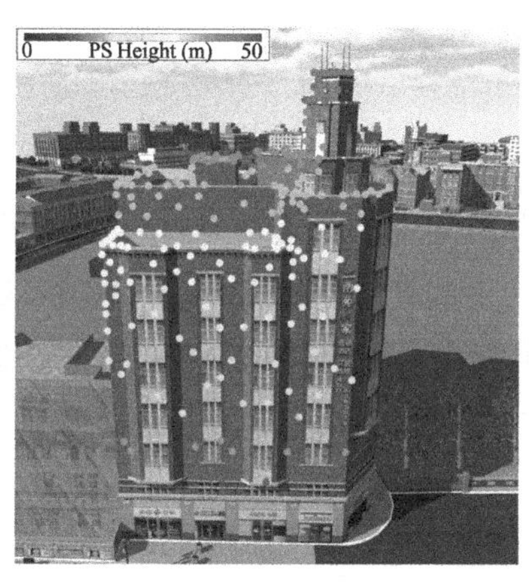

(a) 渤海大楼

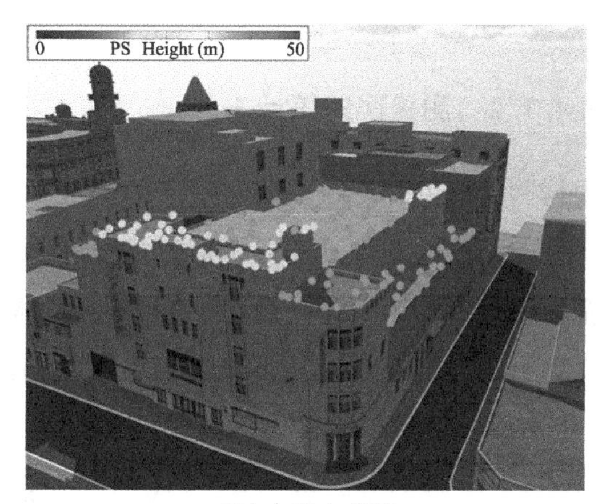

(b) 中国大戏院

图 6-9 建筑物 InSAR 监测点示意图

6.4 建筑物 InSAR 监测的精确性评价

研究区内参考数据主要为 2014 年 5—12 月同步开展的水准测量数据，本节主要基于此数据从定量分析的角度来开展建筑物沉降成果的精确性评价，以验证时序 InSAR 监测点精细识别方法的可靠性。

6.4.1 精确性评价方法

6.4.1.1 回归分析方法

对于形变监测而言，InSAR 和水准测量是两种不同监测技术，两者可能存在偏差和转换关系。因此在评价精确性之前，首先基于多个点样本数据采用回归分析法来识别这两种相互依赖的技术之间的联系。最常见模型是线性回归(Qin et al.，2015；Yang et al.，2016)，其定义为

$$y = \alpha + \beta x \tag{6-2}$$

式中，x 和 y 为两个变量，α 和 β 为未知参数。

评价回归分析质量的指标主要有相关系数、标准偏差。相关系数描述了回归模型和观察结果之间的拟合程度；标准偏差（s_y）则被定义为变量 y 和回归模型 $\hat{y} = \hat{\alpha} + \hat{\beta}x$ 之间的离散程度量，较小值总是对应于更好的回归分析成果。

$$s_y = \sqrt{\frac{\sum (y_i - \hat{y}_i)^2}{n-2}} \tag{6-3}$$

6.4.1.2 测量误差统计方法

根据测量误差理论，误差被定义为观测值与真实值之间差异。在此次形变对比研究中，关于两个建筑物真实形变信息是未知的。为了验证建筑物中的 InSAR 精度，经典高精度水准形变被认为是真正形变。通过 RMSE 指数 δ 实现对 InSAR（d_{InSAR}）和水准（d_{level}）之间的差异统计分析。在观察量有限情况下（n），δ 根据下式计算：

$$\delta = \sqrt{\frac{(d_{\mathrm{InSAR}} - d_{\mathrm{level}})^2}{n}} \tag{6-4}$$

6.4.2 水准测量成果介绍

由于渤海大楼、中国大戏院位于基坑附近，根据《建筑基坑工程监测技术标准》(GB 50497—2019)、《建筑变形测量规范》(JGJ 8—2016)的要求开展该两栋建筑物的水准测量工作。

首先，根据《建筑变形测量规范》中“建筑物的监测点要求布设在四角、大转角处

集沿外墙每 10~20m 处”要求进行水准监测点和水准原点布设。如图 6-10(a)所示，在渤海大楼上布设 8 个水准监测点(B1~B8)，其主要分布在建筑物四周，点位距离从 6m 至 13m 不等；其参考点 BS 位于附近建筑物上。如图 6-10(b)所示，在中国大戏院上布设 8 个水准监测点(C1~C8)，其主要分布在建筑物东侧和北侧，点位距离从 7m 至 28m 不等；其参考点 CS 位于附近建筑物上。

(a)渤海大楼

(b)中国大戏院

图 6-10 建筑物水准监测点

然后，参考《建筑基坑工程监测技术标准》进行水准测量。通过采用二等水准精度指标来开展渤海大楼、中国大戏院从 2016 年 5—12 月时间段内水准监测，共测量 30 次后通过平差计算来获取这段时间的累积沉降量，如表 6-2 所示。

表 6-2 **建筑物水准监测成果** (单位：mm)

建筑物	点号	水准成果	建筑物	点号	水准成果
渤海大楼	B1	-0.29	中国大戏院	C1	-11.77
	B2	0.7		C2	-4.97
	B3	-1.28		C3	-9.30
	B4	-5.96		C4	-8.84
	B5	-9.81		C5	-6.51
	B6	-9.88		C6	-0.94
	B7	-7.67		C7	0.10
	B8	-5.12		C8	0.30

6.4.3　建筑物 InSAR 测量成果获取

6.4.3.1　空间插值算法

由于建筑物 PS 点形成机理与水准点不同，两者在空间分布、点数量上存在较大差异。以渤海大楼为例，如图 6-9(a)和图 6-10(a)所示，由于 InSAR 高分辨率特点，PS 数量达到 117 个，整体分布在建筑物屋顶、朝向卫星飞行方向的两边；而水准点位仅有 8 个，主要分布在渤海大楼近地端。

为全面、合理地实现不同监测方法对比，应当使用相同空间位置的观测量来分析。考虑到实际应用过程中，地面沉降具有空间差异性，本章采用反距离加权(Inverse Distance Weighted，IDW)进行 InSAR 监测成果的空间插值处理(Bianchini et al.，2015；Yang et al.，2016)。

PS 点位于三维场景中，每个 PS 点的坐标可以表示为 (x, y, z)。然而，在对建筑物变形状态进行整体分析时，因为其通常采用钢筋混凝土制成，可以采用刚性运动模型来直观描述建筑物变形状态。从而可以假设来自屋顶和侧面建筑物 PS 点的形变信息与具有相同 x 和 y 位置、不同 z 位置建筑物底部水准点的形变信息是一致的。图 6-11显示 InSAR 空间插值示意图，通过计算投影后黄点所示离散 PS 点集 $Q_i(x_i, y_i)$，$i=1, 2, \cdots, n$ 与水准点 $P(x_p, y_p)$ 的距离 $(S_1, S_2, \cdots, S_n)$ 后，将其倒数作为权重利用下式进行离散 PS 点集沉降信息 $d_i(i=1, 2, \cdots, n)$ 的空间插值，获取对应水准点上 InSAR 沉降信息 d_p。

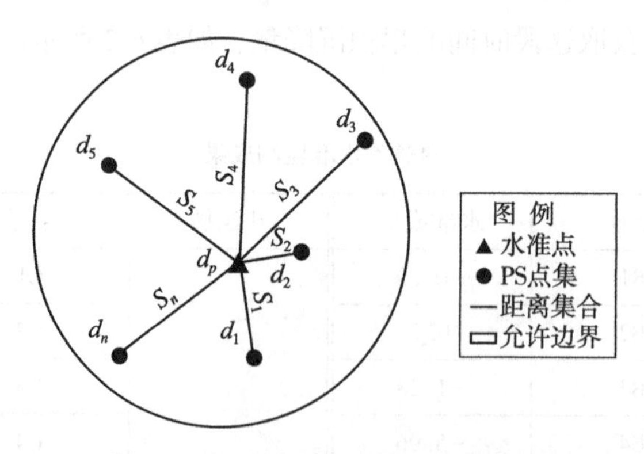

图 6-11　反距离加权空间插值示意图

$$d_p=\frac{\frac{1}{S_1}}{\frac{1}{S_1}+\frac{1}{S_2}+\cdots+\frac{1}{S_n}}d_1+\frac{\frac{1}{S_2}}{\frac{1}{S_1}+\frac{1}{S_2}+\cdots+\frac{1}{S_n}}d_2+\cdots+\frac{\frac{1}{S_n}}{\frac{1}{S_1}+\frac{1}{S_2}+\cdots+\frac{1}{S_n}}d_n \tag{6-5}$$

6.4.3.2 建筑物 InSAR 测量成果

对渤海大楼的 117 个监测点按照上述 IDW 方法进行空间插值处理，得到 8 个水准点上累积沉降量，如表 6-3 第 3 列所示，最大沉降量为 9.2mm，对应 B6 号监测点。对中国大戏院的 68 个监测点进行类似插值处理，得到水准点上累积沉降量，如表 6-3 第 6 列所示，最大沉降量为 9.42mm，对应 C1 号监测点。

表 6-3　**建筑物 InSAR 监测成果**　（单位：mm）

建筑物	点号	InSAR 成果	建筑物	点号	InSAR 成果
渤海大楼	B1	0.47	中国大戏院	C1	−9.42
	B2	0.18		C2	−5.88
	B3	−1.58		C3	−7.74
	B4	−7.74		C4	−8.92
	B5	−7.86		C5	−6.16
	B6	−9.2		C6	−0.08
	B7	−6.8		C7	0.65
	B8	−5.04		C8	0.14

6.4.4 建筑物 InSAR 监测精确性分析

6.4.4.1 渤海大楼 InSAR 监测精确性分析

1. 渤海大楼回归分析

对渤海大楼 InSAR 沉降量与水准沉降量进行线性回归分析，分析结果如图 6-12 所示。对于图中这 8 个点，x 轴表示水准沉降量，y 轴表示 InSAR 插值后沉降量，实线表示线性回归结果。8 个红点均在实线附近，表明式(6-6)回归方程可以很好地接近这些数据：

$$y = 0.881x - 0.259 \tag{6-6}$$

从上式可以看出，渤海大楼 InSAR 沉降量与水准沉降量的线性关系偏差约为 12%，偏差约为 0.259mm，两者线性相关系数 r 值为 0.964，这些数值表明渤海大楼 InSAR 与水准之间线性回归性非常高。此外，估计标准偏差 s_y 为 1.10mm，这表明渤海大楼 InSAR 精度从数学分析层面上可达到 1mm。

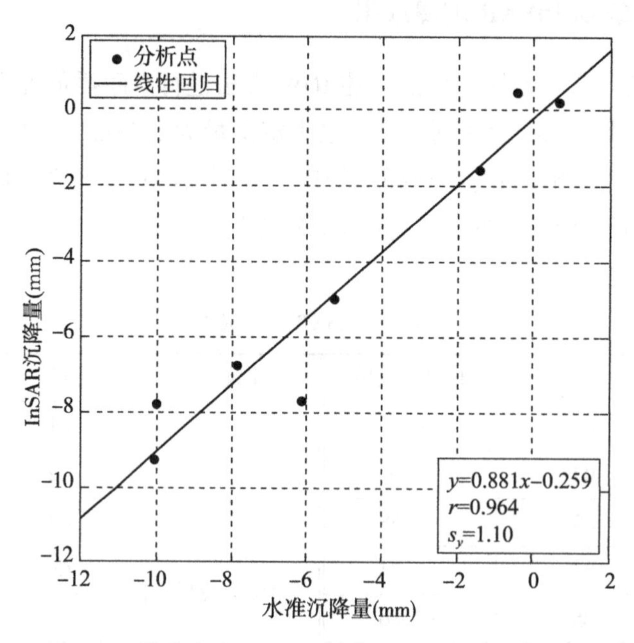

图 6-12　渤海大楼 InSAR 和水准监测成果的回归分析

2. 渤海大楼测量误差分析

将渤海大楼 8 个监测点的 InSAR 沉降量与水准沉降量进行对比。将经典高精度水准沉降视为真值后，得到 InSAR 测量误差，如图 6-13 所示。最大误差为 1.95mm，位于 B5 号点；最小误差为 0.08mm，位于 B8 号点。将 8 个点误差值代入式(6-4)进行测量中误差统计，得到 RMSE 值为 1.11mm，这表明基于经典的测量误差统计，渤海大楼 InSAR 精度可达到 1mm。

6.4.4.2　中国大戏院 InSAR 监测精确性分析

1. 中国大戏院回归分析

图 6-14 显示了中国大戏院 InSAR 沉降量与水准沉降量之间线性回归。对于图中这 8 个点，x 轴表示水准沉降量，y 轴表示 InSAR 插值后沉降量。实线表示线性回归结果。8 个红点均在实线附近，表明下式回归方程可以很好地接近这些数据：

$$y = 1.090x - 0.396 \tag{6-7}$$

从式(6-7)中可以看出，中国大戏院 InSAR 沉降量与水准沉降量的线性关系偏差约为 9%，偏差约为 0.396mm，两者线性相关系数 r 值为 0.987，这些数值表明中国大戏院 InSAR 与水准之间的线性回归性非常高。对估计标准偏差 s_y 进行分析，其值为 0.818mm，这表明从数学分析层面来看，中国大戏院 InSAR 精度已经优于 1mm。

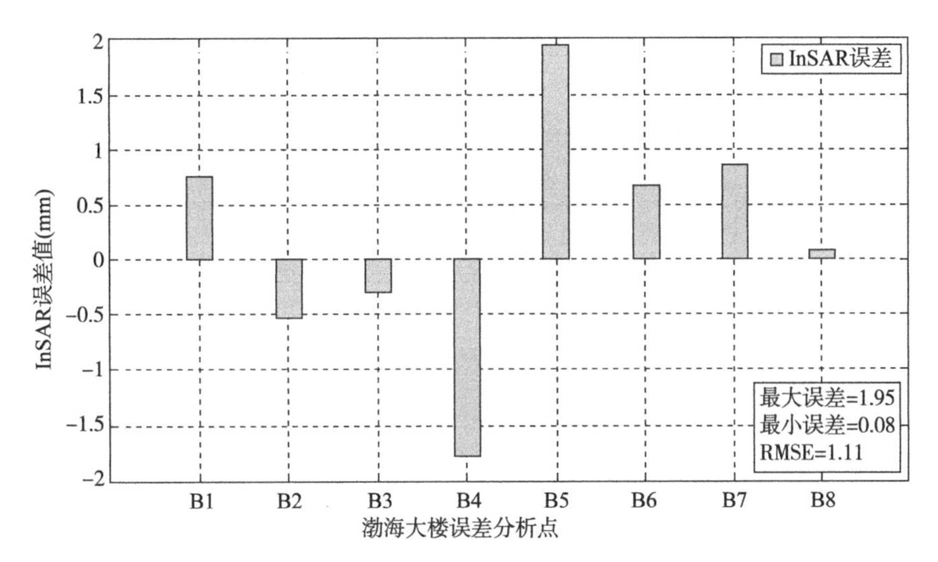

图 6-13 渤海大楼 InSAR 测量误差图

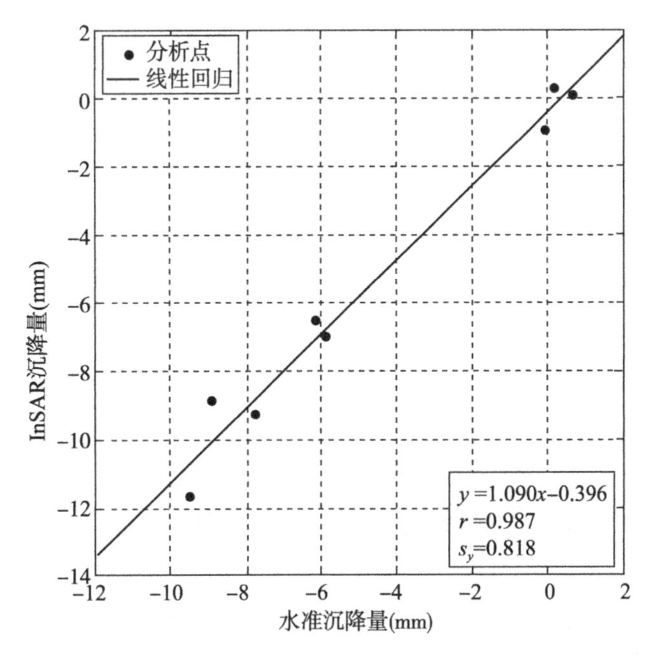

图 6-14 中国大戏院 InSAR 和水准监测成果的回归分析

2. 中国大戏院测量误差分析

将中国大戏院的 8 个监测点 InSAR 沉降量和水准沉降量进行对比；将经典高精度水准沉降视为真值后，得到 InSAR 测量误差，如图 6-15 所示。最大误差为 2.36mm，位于 C1 号点；最小误差为 0.08mm，位于 C4 号点。将 8 个点误差值代入式(6-4)进行测量中误差统计，得到 RMSE 值为 1. 14mm，这表明基于经典的测量误差统计，中国大戏院 InSAR 精度可达到 1mm。

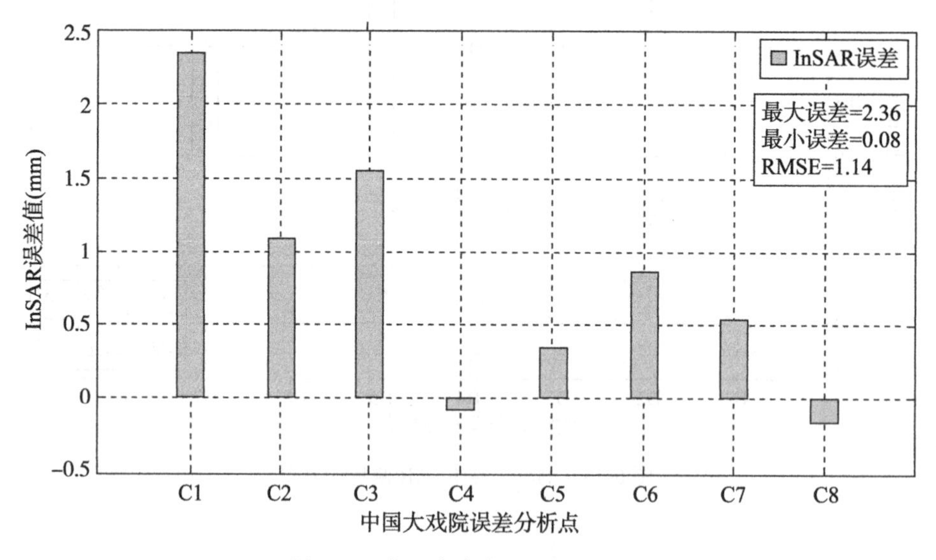

图 6-15 中国大戏院 InSAR 误差图

6. 4. 5 建筑物 InSAR 监测精确性评价小结

本小节以渤海大楼、中国大戏院等两栋历史建筑物为例，采用 IDW 方法实现两者空间位置统一基础上，从回归分析方法、测量误差统计方法两个方面对建筑物 InSAR 监测成果的精确性进行评价，得到建筑物 InSAR 测量精度接近 1mm 高精度的结论，验证了建筑物 InSAR 监测精确性，这也同时间接验证了时序 InSAR 监测点精细识别方法可靠性。

6. 5 建筑物 InSAR 监测应用的适用性评价

通过扩展 SBAS 时序分析、InSAR 监测点识别、IDW 空间内插等处理后可以得到建筑物 InSAR 测量成果，基于此成果可以进一步对建筑物沉降应用与分析，以便获取建筑物安全状况。

但目前并没有基于 InSAR 技术的建筑物形变参数分析方法，本章在参考《建筑基坑工程监测技术标准》《建筑变形测量规范》《历史建筑安全监测技术标准》(DG/TJ 08—2387—2021)等传统规范基础上，从整体倾斜和局部倾斜相结合方式来实现监测成果应用(Bru et al. , 2010；Tapete et al. , 2012；Frattini et al. , 2013；Ciampalini et al. ,

2014；杨魁等，2017；Macchiarulo et al.，2021；Liu et al.，2023）。

6.5.1 基于建筑物沉降风险评估方法

6.5.1.1 基于建筑物沉降的风险参数计算

1. 整体倾斜风险参数

为实现基于整体倾斜的建筑物沉降风险评估，如图 6-16 所示。本章首先从建筑物沉降数据中选择三个沉降参数进行分析，分别是最大累积沉降（d_{max}）、最小累积沉降（d_{min}）和相对形变方向。然后选择相对形变方向开展定性分析，通过计算倾斜角（β）和不均匀沉降速度（Δv）来开展定量分析。最大累积沉降 d_{max} 被定义为监测周期内建筑物的最大沉降，最小累积沉降 d_{min} 被定义为监测周期内的最小沉降，计算公式如式(6-8)。

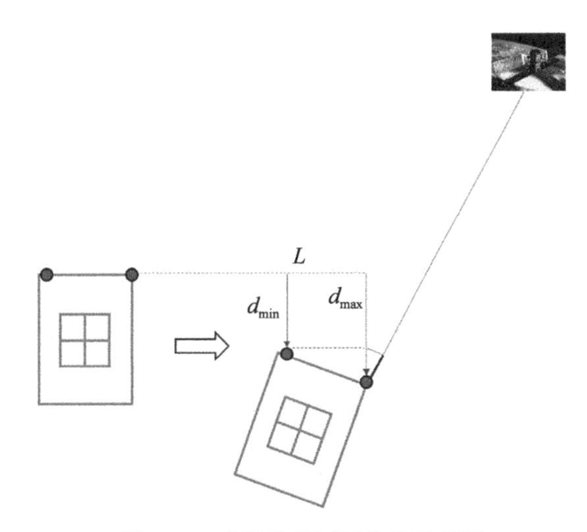

图 6-16　建筑整体倾斜参数示意图

$$\begin{cases} d_{max} = \max\{d_i\} & (i = 1, 2, \cdots, n) \\ d_{min} = \min\{d_i\} & (i = 1, 2, \cdots, n) \end{cases} \tag{6-8}$$

建筑物相对形变趋势通过分析 d_{max}、d_{min} 的相对地理位置来实现，d_{max} 相对 d_{min} 的方向即为建筑物相对形变方向。

不均匀沉降速度 Δv 作为反映建筑不均匀沉降的指标，可以依据 d_{max}、d_{min} 和监测天数(MD)来计算。如下式所示：

$$\Delta v = \frac{|d_{max} - d_{min}|}{\text{MD}} \tag{6-9}$$

倾斜角 (β) 与测量形变有关，如式(6-10)所示，倾斜角 (β) 为 $d_{\max}$、$d_{\min}$ 之差与两者距离之比：

$$\beta = \frac{|d_{\max} - d_{\min}|}{L} \tag{6-10}$$

2. 局部倾斜风险参数

当建筑存在不均匀沉降时，除考虑建筑不均匀沉降引起的整体倾斜外，还应分析不均匀沉降中是否含有局部沉降。具体而言，整体倾斜表示建筑沉降的一阶形变分量，而局部倾斜被归类为建筑沉降的二阶形变分量(上海市建筑科学研究院有限公司，2021)。

鉴于 InSAR 监测具有高分辨率、高密度的特点，本书通过计算墙段的相对倾角 α 来分析建筑物局部倾斜风险。如图 6-17 所示，点 A 和点 B 位于墙的两端，点 O 位于墙中间。

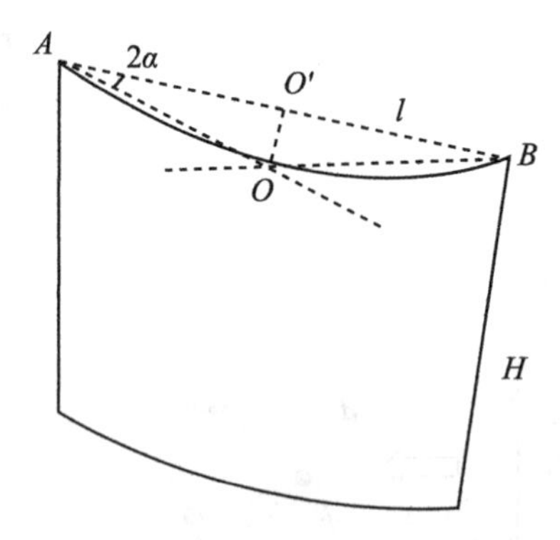

图 6-17　墙段相对倾角的计算简图

三个点对应的累积沉降分别为 d_A、d_B、d_O，点 A 和点 B 的距离为 l，则墙的相对倾角 α 计算公式如式(6-11)：

$$\alpha = \frac{|d_A - d_O|}{\frac{l}{2}} - \frac{|d_B - d_O|}{\frac{l}{2}} \tag{6-11}$$

考虑到建筑的外部结构较复杂。为了获得更准确的局部倾斜风险分析结果，需对每个墙段进行测量和分析。

6.5.1.2　建筑物沉降风险评估阈值

在计算建筑物整体倾斜和局部倾斜风险参数后，应当采用合理方法来确定建筑物沉降风险阈值，以实现建筑物风险等级的判断。原则上，建筑物沉降风险阈值理论上应通过对大量受损建筑样本的统计分析来确定；然而，这在实际应用中往往很难实现。虽然相关规范所采用的水准监测方法与本章的 InSAR 方法之间存在一定差异，但如本章精度统计所述，两者沉降结果具有一致性。因此本章主要参考已有规范来开展建筑物 InSAR 沉降风险阈值确定。

1. 整体倾斜风险阈值

参考《建筑基坑工程监测技术标准》《建筑变形测量规范》等规范来开展建筑物整体倾斜风险阈值确定，如表 6-4 所示。

表 6-4　**建筑整体倾斜风险评估预警值**

整体倾斜参数	阈　　值
倾斜角	2/1000
不均匀沉降速率	0.1H/1000，其中 H 是建筑物高度

2. 局部倾斜风险阈值

采用刚性基础的无筋砌体结构发生自然沉降或受基础下方盾构施工影响时，一般发生上凹弯曲形沉降。根据《历史建筑安全监测技术标准》(DG/TJ 08-2387—2021)来开展该类建筑物局部倾斜风险阈值的确定工作，如表 6-5 所示(上海市建筑科学研究院有限公司，2021；Liu et al.，2024)。

表 6-5　**不同损毁程度的相对倾角限值**

损毁等级	沉降阈值	描述
Ⅰ	1.2 l/H	基本完好
Ⅱ	2.25 l/H	轻微损坏
Ⅲ	4.5 l/H	中等损坏
Ⅳ	9 l/H	严重损坏

6.5.2 建筑物 InSAR 监测应用分析

6.5.2.1 渤海大楼 InSAR 监测应用分析

基于图 6-10(a)渤海大楼监测点位分布、表 6-3 中第 3 列渤海大楼 InSAR 监测数据，对该建筑物从整体倾斜、局部倾斜等两方面开展定性、定量的建筑物 InSAR 监测应用分析。

1. 整体倾斜参数分析

对表 6-3 中渤海大楼 8 个监测点位沉降量值进行最值分析，InSAR 监测到渤海大楼最大沉降为-9.2mm，对应点位为 B6 号点；最小沉降为 0.47mm，对应点位为 B1 号点；两者间距离为 26.6m。从而计算可得倾斜因子为 0.0004，该值小于指定阈值 0.002；在 220 天的监测周期内，不均匀沉降速度为 0.044mm/d，小于 4.5mm/d 的阈值。得出结论：渤海大楼虽然位于基坑附近，但是在监测时间段内并不存在风险。

对渤海大楼的相对形变方向进行分析，时序 InSAR 监测到 B1、B2 号点表现为上升趋势，B3 至 B8 号点表现为下沉趋势。从整体上分析，其西北侧基坑施工，导致靠近基坑的西北角 B6 号点沉降量最大，远离基坑的东南角 B1 号点沉降量出现上升，渤海大楼有向西北侧倾倒的趋势。

2. 局部倾斜参数分析

除整体倾斜外，渤海大楼的监测结果也可应用于分析局部倾斜。考虑到图 6-10(a)所示的不规则建筑物轮廓，本章选择了 4 个简化的墙段进行局部倾斜分析，分别命名为 BH1、BH2、BH3 和 BH4(图 6-18)。

图 6-18　渤海大楼的简化墙段

以墙段 BH1 为例进行局部倾斜分析，在墙段 BH1 两侧记录的沉降分别为-9.2mm 和 0.47mm，墙段 BH1 中点的沉降为-5.04mm，墙段长度为 25m。利用这 4 个测量值，应用式(6-11)计算相对倾角为 0.108，小于渤海大楼 Ⅰ 级损毁等级对应的阈值 0.67。因此，根据监测期间对 BH1 的局部倾斜分析，渤海大楼并不存在风险。对墙段 BH2、BH3 和 BH4 进行了类似的分析，所有相对倾角均小于对应的一级损毁等级阈值。因此，通过开展渤海大楼局部倾斜风险参数分析，该建筑物监测期间为稳定状态。

6.5.2.2 中国大戏院 InSAR 监测应用分析

基于图 6-10(b)中国大戏院监测点位分布、表 6-3 中第 6 列中国大戏院 InSAR 监测数据，对该建筑物从整体倾斜、局部倾斜等两方面开展定性、定量的建筑物 InSAR 监测应用分析。

1. 整体倾斜参数分析

对表 6-3 的中国大戏院 8 个监测点位沉降量值进行最值分析，InSAR 监测到中国大戏院最大沉降为-9.42mm，对应点位为 C1 号点；最小沉降为 0.47mm，对应点位为 C7 号点；两者间距离为 48.0m。对应倾斜因子为 0.0002，小于指定阈值 0.002；在监测周期内，不均匀沉降速度为 0.045mm/d，小于 1.69mm/d 的阈值。因此，中国大戏院虽然位于基坑附近，但是在监测时间段内并不存在风险。

对中国大戏院的相对形变方向进行分析，时序 InSAR 监测到 C7、C8 号点表现为上升趋势，C1 至 C6 号点表现为下沉趋势。从整体上分析，其东北侧基坑的施工，导致靠近基坑的东侧 C1 号点沉降量最大，远离基坑的西北角 C7 号点沉降量出现上升，中国大戏院有向东侧倾倒的趋势。

2. 局部倾斜参数分析

进一步利用中国大戏院的监测结果来开展局部倾斜分析。考虑到图 6-10(b)所示的不规则建筑物轮廓，选择了 2 个简化的墙段进行局部倾斜分析，分别命名为 CT1 和 CT2(图 6-19)。

图 6-19 中国大戏院的简化墙边

以墙段 CT1 为例进行局部倾斜分析。CT1 两侧沉降分别为-8.92mm 和 0.14mm，中点沉降为-0.08mm，墙段的长度和高度为 53.4m 和 16.9m。采用这些值来计算墙段 CT1 的相对倾角和Ⅰ级相应损伤阈值，分别为 0.323 和 3.16，因此在监测周期内，中国大戏院为稳定状态。对墙段 CT2 进行类似的分析，结论具有类似性。因此，通过开展中国大戏院局部倾斜风险参数分析，中国大剧院在监测期间保持安全。

6.5.3　建筑物 InSAR 监测应用适用性评价小结

本小节在建筑物 InSAR 精细监测和已有规范的基础上，从整体倾斜和局部倾斜两方面提出建筑物 InSAR 沉降应用与分析方法后，以渤海大楼、中国大戏院等两栋建筑物为例进行建筑物 InSAR 监测的应用研究，得到两栋建筑物有朝基坑倾倒的趋势且在观测时间内保持健康状态的结论。

6.6　本章小结

(1)为减少 InSAR 监测点识别误差，实现时序 InSAR 技术精细化应用需求，本章在对时序 InSAR 监测点的空间位置误差、高程误差、幅度信息特点进行详细分析的基础上，提出时序 InSAR 精细识别策略：首先，基于时序 InSAR 监测点的空间位置信息和 GIS 数据库来实现基于多源数据的时序 InSAR 初步精细识别；然后，通过分析高程数值信息、高程空间分布特征来实现精细化监测。

(2)以天津市建筑物最密集的和平区为研究对象，利用扩展 SBAS 时序分析技术、时序 InSAR 监测点精细识别策略进行建筑物沉降信息提取，获取某基坑周边的渤海大楼、中国大戏院的监测成果；然后以同步测量的建筑物水准数据为参考，采用回归分析方法、测量误差统计分析方法对其精确性进行评价，得到建筑物 InSAR 测量精度可以接近 1mm 的结论，有效验证了时序 InSAR 监测点识别方法的可靠性。

(3)基于《建筑基坑工程监测技术标准》《建筑变形测量规范》等标准，从整体倾斜和局部倾斜提出定性分析和定量分析相结合的监测成果应用方法。以上述两栋建筑物为例进行分析，得到两栋建筑物有朝基坑倾倒的趋势且在观测时间内保持健康状态的结论。

第 7 章　典型交通网络沉降监测及风险评估

7.1　交通网络沉降监测及风险评估的必要性

随着我国经济发展和城市化进程的加快，以地铁、高速公路、高速铁路为代表的现代化高质量国家综合立体交通网不断完善，为现代化经济体系和社会主义现代化强国建设提供了强有力的支撑。根据截至 2023 年底的最新统计数据，高速公路通车里程为 1.77×10^5km，以地铁为主的城市轨道交通线路运营里程为 10165.7km，中国高速铁路营业里程达到 4.5×10^4km，这三者均稳居世界第一。这些典型交通网络由于行车速度快、高效方便等优势为群众出行提供了便利，但是其建设周期较长，给周边地物的安全造成了一定影响，其运营过程中每年由于各种地质灾害问题需要投入大量的人力、物力对其进行养护(姜乃齐，2021；李勇发等，2021；Zhang et al.，2023)。

作为反映地质灾害隐患稳定性及运动状态最直接的物理量，沉降参数对于监测及分析交通网络安全具有重要意义。传统的水准测量、现场调查等方法在典型交通网络沉降监测及风险评估工作中取得显著成效，但存在“难测全、难测密、难测快、难融合”等难题和自动化、智能化程度低等不足，已然不能满足交通强国建设和提升防灾减灾能力的双重国家战略需求(李勇发等，2021；Macchiarulo et al.，2023)。

本章根据地铁周边城市环境复杂多变、高速公路和高速铁路周边环境相对简单的特点，选择地铁施工影响、高速公路运营、高速铁路运营等典型交通网络沉降风险评估应用场景开展典型交通网络沉降监测，并创建了知识引导下的交通网络施工及运营沉降风险评估服务新模式。

7.2　地铁施工沉降监测及风险评估

7.2.1　地铁施工沉降监测

7.2.1.1　地铁监测实验区域与 SAR 数据集

天津地铁六号线是天津市快速轨道交通网中的南北线，北起南孙庄，南至梅林路，线路总长 41.6km，共设车站 39 座。沿线经过东丽区、河北区、红桥区、南开区、河西区、西青区、津南区 7 个行政区。其中一期工程（南孙庄—南翠屏）全长 26km，施工始于 2011 年 3 月，并已于 2016 年 12 月 31 日开通运营。六号线空间分布如图 7-1 所示。

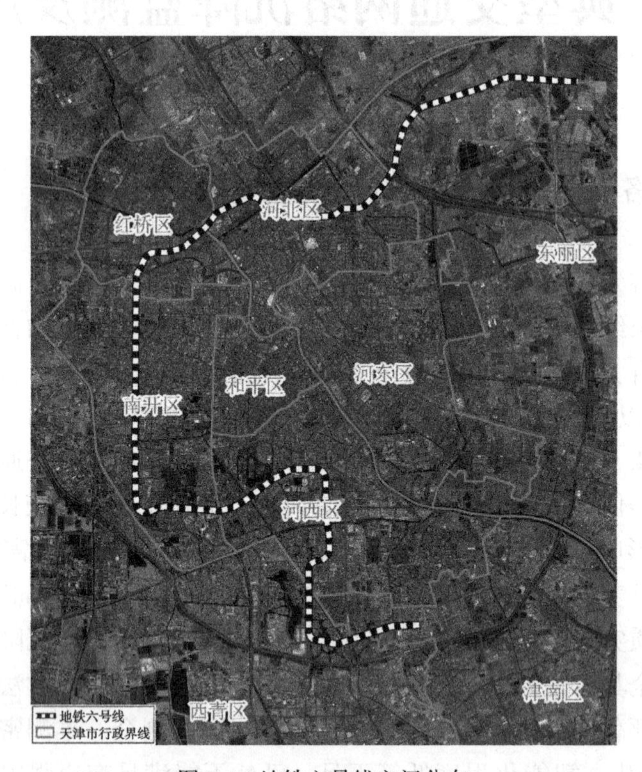

图 7-1　地铁六号线空间分布

覆盖研究区域 SAR 数据参数同第 3 章中的 TerraSAR 数据集一致，数据获取时间为 2014 年 5 月至 2016 年 6 月，共 26 期。

7.2.1.2　天津地铁六号线沿线监测成果

采用扩展 SBAS 时序分析方法对上述 TerraSAR 数据集进行处理，得到研究区沉降速率；然后根据地铁六号线分布范围，提取地铁沿线 200m 范围内的地面沉降速率，如图 7-2 所示。对其在各区范围内的沉降数据进行统计分析，如表 7-1 所示。东丽区范围内沿线的沉降较大，沉降速率高至-38.9mm/yr；西青区和津南区范围内六号线沿线的沉降次之，沉降速率为-29.3mm/yr；其他四区的沉降速率相对较小，为-26～-22mm/yr。

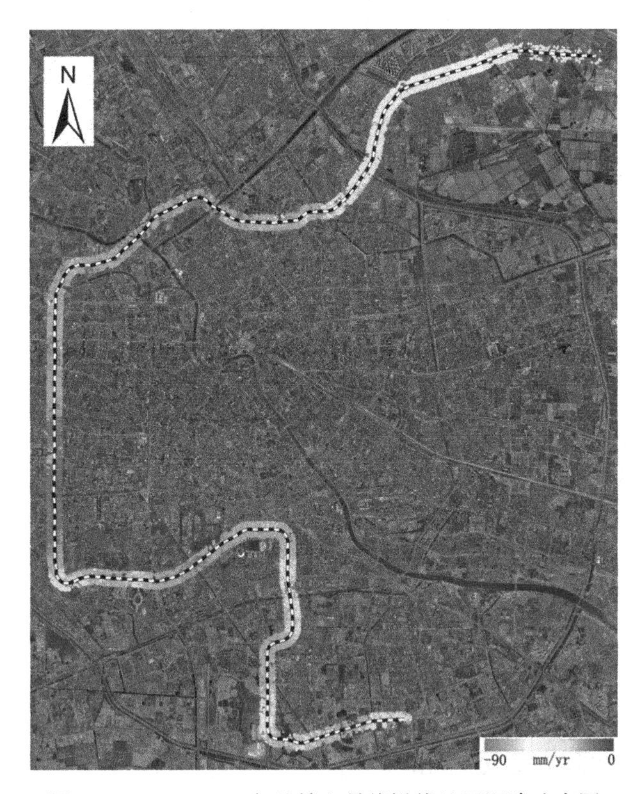

图 7-2 2014—2016 年地铁六号线沿线地面沉降速率图

表 7-1 **各区地铁六号线沿线地表沉降统计表**

序号	各区	长度(km)	平均沉降(mm/yr)
1	东丽区	8.49	-38.8
2	河北区	6.90	-26.0
3	红桥区	3.62	-23.6
4	南开区	9.93	-22.7
5	河西区	8.11	-26.2
6	西青区	3.23	-29.1
7	津南区	2.29	-29.7

对六号线部分区间进行局部放大分析，如图 7-3 所示。第一期工程表现出明显的线性沉降分布，与该地铁线重合，表明地铁工程的建设造成上部地表及周围地物的沉降。

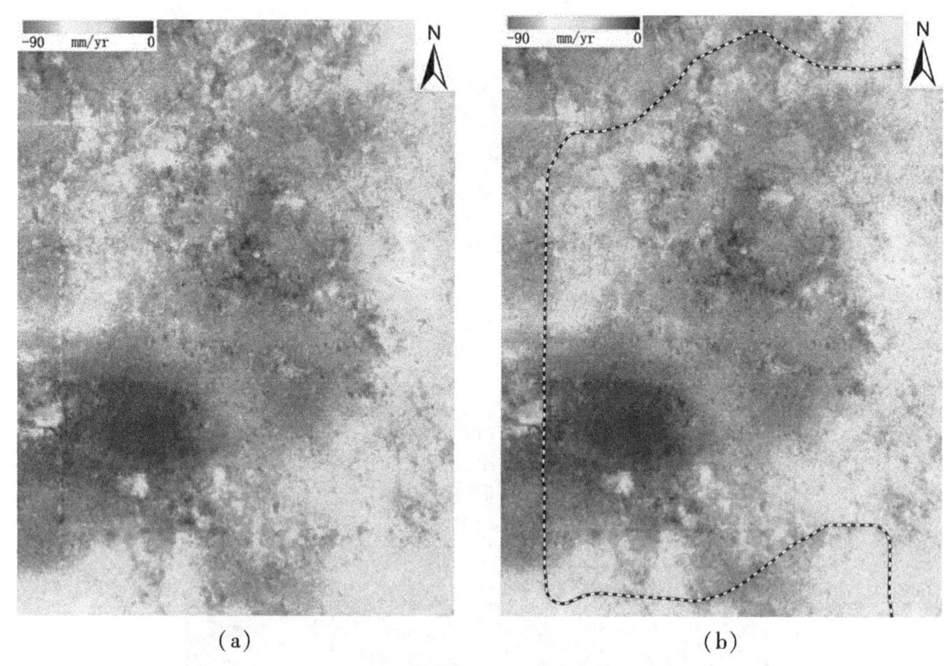

图 7-3 地铁六号线沿线监测局部放大图

7.2.2 地铁车站邻域灾变评估

7.2.2.1 地铁车站邻域灾变评估理论

地铁车站基坑施工对于邻近建筑的影响问题，本质上属于岩土工程中邻近施工对环境影响的问题。从基坑施工的过程来看，一般有 4 个阶段可能对周边地层产生影响；当基坑周边存在建筑物时，则会引起建筑物下方及其附近土层的位移(唐杨等，2018；孙玉辉等，2021)。

(1)围护结构的施工阶段。例如地下连续墙的成槽和护壁、灌注桩的钻孔等活动会引起土体侧向应力的局部释放，引起周边土层和建筑物移动。

(2)基坑开挖前的预降水及开挖中的排水阶段。基坑施工中的降水、排水，可能引起坑外土层渗流和固结、坑内流砂和管涌等，都会引起周边建筑向下沉降。

(3)基坑开挖阶段。坑内开挖在挖土面上产生卸载，在不平衡力作用下，坑底的土体会出现向上隆起的位移，两侧的围护结构会出现水平方向的侧移，都会引起坑外土层和建筑物的位移。

(4)开挖结束以后的阶段。在软土或极软土层中，开挖过程中伴随有土体的固结和流变效应、时空效应，在开挖停止时及其后一段时间不会立即停止，会随着土体继续挤密而逐渐稳定，对周边地层和建筑物仍有一定影响。

国家标准《城市轨道交通工程监测技术规范》(GB 50911—2013)针对土质隧道依据Peck地表沉降计算公式和曲线，划分了三个工程影响分区，即主要影响区(Ⅰ)、次要影响区(Ⅱ)、可能影响区(Ⅲ)。隧道工程影响分区范围如图7-4所示，相应的划分标准如表7-2所示。

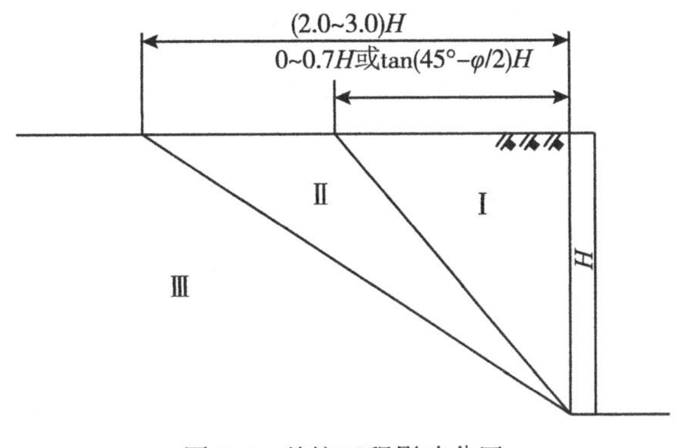

图7-4 基坑工程影响分区

表7-2 **基坑工程影响分区**

序号	基坑工程影响区	区 域 范 围
1	强烈影响区(Ⅰ)	基坑周边0.7H范围内
2	一般影响区(Ⅱ)	基坑周边0.7H~(2.0或3.0)H范围内
3	轻微影响区(Ⅲ)	基坑周边(2.0或3.0)H范围外

7.2.2.2 地铁车站邻域灾变评估应用示范

以天津地铁六号线1个典型车站(命名为6A)为例，根据大范围的时间序列InSAR监测成果，从空间上分析地铁车站施工导致周围目标的沉降整体空间分布特点，精细化确定地铁车站施工的影响范围与程度。

1. 站点6A工程概况

6A地铁站位于红桥区，周围建有多栋多、高层建筑物(图7-5)。其是地铁六号线的一个重要站点，该车站的基坑深度、规模都比较大，基坑施工不可避免地造成周围地层及建筑的沉降。

2. 站点6A周围沉降分布

图7-6所示为6A地铁站点400m×400m范围内2014年5月—2016年5月的累积沉降量。从整体沉降分布来看，站点处地表沉降分布呈现出靠近站点沉降大、远离站点沉降小的趋势；站点两侧的沉降趋势具有相似性，普遍沉降量达到-70~-50mm；但是

图 7-5　6A 地铁站位置图

站点右侧沉降量大于左侧，而左侧沉降范围大于右侧，沉降最大处位于西南出口处，最大累积沉降量达到-70mm。

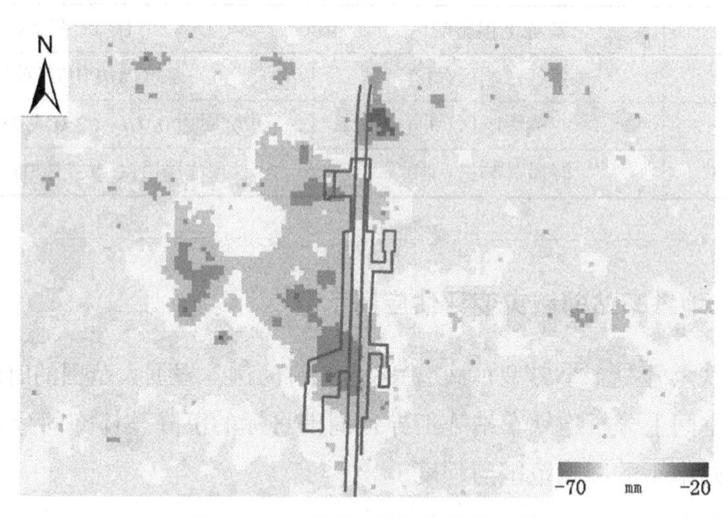

图 7-6　6A 地铁站周围沉降分布图

3. 站点 6A 影响范围分析

如图 7-7(a)所示，分别在 6A 车站设置 7 条横断剖面 p1-p1′、p2-p2′、p3-p3′、p4-p4′、p5-p5′、p6-p6′、p7-p7′，提取车站开挖期间在横向上的地表沉降量。

对剖面 p1-p1′进行分析，该剖面在车站轴线左侧的 60m 处沉降较大，沉降量为-60.3mm；此区间外的沉降曲线基本对称，12mm 的影响范围为 60m。对剖面 p2-p2′进行分析，该剖面在车站轴线左侧的 30m 处沉降较大，沉降量为-65.1mm；此区间外的沉降曲线基本对称，10mm 的影响范围约为 60m。对剖面 p3-p3′进行分析，该剖面在车站轴线左侧的 30m 处沉降较大，沉降量为-58.2mm；此区间外的沉降曲线基本对称，不考虑周边另一个漏斗的影响，10mm 的影响范围约为 60m。对剖面 p4-p4′进行分析，该剖面在车站轴线左侧的 60m 处沉降较大，沉降量为-64.2mm；此区间外的沉降曲线基本对称，10mm 的影响范围约为 70m。对剖面 p5-p5′进行分析，该剖面在车站轴线左侧的 20m 处沉降较大，沉降量为-60.5mm；此区间外的沉降曲线基本对称，10mm 的影响范围约为 60m。对剖面 p6-p6′进行分析，该剖面在车站轴线左侧的 20m 处沉降较大，沉降量为-63.2mm；此区间外的沉降曲线基本对称，20mm 的影响范围约为 80m。对剖面 p7-p7′进行分析，该剖面在车站轴线右侧的 10m 处沉降较大，沉降量为-58.2mm；此区间外的沉降曲线基本对称，20mm 的影响范围约为 70m。

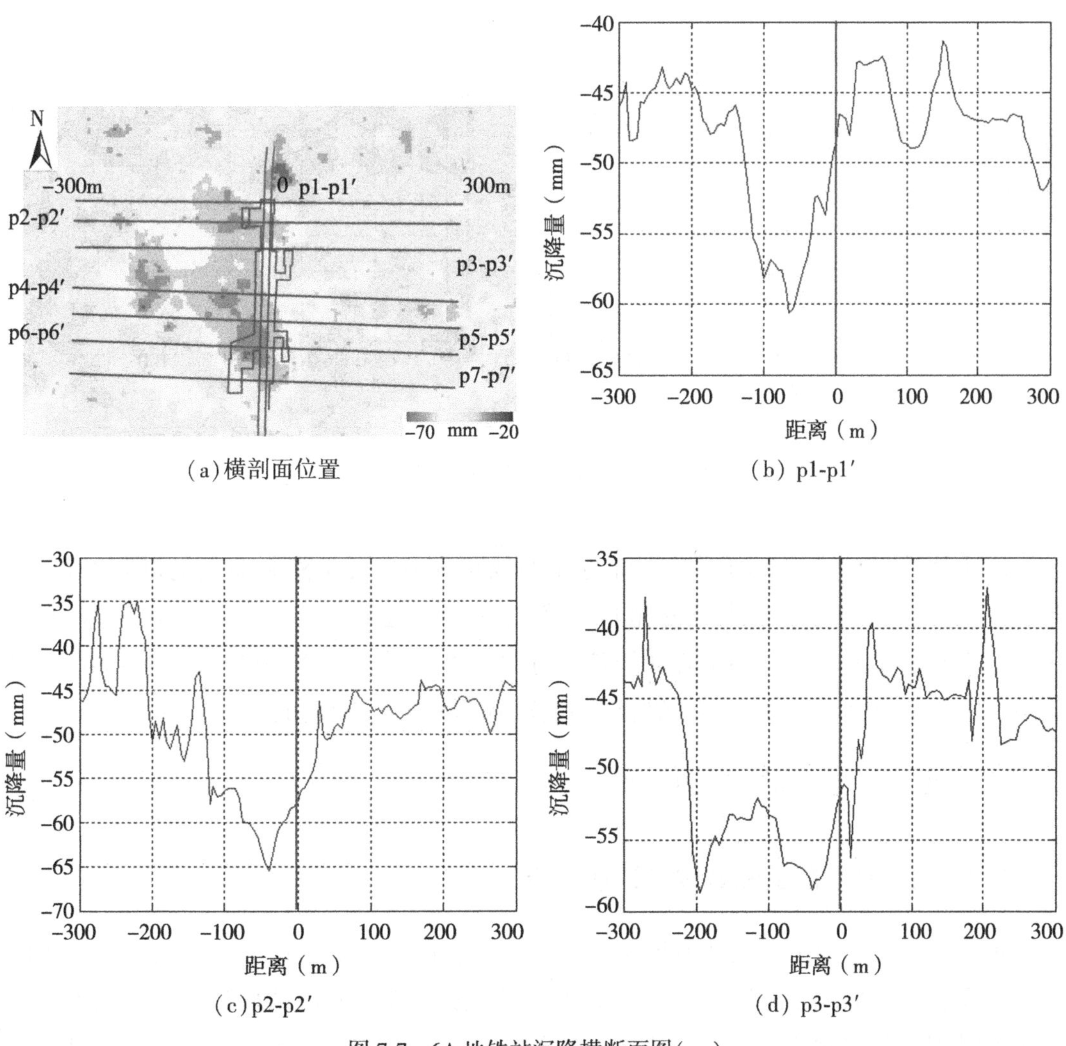

(a)横剖面位置 (b) p1-p1′

(c) p2-p2′ (d) p3-p3′

图 7-7 6A 地铁站沉降横断面图(一)

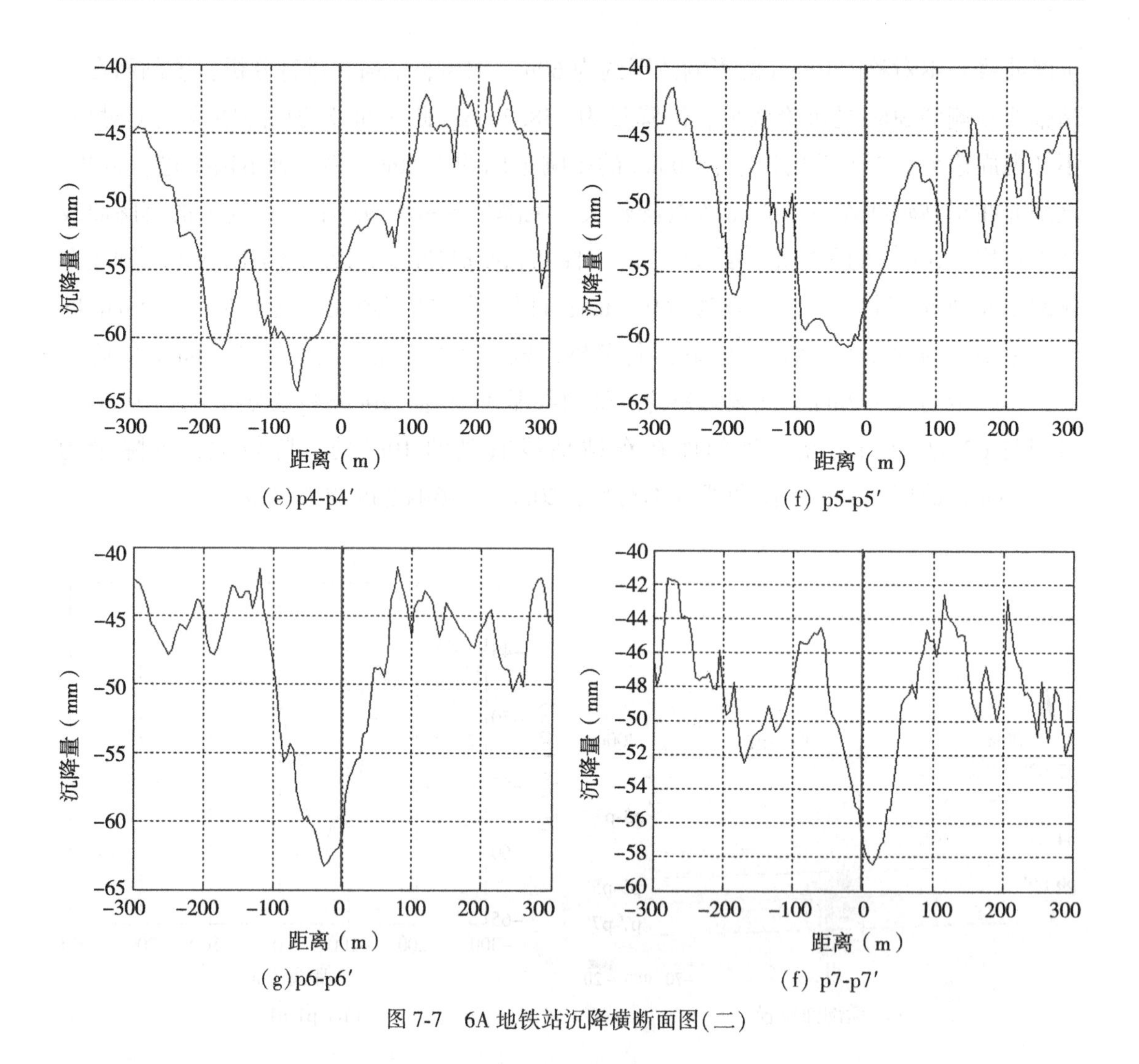

图 7-7　6A 地铁站沉降横断面图(二)

综上所述，对比 7 个剖面的沉降分布曲线可知 6A 站在横断面上的沉降特征为：基坑横向呈现沉降槽，最大沉降量位于车站轴线附近的一定区间范围内，达-65～-58mm；最大沉降区间外的沉降曲线基本对称，10mm 的沉降影响范围为 60～80m，且部分剖面影响量达到 20mm；在沉降槽的墙段有部分地区出现回弹现象。

7.2.3　地铁隧道邻域灾变评估

7.2.3.1　地铁隧道邻域灾变评估理论

城市地铁隧道施工引发邻域地层岩土体、地表产生变形，进而造成灾害。产生的灾变类型、规模取决于隧道的水文地质和工程地质条件、隧道结构特征、隧道施工工法及邻域灾变作用对象等因素。其中，隧道的水文地质与工程地质条件是不可控因素，其他为可控因素(唐杨等，2018；秦晓琼，2019；林珲等，2021；孙玉辉等，2021)。

地铁隧道施工影响域主要是根据隧道施工影响区域范围估计和区域影响程度来划分。国家标准《城市轨道交通工程监测技术规范》(GB 50911—2013)针对土质隧道依据Peck地面沉降计算公式和曲线，划分了三个工程影响分区，即主要影响区(Ⅰ)、次要影响区(Ⅱ)、可能影响区(Ⅲ)。隧道工程影响分区范围如图7-8所示，相应的划分标准如表7-3所示。

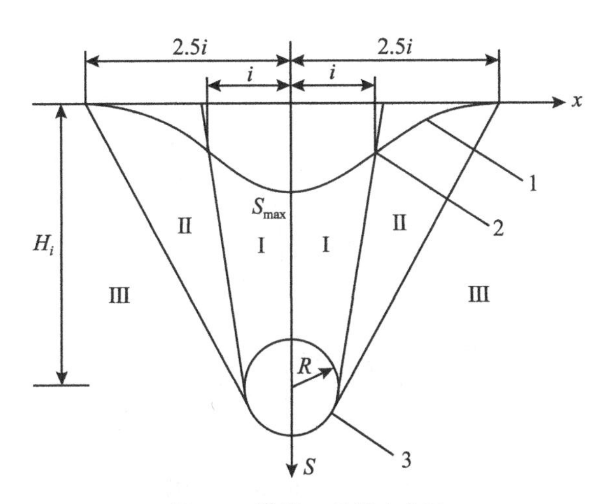

图7-8 隧道工程影响分区

表7-3 **土质隧道工程影响分区**

序号	隧道工程影响区	范　围
1	主要影响区(Ⅰ)	隧道正上方及沉降曲线反弯点范围内
2	次要影响区(Ⅱ)	隧道沉降曲线反弯点至沉降曲线墙段2.5i处
3	可能影响区(Ⅲ)	隧道沉降曲线墙段2.5i外

7.2.3.2 地铁隧道邻域灾变评估应用示范

以天津地铁六号线6E站至6F站区间为例，根据大范围的时间序列InSAR监测成果，从空间上分析地铁隧道施工导致周围目标的沉降整体空间分布特点，精细化确定地铁隧道施工的影响范围与程度。分析方法主要是对地铁线上沉降来分析沿线路走向(纵断面)和垂直于线路走向(横断面)的沉降分布及影响特征。根据地铁六号线线路分布，提取该范围内的累积沉降量并进行插值处理，以此进行比较分析。

1. 6E站至6F站区间工程概况

本段区间起点位于6E，终点位于6F，线路呈南北走向。本区间为双线线路，设计线路起止里程为 DK20+445—DK21+558，线路全长为 1100m，左右线轴线间距为 15. 0m。如图 7-9 所示，沿途建有多栋多层、高层建筑物。本区间采用盾构法施工，从而不可避免地造成周围地层及建筑物沉降。

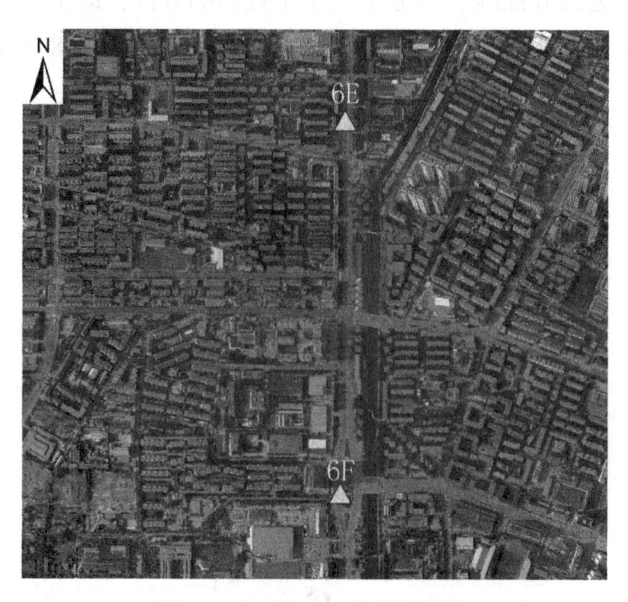

图 7-9　6E 站—6F 站区间地物

2. 6E 站至 6F 站区间线上沉降分布分析

图 7-10 所示为 6E 站至 6F 站区间范围(东西向 1. 9km、南北向 1. 6km)内 2014 年 5 月—2016 年 5 月的累积沉降量。对比图 7-10(a)和图 7-10(b)，可以看出该区间表现出明显的线性沉降分布，且与地铁线存在一定的重合。

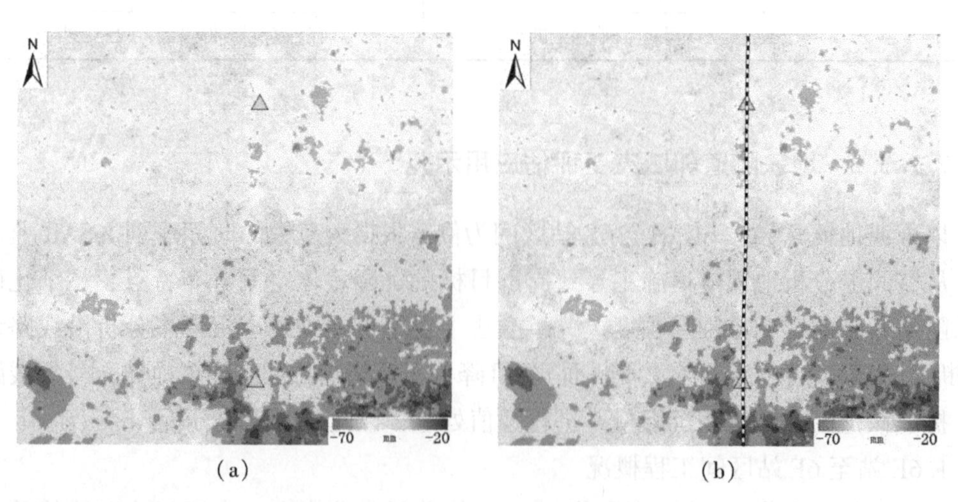

图 7-10　6E 站—6F 站区间地面沉降分布图

该段区间长为1140m，以20m间距等距离采样获取6E站—6F站区间的纵断面地表沉降曲线，如图7-11所示。排除在6E站施工范围内的[0，100m]区间和6F站施工范围内的[1040m，1140m]区间，对[100m，1040m]的纵断面区间进行分析，区间内线上地表沉降普遍达到-55～-45mm，最大达到-58mm。

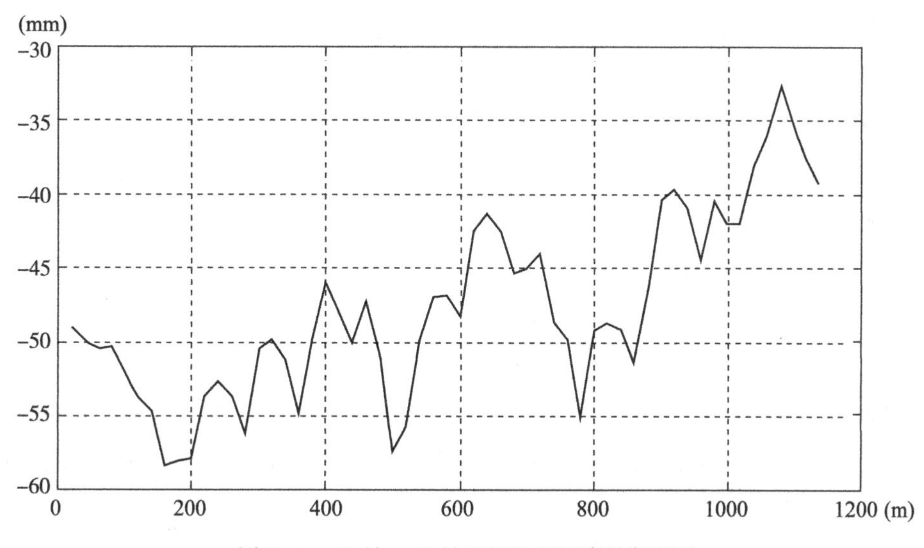

图7-11　6E站—6F站区间地面沉降纵断面图

综上所述，通过纵断面分析可知该区间沉降的空间分布特征如下：沿线路分布明显，沉降位于隧道上方；区间内沉降较为均匀，在监测时段内达到-55～-45mm。

3. 6E站至6F站区间横向沉降分布与影响范围

如图7-12(a)所示，在6E站至6F站的沉降区设置9条横断剖面p1-p1′、p2-p2′、p3-p3′、p4-p4′、p5-p5′、p6-p6′、p7-p7′、p8-p8′、p9-p9′，提取盾构施工对横向上的地表沉降量。将沉降曲线的左右两端沉降值的平均值作为参考值来评估盾构施工的影响范围和程度。

对剖面p1-p1′进行分析，该剖面在车站轴线处左侧10m处沉降较大，沉降量为-59mm，此区间外的沉降曲线基本对称；基于该剖面评估参考量(-53mm)分析，盾构施工的影响范围为70m，最大累计影响沉降量为6mm。

对剖面p2-p2′进行分析，该剖面在车站轴线左侧30m至右侧10m区间内沉降最大，最大累积沉降量为-57mm，此区间外的沉降曲线基本对称；基于该剖面评估参考量(-49mm)分析，盾构施工的影响范围为80m，最大累计影响沉降量为8mm。

对剖面p3-p3′进行分析，该剖面在车站轴线处右侧10m处沉降较大，沉降量为-56mm，此区间外的沉降曲线基本对称；基于该剖面评估参考量(-49mm)分析，盾构施工的影响范围为80m，最大累计影响沉降量为7mm。

对剖面p4-p4′进行分析，该剖面在车站轴线处左侧60m至左侧20m区间沉降最大，沉降量为-59mm，此区间外的沉降曲线基本对称；基于该剖面评估参考量(-45mm)分析，盾构施工的影响范围为100m，最大累计影响沉降量为14mm。

对剖面p5-p5′进行分析，该剖面在车站轴线左侧10m处沉降最大，沉降量为-64mm，此区间外的沉降曲线基本对称；基于该剖面评估参考量(-45mm)分析，盾构施工的影响范围为110m，最大累计影响沉降量为20mm。

对剖面p6-p6′进行分析，该剖面在车站轴线右侧20m处沉降最大，沉降量为-48mm，此区间外的沉降曲线基本对称；基于该剖面评估参考量(-41mm)分析，盾构施工的影响范围为50m，最大累计影响沉降量为7mm。

对剖面p7-p7′进行分析，该剖面在车站轴线处沉降最大，沉降量为-50mm，此区间外的沉降曲线基本对称；基于该剖面评估参考量(-42mm)分析，盾构施工的影响范围为120m，最大累计影响沉降量为8mm。

对剖面p8-p8′进行分析，该剖面在车站轴线处沉降最大，沉降量为-52mm，此区间外的沉降曲线基本对称；基于该剖面评估参考量(-39mm)分析，盾构施工的影响范围为40m，最大累计影响沉降量为13mm。

对剖面p9-p9′进行分析，该剖面在车站轴线左侧10m处沉降最大，沉降量为-45mm，此区间外的沉降曲线基本对称；基于该剖面评估参考量(-35mm)分析，盾构施工的影响范围为160m，最大累计影响沉降量为10mm。

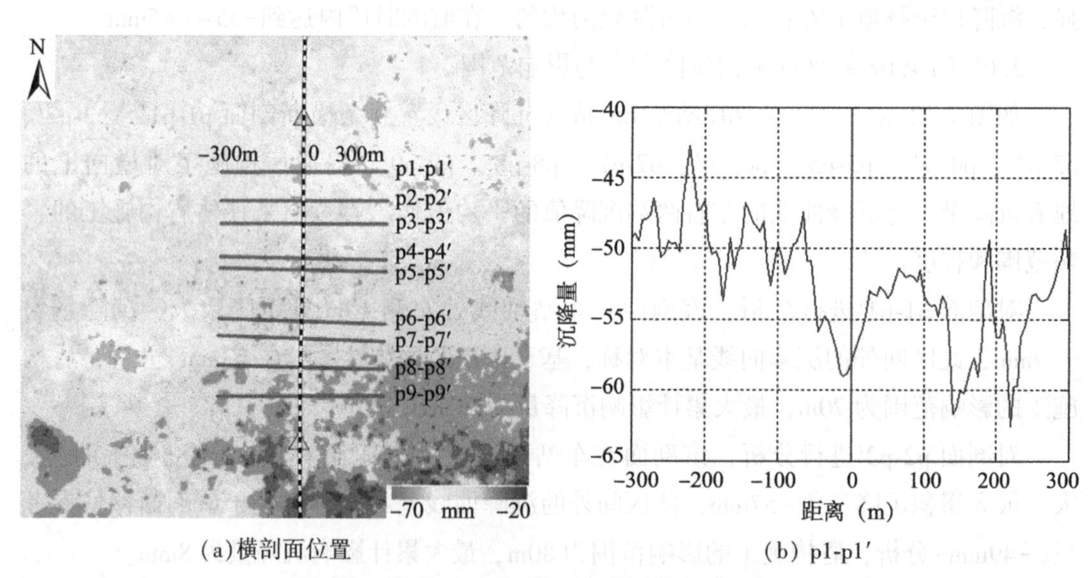

(a)横剖面位置　　(b) p1-p1′

图7-12　6E站—6F站区间地面沉降横断面图(一)

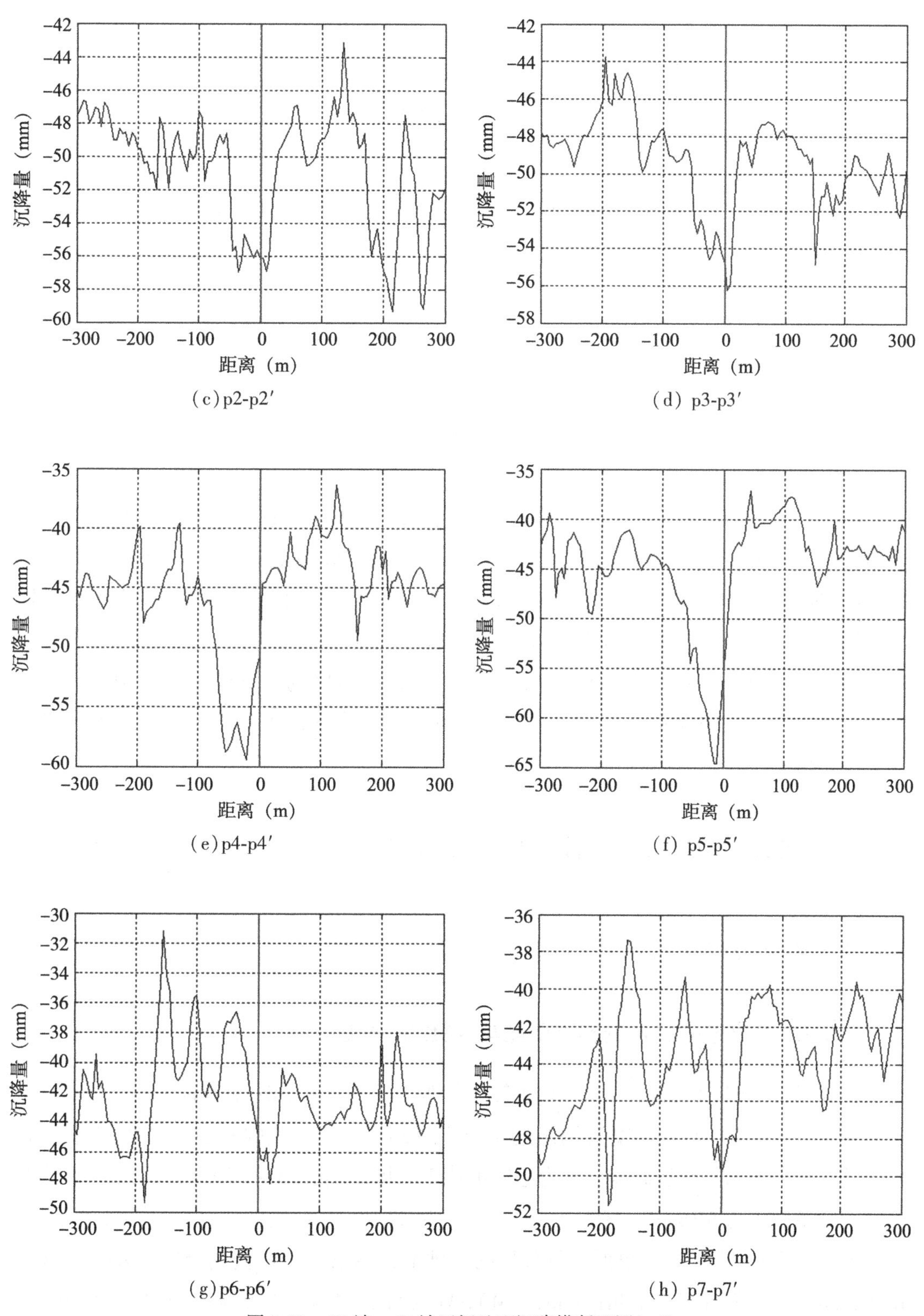

图 7-12　6E 站—6F 站区间地面沉降横断面图(二)

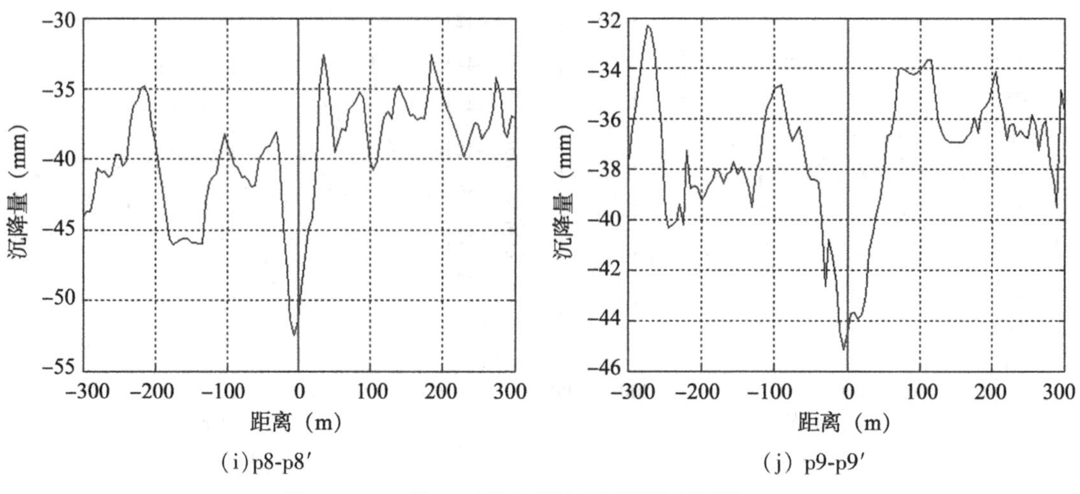

(i) p8-p8′　　(j) p9-p9′

图 7-12　6E 站—6F 站区间地面沉降横断面图(三)

综上所述，对比 9 个剖面的沉降分布曲线可知 6E 站至 6F 站在横断面上的沉降特征为：基坑横向呈现沉降槽，最大沉降量位于车站轴线附近的一定区间范围内，达 -65～-45mm；最大沉降区间外的沉降曲线基本对称，在 2014 年 5 月—2016 年 5 月监测周期内，盾构施工导致的影响范围为 50～160m，最大影响沉降量为 6～20mm。

对比上述特征可知，高分辨率 InSAR 获取的沿线沉降与工程开挖模拟预计得到的结论基本相同，表现在隧道上方的线性分布特征，沉降横向上基本对称、线上沉降槽和沉降两侧的不均匀分布特点。

7.3　高速公路运营沉降监测及风险评估

7.3.1　高速公路运营沉降监测

7.3.1.1　高速公路监测实验区域与 SAR 数据集

本次实验研究区位于天津市的东部平原地区，中心地理坐标约为 38°08′N、117°34′E。作为京津冀地区交通网络的重要组成部分，该区域内有多条高速公路经过，本书选择南北走向的秦滨高速公路为应用示范来开展高速公路灾害早期识别工作。实验区涉及陆域面积为 530km^2，秦滨高速公路全长为 47.7km，其空间分布如图 7-13 所示。

在对实验区存档 SAR 数据进行分析的基础上，本书实验数据选择加拿大的 C 波段 RadarSat-2 卫星条带模式(StripMap，SM)SAR 影像，数据格式为单视复数据(Single Look Complex，SLC)，1 景 SAR 影像即可以覆盖实验区。SAR 数据集共包含有 28 景，

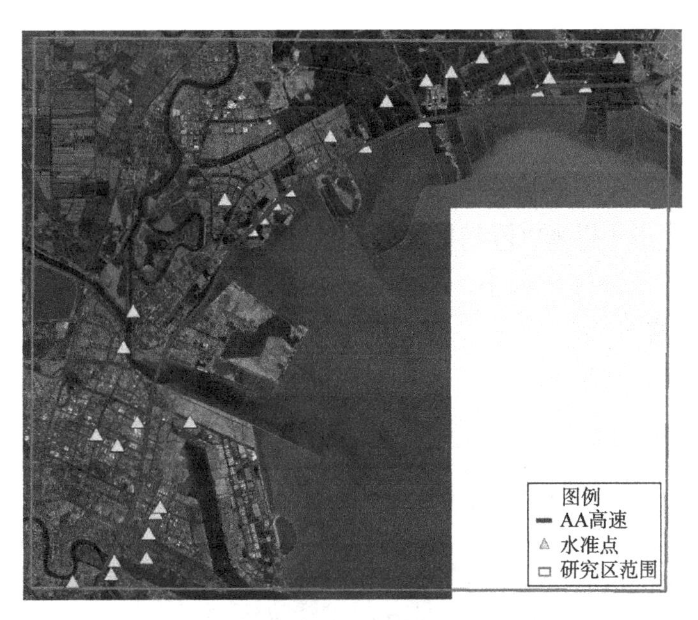

图 7-13 实验区位置及高速公路分布、水准点分布图

时间跨度为 2019 年 1 月至 2020 年 12 月，雷达入射角约为 25.3°。28 景 SAR 影像的时间、空间基线相对于第一景影像(2019-01-22)的分布如图 7-14 所示，时间基线的跨度为[0d, 696d]，空间基线的跨度为[0m, 702m]。本书选择 30m 分辨率的 SRTM DEM 数据来去除地形相位；采用精密轨道数据来消除轨道误差影响，以保证数据处理时基线估计的准确性。

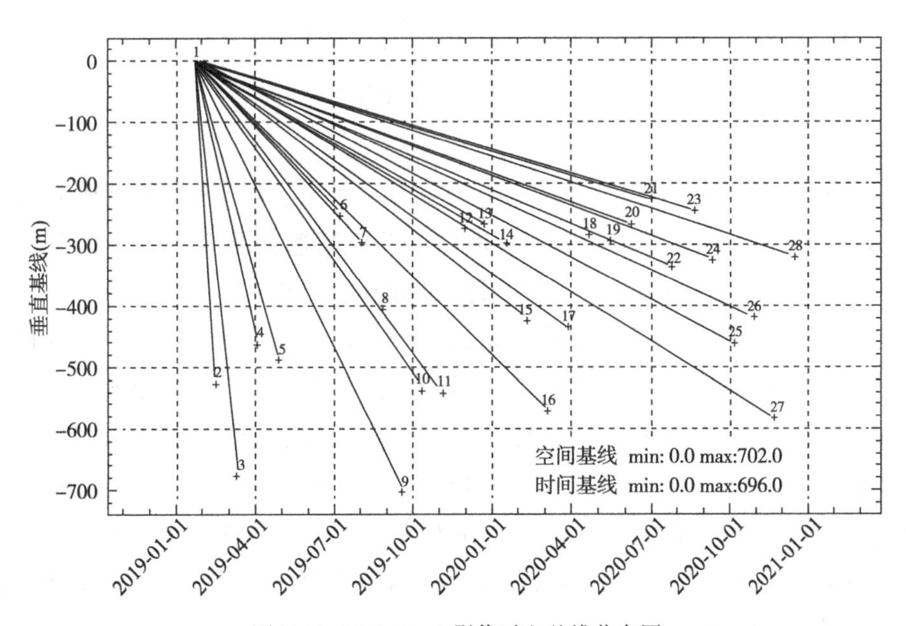

图 7-14 RadarSat-2 影像时空基线分布图

7.3.1.2　高速公路沿线监测成果

采用第 3 章的扩展 SBAS 时序分析方法对实验区的 28 景 RadarSat-2 数据进行时序 InSAR 处理，得到实验区 2019 年 1 月至 2020 年 12 月的平均沉降速率结果，如图 7-15 所示，参考点选在多年以来沉降较稳定的区域。不同目标沉降速率的大小以不同的亮度表示，蓝色代表沉降速率较小，红色代表沉降速率较大。研究区内，计算得到 PS 点 270000 个，平均约 510 个/km^2。整个研究区呈现不均匀沉降的格局，其中东北部沉降最大，西南部沉降则相对较小。

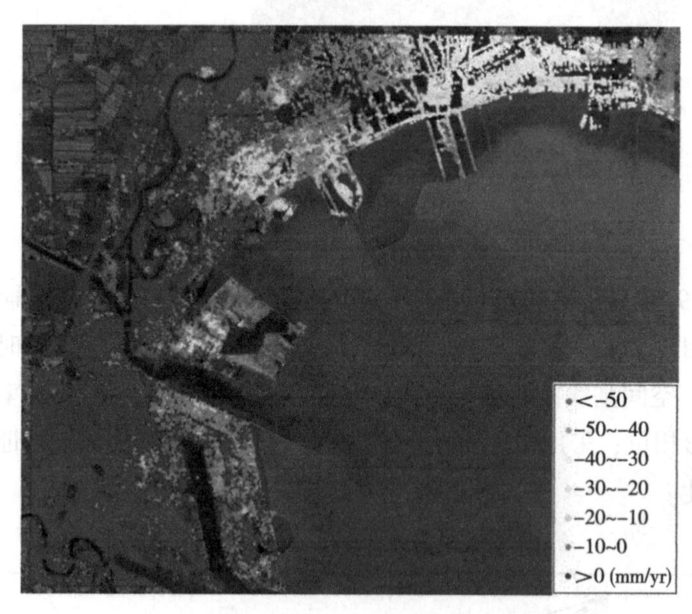

图 7-15　实验区 2019 年至 2020 年平均沉降速率

考虑到城市地物覆盖类型复杂多样，空间变异性大，将 PS 点关联到对应地物是时序 InSAR 技术应用的重要方向之一。但以往关于高速公路 InSAR 监测分析的研究中，受限于分辨率等因素的影响，通常根据线路中心位置选择一定距离缓冲区来提取缓冲区范围内的高相干点及沉降信息，以其来代表高速公路的沉降信息，往往不能真实反映高速公路的真实变形情况。针对此局限性，本书提取方法如第 6 章建筑物点提取方法类似，充分利用 PS 点的三维地理信息和高速公路 GIS 数据库来开展高速公路 InSAR 监测成果的提取工作。首先在考虑 PS 点在东西向和南北向的地理编码误差基础上，利用 PS 点的空间位置信息和高速公路 GIS 数据库来实现基于多源数据的 InSAR 监测点初步精细识别工作；然后考虑到城市环境复杂性，利用 PS 点的高度信息进行滤波处理来提高识别率。

采用上述方法对实验区的秦滨高速公路监测点进行提取，共有 PS 点 1750 个，除涉及的跨河处点较少外，道路沿线均存在监测点，线路平均监测点密度为 41 个/km，其线性沉降速率空间分布如图 7-16 所示。结合图 7-16 的高速公路沉降速率信息和图 7-15所示的区域地面沉降信息，选择 2 个横断面来开展本书方法和传统方法的差异分析。横断面 1 沉降区间为[-56mm/yr，-37mm/yr]，差异沉降达到 19mm/yr；结合实地调查结果可知，公路北部区域为工厂和建筑物较集中的镇，沉降相对较大；南部为大面积的水域，沉降相对较小；本书方法和传统方法的沉降速率差异为 6mm/yr。横断面 2 沉降区间为[-3mm/yr，-25mm/yr]，差异沉降达到 22mm/yr；结合实地调查结果可知，公路西侧区域为大面积空地，沉降相对较小；东侧为在建工地，沉降相对较大；本书方法和传统方法的沉降速率差异为 8mm/yr。分析结果表明，传统方法未考虑局部区域的地面沉降差异性直接进行统计处理，在周边扰动因素较大的情况下极容易引入误差。后续高速公路分析将基于本书方法提取的高速公路 InSAR 成果来分析。

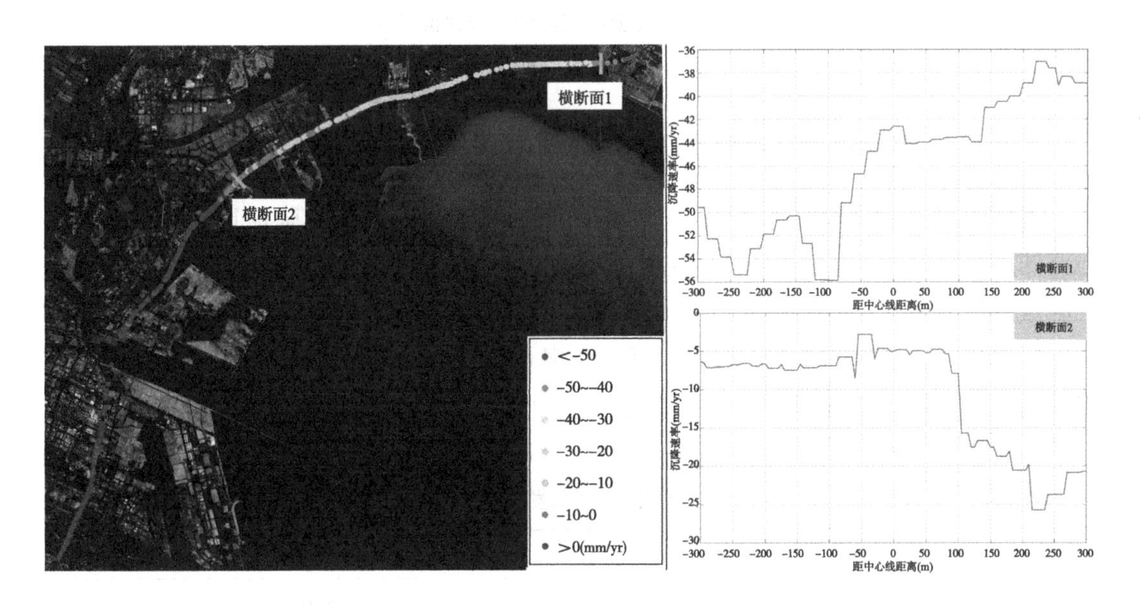

图 7-16 秦滨高速公路 InSAR 监测的平均沉降速率及典型横断面结果

7.3.2 高速公路运营沉降风险评估指标与方法

7.3.2.1 高速公路运营沉降风险预警评价指标

基于可持续发展分析理论，采用“自上而下”顶层设计方法来综合筛选高速公路运营沉降风险预警评价指标。根据《公路沥青路面养护技术规范》等国家及行业规范和相关学者提出的路基外部健康指标，路基不均沉降的增大会对基层附加应力、基层刚度产生较大影响，需要重点关注(刘圣洁，2012；张文刚，2012；熊鹏等，2020；姜乃齐，2021；李勇发等，2021)。此外，当路基出现拉应力的时候高速公路容易出现被破坏的情况，且其影响程度与路基沉降量紧密相关(刘圣洁，2012；张文刚，2012)。因此，本书依托上述高密度、高精度的高速公路沉降监测数据，选择路基沉降量、路面平整度这两个指标来开展高速公路灾害早期识别分析与评价工作。如图7-17所示。

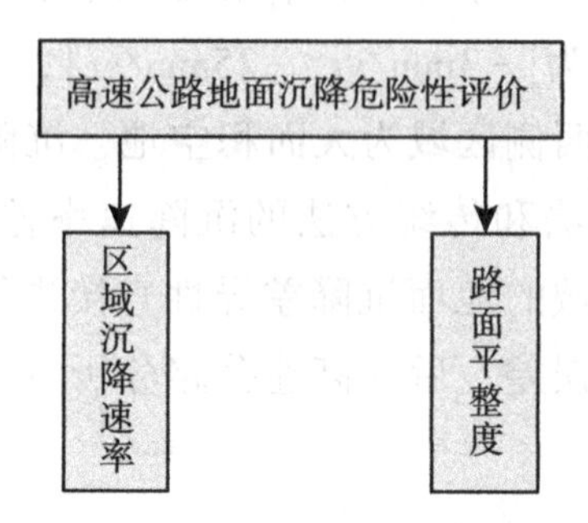

图7-17 高速公路沉降的综合评价指标

7.3.2.2 基于路基沉降量的沉降分级现状评估方法

采用本书方法获取的公路InSAR监测成果为高速公路地表沉降信息。其作为高速公路的路基沉降量的主要指标，可以较好地应用于路基外部灾害识别。目前关于路基沉降量分级指标的研究相对较少，本书参考《地质灾害危险性评估规范》(GB/T 40112—2021)，选择表7-4所示的地面沉降现状发育程度分级标准来开展基于路基沉降量的灾害早期识别分析与评价工作(张新伟等，2023；王楚等，2024)。

表7-4 **地面沉降现状发育程度**

发育程度	平均沉降速率(mm/yr)
弱	≤10
中等	>10~<30
强	≥30

7.3.2.3 基于路面平整度指标的高速公路风险点识别准则

路面平整度是直接影响行车稳定性和舒适性的关键因素，不良的路面平整度影响行车安全，降低行车舒适性，增大行车噪声污染，加速结构层破坏等。在路面平整度状况同等的情况下，行驶速度越快，颠簸越大。因此，高速公路的路面平整度对行车速度、行车安全、行车的舒适性和车辆及其零部件的寿命都有直接影响。同时路面平整度最能体现高速公路的整体质量，即一条高速公路质量的好坏，集中体现在路面平整度上。

参照我国《公路沥青路面养护技术规范》(JTG 5142—2019)对平整度的养护质量标准，在沉降开始观测前路面平整度为0的假设下，基于沉降观测来计算高速公路路面平整度指标的公式如式(7-1)所示，其值应小于0.47%(赵岩，2011；刘冰等，2018)。

$$i = \frac{d_s}{s} \tag{7-1}$$

式中，i 为公路路面平整度指标；d_s 为差异沉降量；s 为距离。

7.3.3 高速公路运营沉降风险评估实验

7.3.3.1 基于路基沉降量的秦滨高速风险评估

为进一步分析秦滨高速公路沉降情况，沿高速公路方向制作累积沉降量纵向剖面图，如图7-18所示。基于这些监测点的沉降信息来开展秦滨高速公路的地面沉降空间分布特征分析。秦滨高速公路从2019年至2020年的平均累积沉降量为18mm；沿线呈现不均匀沉降特征，高速公路的南部沉降相对较小，越往北部则表现出沉降越大的趋势，最大累积沉降量为-115.9mm。

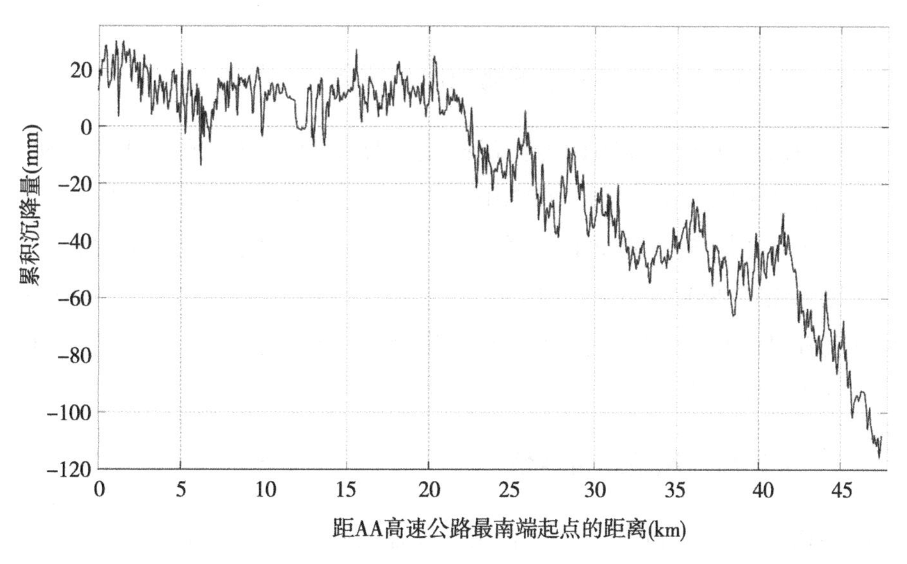

图7-18 秦滨高速公路累积沉降量纵断面图

采用上述方法对秦滨高速公路的灾害情况进行分析。依据路基沉降量得到秦滨高速公路的沉降现状发育程度，如图 7-19 所示。其中发育程度为弱的线路约占 56.9%，长 27.1km，主要分布在秦滨高速公路南段和中部偏北路段；发育程度为中等的线路约占 31.7%，长 15.12km，主要分布在秦滨高速公路北段；发育程度为强的线路约占 11.4%，长 5.44km，主要分布在秦滨高速公路最北段。沉降较大处对应的拉应力较大，更易出现破损，因此对于发育程度为强的区段应该重点予以关注。

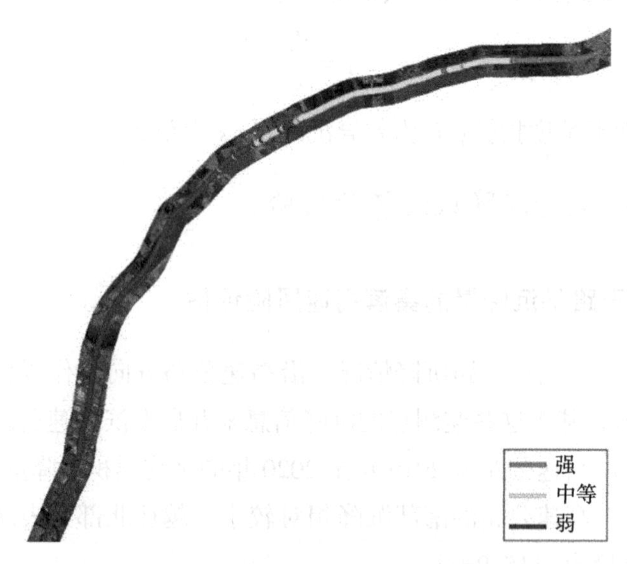

图 7-19　秦滨高速路基沉降现状发育分级图

7.3.3.2　基于路面平整度的秦滨高速风险评估

通过计算秦滨高速公路纵断面方向沉降量差异及距离的比值得到其路面平整度，如图 7-20 所示。从图中可以看出，在 2019 年至 2020 年期间，秦滨高速公路平整度在[0，0.048%]区间范围内，路面平整度指标均小于 0.47%的阈值，不存在受损路段。考虑到该高速公路在 2008 年左右建设完成，在类比本书监测与分析数据的情况下，多年来的持续沉降已经超过或即将接近 0.47%的阈值，可能造成部分路段的受损，需要对路面平整度较大路段进行重点关注。

7.3.3.3　秦滨高速风险综合评估

结合图 7-18、图 7-19 和图 7-20 进行秦滨高速公路灾害的综合分析。秦滨高速公路在距离最南端的[0，15km]范围，地面沉降发育程度为弱；局部区域不均匀沉降相对较大，路面平整度在全线范围内相对最大，其最大值为 0.048%，且存在多处超过

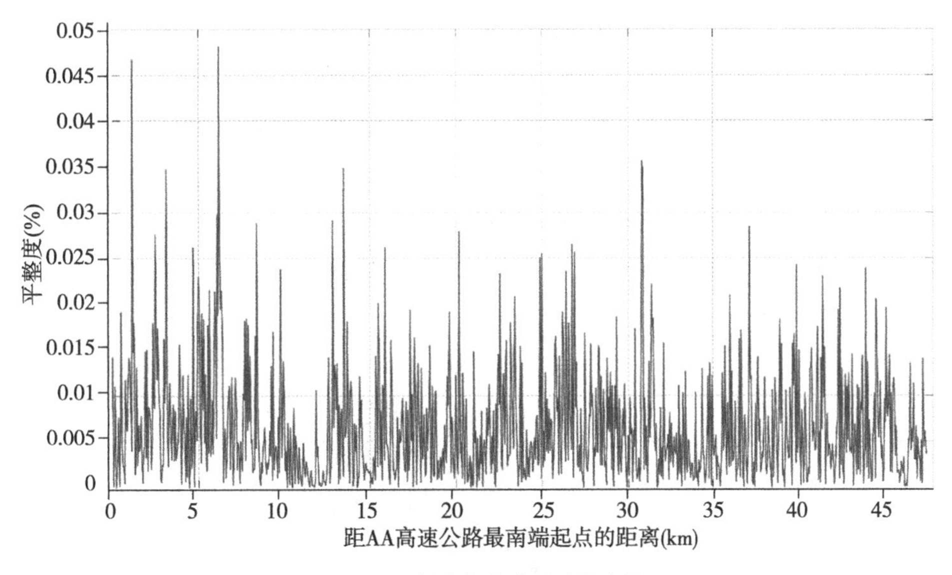

图 7-20 秦滨高速路面平整度图

0.03%的区域；对于这些局部不均匀沉降较大的区域应重点予以关注。[15km，30km]范围内，地面沉降发育程度为中等；局部范围内不均匀沉降相对较小，路面平整度较小，最大值为0.028%。[30km，42km]范围内，大部分地面沉降发育程度为中等；局部范围内不均匀沉降相对较小，路面平整度较小，存在1处超过0.03%的区域。[42km，48km]范围内，地面沉降发育程度为强；局部范围内不均匀沉降相对较小，路面平整度较小，最大值为0.024%；对于该段应该重点进行监测。

相对于传统路面监测方法，利用时序InSAR技术可以实现高速公路灾害快速、方便地识别，可以大大减少耗费的人力物力，提高工作效率。因此，InSAR技术在高速公路灾害早期识别中具有良好的应用前景。

7.4 高速铁路运营沉降监测及风险评估

7.4.1 高速铁路运营沉降监测

7.4.1.1 高速铁路监测实验区域与SAR数据集

京津城际铁路是一条连接北京市与天津市的城际铁路，是中国《中长期铁路网规划》中环渤海地区城际轨道交通网的重要组成部分，是中国大陆第一条高标准、设计时速为350km的高速铁路，也是《中长期铁路网规划》中第一个开通运营的城际客运系统。京津城际铁路于 2005 年 7 月正式动工，于 2008 年 8 月正式开通运营，于 2015 年 9 月开通运营延伸线工程，总长约 166km。

为了查明区域性地面沉降的现状规律、发展趋势及对京津城际铁路的影响，本项目选取天津段为主、兼顾部分北京段的京津城际铁路作为实验区域(图 7-21)，评估区域地面沉降对线路稳定性造成的影响，为运营期线路的安全性评价提供基础。实验范围内京津城际铁路线路长为 128.4km。实验数据主要为加拿大的 RadarSat-2 数据，数据获取时间为 2018 年 10 月至 2020 年 10 月，共有 30 期。数据参数如表 7-5 所示。覆盖范围如图 7-21 矩形所示。

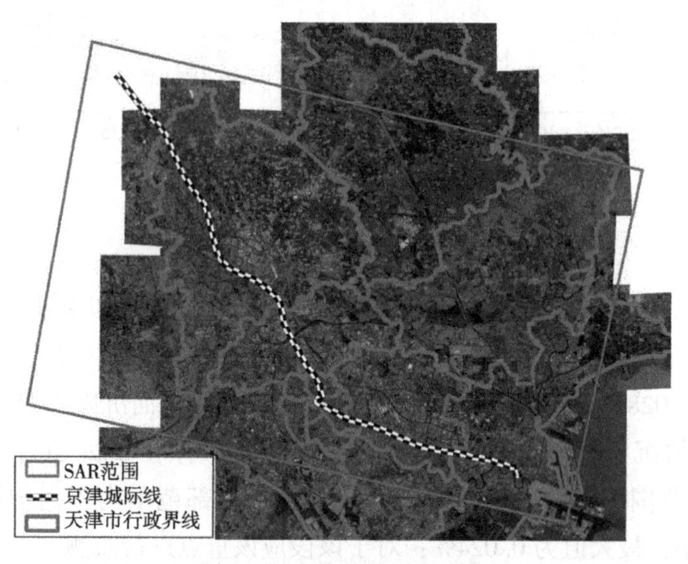

图 7-21　京津城际监测区域

表 7-5　**RadarSat-2 数据集的影像参数**

数据参数	RadarSat-2	数据参数	RadarSat-2
波长	C(~5.6cm)	分辨率	5m
入射角	25.3°	影像数	30
成像几何	降轨	覆盖范围	100km×100km
成像模式	条带式		

7.4.1.2　高速铁路沿线监测成果

为了较直观地反映铁路沿线的地面沉降，沿着京津城际高铁两侧各 3km 的范围为缓冲区，绘制了该沿线区域地面相干点的年平均沉降速率图，监测点地面沉降速率大小以不同颜色分别表示，如图 7-22 所示。

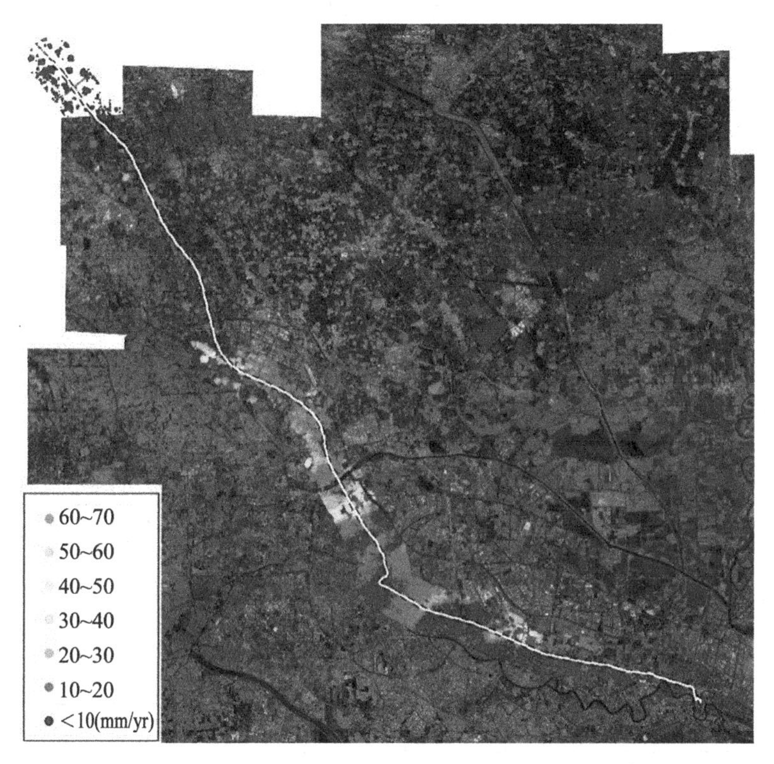

图 7-22 京津沿线区段缓冲区内相干点平均沉降速率图

从图中可以看出，沿线两侧各 3km 的范围内均有程度不同的小范围沉降，沉降速率最大的地区位于天津西北方向的北辰区，沉降速率绝对值达到 62mm/yr；其次是天津的东丽区，沉降速率绝对值达到 52mm/yr。在永乐至武清区段中间地段范围及天津市区、滨海新区核心区，沉降速率较小，基本保持稳定。

7.4.2 高速铁路运营沉降风险预警评价指标

7.4.2.1 高速铁路运营沉降风险预警评价指标

基于可持续发展分析理论，依据《地质灾害危险性评估规范》(GB/T 40112—2021)、《高速铁路设计规范(2024 年局部修订)》(TB 10621—2014)等国家及行业规范，结合区域、轨道等典型目标地物的特点，采用“自上而下”顶层设计方法综合筛选出区域沉降速率、线路坡度变化、线路平顺性等高速铁路的地面沉降风险预警评价指标(师红云，2013；张向营，2018；王栋等，2019；游洪等，2021)，如图 7-23 所示。

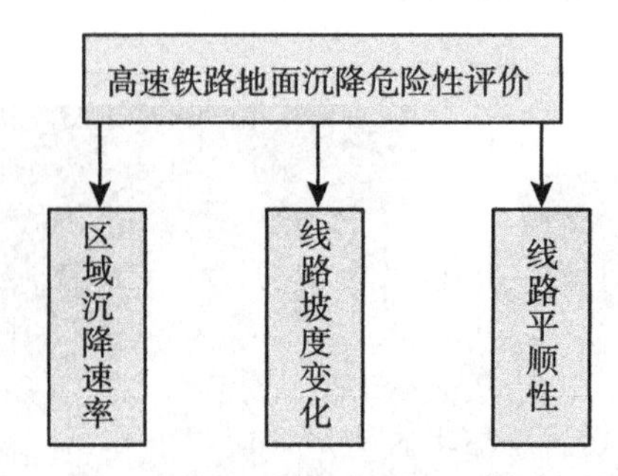

图 7-23　高速铁路沉降的综合评价指标

7.4.2.2　基于区域沉降速率的沉降分级评估方法

区域地面沉降速率是指每年的地面沉降量。根据全国地面沉降防治规划，综合考虑各地区地面沉降防治目标(边超，2021)，并参考《地质灾害危险性评估规范》，确定指标分级标准，如表 7-6 所示。

表 7-6　区域地面沉降速率分级

等级	区域地面沉降速率(mm/yr)
Ⅰ级(轻微)	<10
Ⅱ级(较轻微)	[10，30]
Ⅲ级(较严重)	[30，50]
Ⅳ级(严重)	[50，80]
Ⅴ级(极严重)	>80

7.4.2.3　基于高铁线路坡度变化的风险评估

区域不均匀沉降会导致高铁线路坡度产生变化，对高铁线路平顺性产生影响。区域性不均匀地面沉降对高速铁路坡度的改变若在工程技术标准限制坡度 20‰之内，则在安全范围内。高速铁路建设是百年工程，因此年坡度变化定在 0.2‰以内。地面沉降坡度变化计算方法如下：

$$i = \frac{\Delta h}{L} = \frac{n \cdot (a_2 - a_1)}{L} \tag{7-2}$$

式中，Δh 为地面两点间沉降差；n 为沉降年限；a_1 和 a_2 为两点沉降速率；L 为地面两点直线距离。

7.4.2.4　基于高铁线路平顺性的风险评估

《新建时速 300~500km 客运专线铁路设计暂行规定》(铁建设〔2007〕147 号)中规定，对于列车运行速度达到 300km/h 及以上的线路，路基在无碴轨道铺设完成后的工后沉降不应超过扣件允许调整量 15mm。沉降比较均匀且调整轨面高程后竖曲线半径应能够满足式(4-2)的要求时，允许的最大工后沉降量为 30mm；路基与桥梁及横向结构物交界处的差异沉降不应大于 5mm，过渡段沉降造成的路基与桥梁的折角不应大于 1/1000。

$$R_{sh} \geqslant 0.4V_{sj}^2 \tag{7-3}$$

式中，R_{sh} 为轨面圆顺的竖曲线半径；V_{sj} 为铁路设计的最高速度。

7.4.3　高速铁路运营沉降风险评估实验

7.4.3.1　基于区域沉降速率的京津城际铁路风险评估

由于相干点为点状的数据结果，为了更全面地了解沿线两侧范围内的面状沉降特征，根据各相干点沉降速率内插出线路两侧缓冲带内的沉降速率栅格数据。插值方法采用克里金(Kriging)内插算法，该方法是通过一组具有 Z 值的分散点生成估计表面的高级地统计过程，在土壤科学和地质领域被广泛应用。图中的沉降速率大小以不同颜色分别表示，如图 7-24 所示。

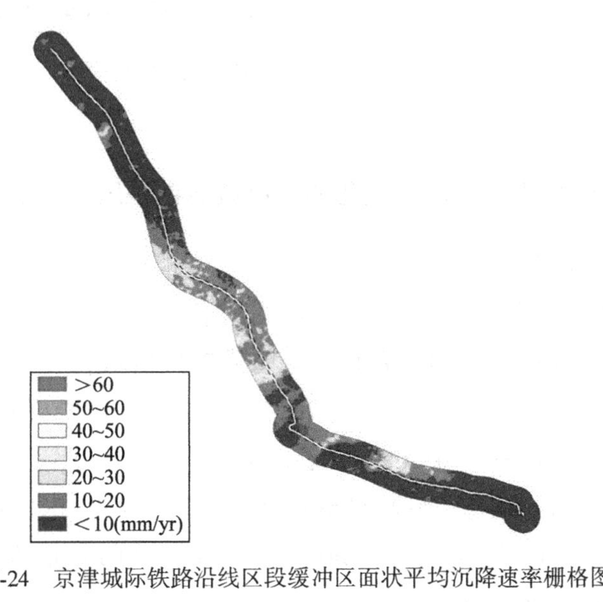

图 7-24　京津城际铁路沿线区段缓冲区面状平均沉降速率栅格图

依据表 7-6 中的区域地面沉降速率分级指标对图 7-24 中京津城际铁路沿线区域的危险性进行评价，如图 7-25 所示。线路所在区域沉降均小于 50mm，对应等级为Ⅰ级(轻微)、Ⅱ级(较轻微)、Ⅲ级(较严重)，无Ⅳ级(严重)、Ⅴ级(极严重)。其中位于Ⅰ级(轻微)区间的线路占比较大，长约 77. 8km，主要分布在武清站及北部；位于Ⅱ级(较轻微)区间的线路占比次之，长约 47. 8km，主要分布在武清站到天津站之间及东丽军粮城段附近；位于Ⅲ级(较严重)区间的线路占比最小，长约 2. 9km，主要分布在武清站及天津站附近。

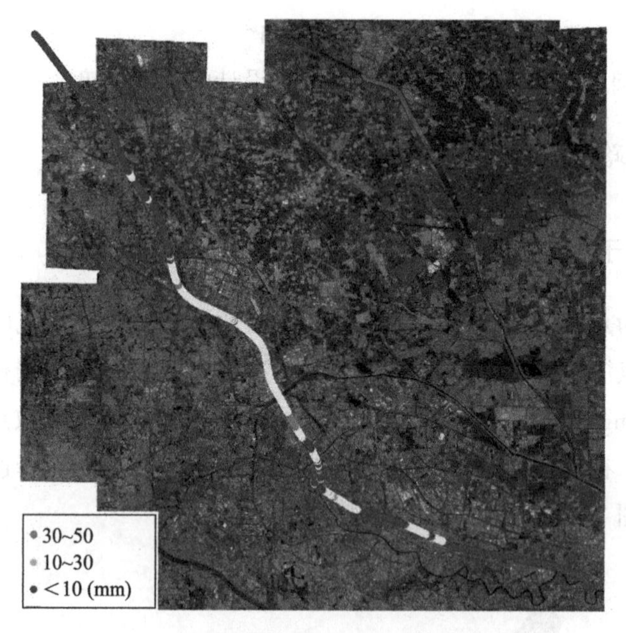

图 7-25　京津城际铁路沿线地面沉降分级图

7. 4. 3. 2　基于高铁线路坡度变化的京津城际铁路风险评估

1. 纵向沉降特征分析

为了分析线路沿线方向区域沉降对线路的影响，通过相干点及内插点的沉降速率值形成线路纵断面方向的沉降速率剖面图，如图 7-26 所示。从图中可以看出，在 2018 年 10 月至 2020 年 10 月期间，实验区间 DK75+400—DK80+400 的区段正好穿过沉降漏斗处，其中 DK75＋600—DK76＋050 位于沉降漏斗的中心，沉降速率绝对值达到 40mm/yr，与周围缓冲带内的沉降趋势相对应。而在里程为 DK103+500、DK121+700、DK131+600，也出现了三个较小的沉降漏斗，线上该两处最大沉降速率分别达到 36mm/yr、26mm/yr、25mm/yr。

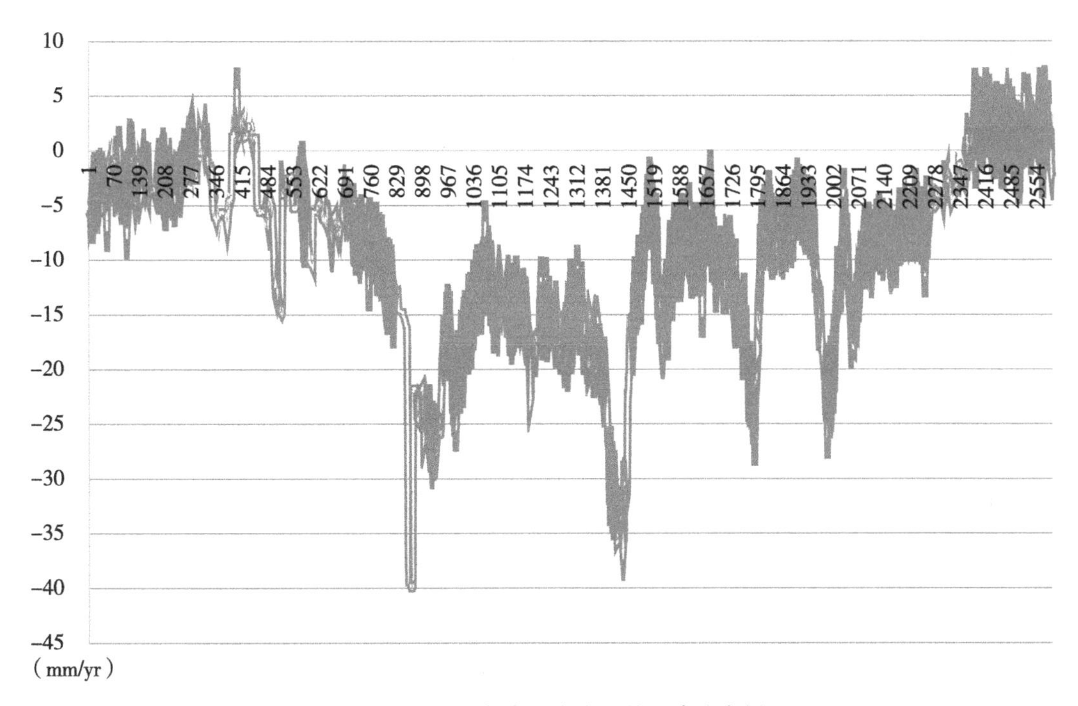

图 7-26 京津线区段纵断面方向平均沉降速率剖面图

由于线路的坡度对线路方向上相邻点间沉降的变化量较敏感，相对于沉降量的绝对值而言，沉降量差异(也称为不均匀沉降)对线路的影响更大(沈科，2010)。因此，为了显示不均匀性沉降对线路的影响，通过计算线路纵断面方向沉降量差异及距离的比值得到其曲率值，绘制了沿线沉降变化率曲线，如图 7-27 所示。从图中可以看出，在 2018 年 10 月至 2020 年 10 月期间，实验区间内曲率最大值为 19.6mm/km，位于 DK104+200m 处。其余较大曲率还发生在 DK75+650m、DK121+700m 处，曲率为 17.8mm/km、18.6mm/km。

通过对比图 7-26 及图 7-27 可以看出，曲率较大处相对应的地区通常对应着沉降速率较大的沉降漏斗中心地段，说明采用曲率值来反映线路沉降的结果是比较客观和合理的。此外，由于曲率值代表的是单位距离内沉降量的差异值，其大小和沉降量的大小并不是完全一一对应的，说明不能单纯从沉降量的大小判定其对线路的影响程度。

2. 横向沉降特征分析

一般情况下，对线路上的沉降趋势分析多是沿着线路前进的方向进行。但实际情况下，高铁沿线两侧的差异沉降对线性工程本身的影响同样不容忽视，并且这种影响会随着线路的弧度增大而增大。而由于 InSAR 监测结果是区域性的面状地表沉降结果，它也可以揭示沉降量在垂直于线路方向上(横向或法向)的影响。因此，需增加垂

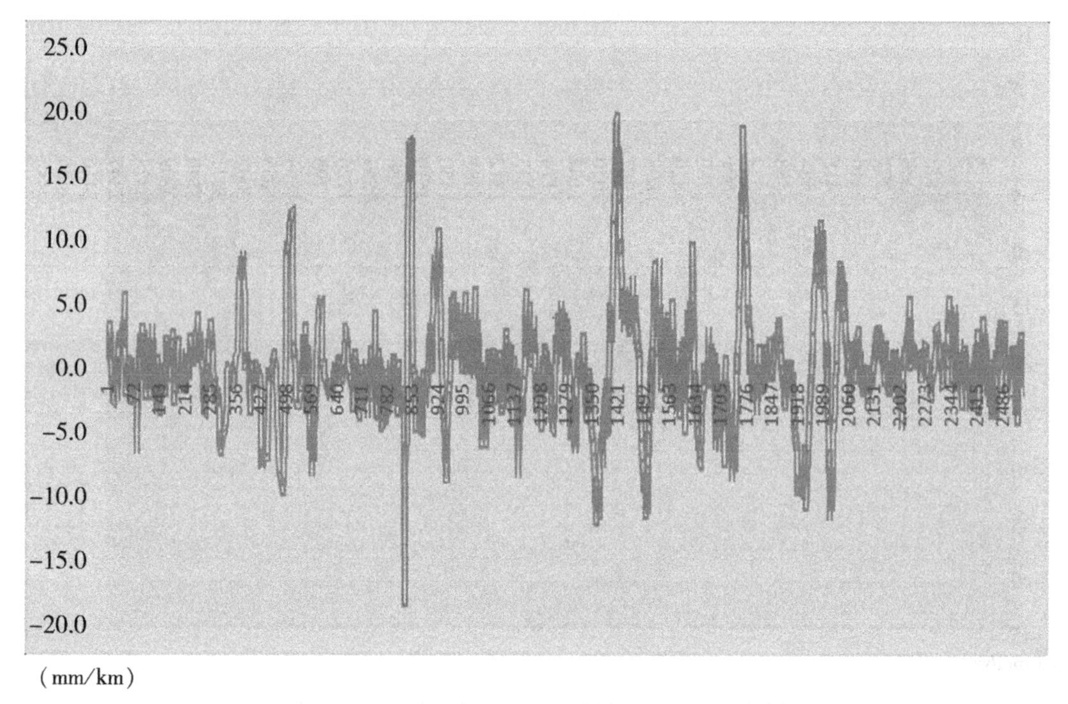

图 7-27　京津沿线区段沉降坡度图

直于线路方向(横向或法向)上的沉降曲线变化分析(师红云，2013)。

在图 7-24 上选取了 A、B、C 四个典型断面，各断面和线路的交点(表示为 p1、p2 和 p3)里程分别位于 DK76+50、DK103+50 和 DK135+50 处，如图 7-28 所示。从而得到三个横向断面的沉降剖面图，如图 7-29 至图 7-31 所示。图中横坐标表示该断面方向各点距起始端(各断面最左端)的距离(km)，3km 处约为该方向同线路的交点 p1—p3；纵坐标表示各采样点的年平均沉降速率(mm/yr)。

图 7-29 断面的结果显示，在线路 3km 处即 p1 点的年平均沉降量为 40mm，其与两端最大沉降量差异为 2mm/200m；图 7-30 断面上 p2 点的年平均沉降量为 31mm，其与两端最大沉降量差异为 0. 8mm/200m，两侧附近沉降差异较小；图 7-31 断面上 p3 点的年平均沉降量为 15mm，其与两端最大沉降量差异为 5mm/200m。

可以看出，虽然 p2 在横向的曲率相对较小，但在纵向的曲率较大；因此，应从横向和纵向两个方向综合考虑地面沉降对线路的影响。p1 点处虽横向两侧沉降差异不太大，但两侧的差异方向相反，且向两侧范围连续增加，发展下去容易对线路有影响。p3 处横向两侧沉降差异较大，且两侧方向相反，对于此类地段需重点监控。

由于我国现有的标准或规范规定的高速铁路路基的工后差异性沉降变形允许值，是针对路基的值，而且为沿线方向，并未规定横向方向一定范围内的地面沉降差异允

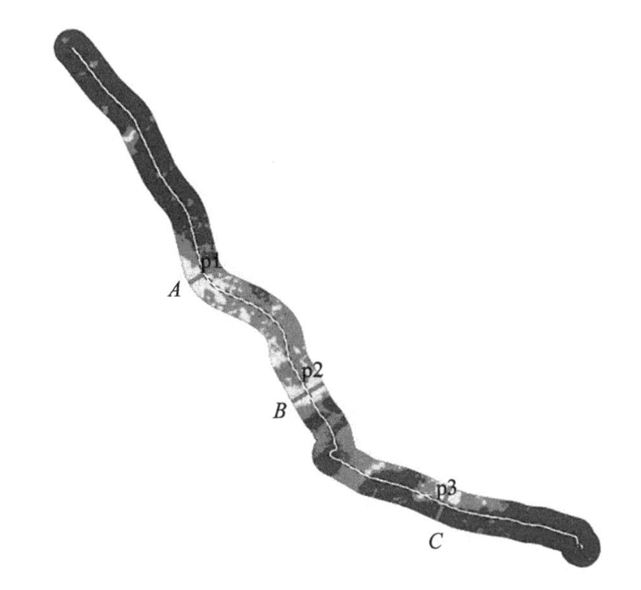

图 7-28 京津城际铁路横断面分布图

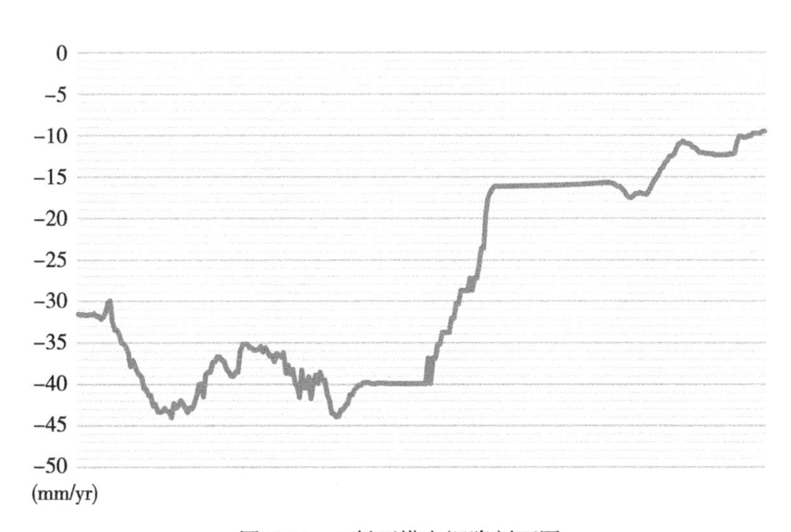

图 7-29 *A* 断面横向沉降剖面图

许值。因此，针对上述横向方向曲率变化较大的断面处，可以参考纵向的规范要求，定性判断其对线路可能造成的影响。一般地，可以从沿线缓冲带区域观察线路横断面方向上的沉降量变化，如图 7-28 中的 *B*、*C* 断面处，均通过不同地面沉降较严重的地区，尤其是 *B* 断面处通过该地区最大的沉降漏斗，对于此种路段应密切关注此附近沉降差异对线路所造成的影响。另外，线路两侧的差异沉降对线性工程本身的影响会随着线路的弧度增大而增大，应重点对大曲率弧段的变形进行评定。

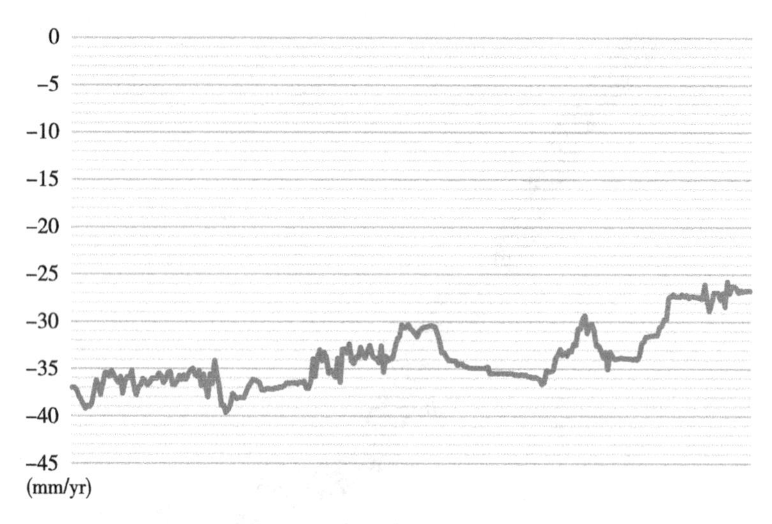

图 7-30　*B* 断面横向沉降剖面图

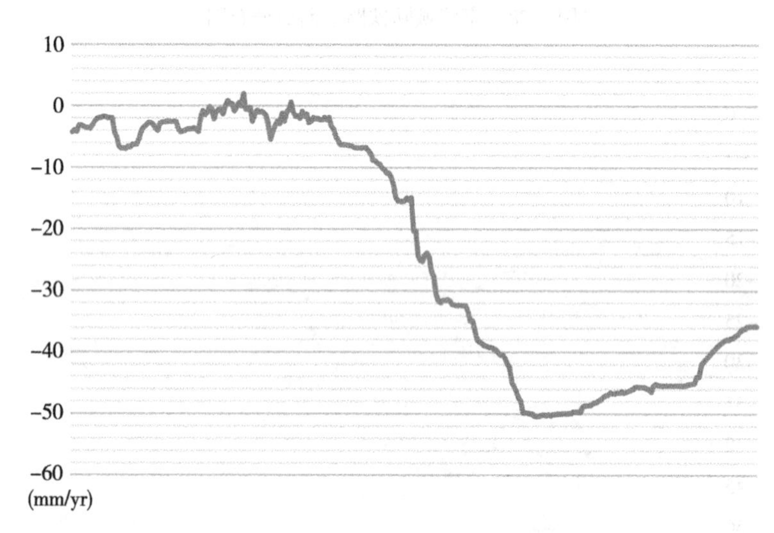

图 7-31　*C* 断面横向沉降剖面图

3. 综合评估分析

京津高速铁路中引用德国博格板式无碴轨道施工技术，要求轨道结构在列车荷载长期动力作用下保持高平顺性。该沿线区域的沉降变形必将对线路的稳定性造成不利影响，并直接影响无碴轨道的使用寿命及列车运行中的安全性。InSAR 技术瞬时、面状的沉降结果为定期获得沿线区域沉降变形提供了便利。利用该技术可以及时、准确地对沿线区域的沉降变形进行监测，综合评估区域沉降变形对线路的影响程度，并据此划分影响等级(沈科，2010；师红云，2013)。

由以上分析可知，相较于地基差异沉降对线下工程及轨道的影响而言，大面积的地面沉降尤其是均匀沉降对线路本体的影响要小得多。但由于线路区域相邻点间的差异性沉降具有时间累积性，随着时间的推移，该数据最终会影响建筑物的稳定性，从而对线路的安全运行带来隐患。为描述沿线各区段受地面沉降影响的程度，在沉降数据的基础上，选取线路纵向的年差异性沉降量为主要指标，综合考虑线路纵向的年沉降量及线路横向两侧的沉降趋势对线路进行综合评估，对线路各区段划分影响等级。

京津城际铁路从2008年逐渐投入运营，2015年延伸性工程开通运营，沉降速率逐年保持稳定。以2018年10月—2020年10月计算的年差异性沉降量（即沉降曲率）数据为标准，作为稳定状态下的数据指标。将京津高铁天津段进行分级，如图7-32所示。图中该区段共分为3个等级。

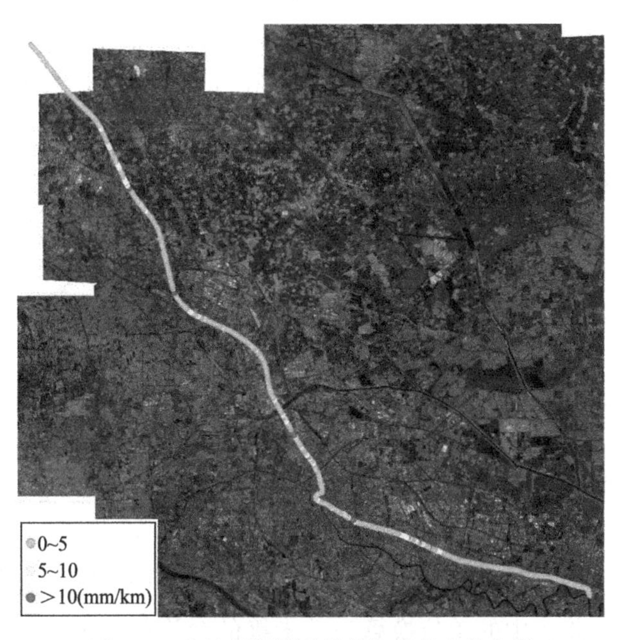

图7-32　京津城际铁路沿线沉降曲率分布图

沉降曲率大于10mm/km时，标记为红色区段，表示局部不均匀沉降相对严重的地区。在里程DK75+700及里程DK79+850处，出现局部地区相对较大的差异性沉降，为10.7～15.1mm/km。该处位于天津杨村，是地面沉降较严重的地区。在里程DK103+800—DK104+700间出现连续的沉降曲率较大的区段，穿过天津北辰区的沉降漏斗处，沉降速率及沉降曲率较大。另外，相对较大的差异性沉降位于里程DK121+750、DK134+100处，为10～14mm/km。在上述区段，建议在线路两侧及桥梁各处增设监测点，重点加强结构物及轨道的地面监测工作。

沉降曲率在 5~10mm/km 时，标记为黄色区段，表示局部不均匀沉降发展相对稳定、需进一步观察其发展趋势的地区。如里程 DK54+800、DK101+150、DK130 附近等处。该类区段应适当关注其发展趋势，以免进一步发展。

沉降曲率小于 5mm/km 时，标记为绿色区段，表示该地区多为大面积均匀沉降，对线路本体影响较小，地面沉降相对稳定的地区。如从永乐站至武清车站的大面积区段，天津城区的大部分地区、军粮城站至于家堡站的大面积区段。

为了保障高速铁路的正常运行，有必要对差异性沉降量较大的地区(图 7-12 中的红色及黄色区域)的沉降原因进行分析并加以控制。

7.4.3.3　基于高铁线路平顺性的京津城际铁路风险评估

根据京津城际铁路地面沉降监测结果可知，在沉降区内的累积沉降量均远大于所要求的工后沉降最大限值 15mm。地面沉降大多数为大面积沉降，整体上的均匀沉降对路基及桥梁的稳定性不会造成太大的影响。不均匀性沉降将导致地面波状起伏，是对线路影响较大的因素，在局部沉降漏斗区段，重点分析差异性地面沉降对轨道平顺性的影响程度(师红云，2013)。

根据式(7-2)，对于列车运营速度为 350km/h 的线路，其最小沉降曲率半径为 49000m，相对应的差异性沉降限值应满足表 7-7 的要求。

表 7-7　　差异性沉降限值

沉降点距离(m)	10	20	30	40	50	110
最大允许沉降差(mm)	0.5	2	5	8	13	60

将各处沉降速率(差异性沉降量)的实际值和表 7-7 中的限值进行比较，为了同沉降速率的单位统一，将表中的单位换算为千米级的允许值，可得最严格条件下的限值为 50mm/km(0.5mm/10m)。该区段内两点间差异性沉降最大的为 19.7mm/km(沉降漏斗处)，仍远远小于其最大允许值。

7.5　本章小结

根据地铁周边城市环境复杂多变、高速公路和高速铁路周边环境相对简单的特点，选择地铁施工影响、高速公路运营、高速铁路运营等典型交通网络沉降风险评估应用场景对上述研究内容的适用性进行了系统测试。

首先，基于地铁施工的工程特点，从地铁车站施工影响、隧道施工影响两个方面开展了地铁施工影响范围的理论研究；以天津市地铁六号线某站点为例，分别从整体、横断面分析等方面开展地铁施工影响范围和特征研究；以地铁六号线某区间为例，从整体、纵断面分析、横断面分析等方面开展隧道施工的影响范围和特征研究，从而得到地铁施工影响规律。其次，综合筛选出路基沉降量、路面平整度等高速公路运营沉降风险评估指标，提出了基于路基沉降量的沉降分级现状评估方法，完善了基于路面平整度指标的风险点识别准则，实现了高速公路运营沉降风险点宏观识别；通过以天津市秦滨高速为例，识别出多处存在沉降隐患的路段。最后，构建了由线路坡度变化、线路平顺性等组成的高铁运营沉降风险评价指标体系，综合考虑线路纵向差异沉降、横向两侧沉降趋势来进行高铁线路坡度变化评估，重点分析了差异性地表沉降对高铁轨道平顺性的影响程度；以京津城际铁路为例，识别出武清、北辰等多处需要重点关注的路段，并提出相应的建议。

第8章 区域地面沉降监测及机理分析

8.1 区域地面沉降监测及机理分析的必要性

地面沉降具有生成缓慢、持续时间长、影响范围广、成因机制复杂和防治难度大等特点，是一种对资源利用、环境保护、经济发展、城市建设和人民生活构成威胁的地质灾害，其发展过程是不可逆的，一旦形成便难以恢复。地面沉降是我国乃至世界范围较普遍的地质灾害，对社会经济的可持续发展影响巨大。主要危害体现在以下几方面：原有低平地势进一步降低，生态质量下降；建筑物基础下沉，地下管道受损；河网水位抬升，通航能力降低；河道输水能力降低，洪涝灾害加剧；地面水准点、地面高程资料失效，防洪调度决策失去依据；农业渍害加剧，水侵田现象频发(王寒梅，2013；高俊杰，2017)。

学术界十分重视地面沉降问题的研究。国际水文计划、联合国教科文组织等国际性组织均设有地面沉降相关的工作小组。目前地面沉降的监测方法一般采用重复精密水准测量、GNSS 测量、InSAR 等方法中的一种或多种；不少学者对地面沉降的发生机制进行研究，识别出了多种引起地面沉降的自然、人文方面的驱动因子。这些都为地面沉降综合防治提供了良好的基础(张扬，2019；朱琳等，2023)。

近年来，随着区域地下水压采力度逐渐增大，地面沉降出现如下新的特点：①地面沉降诱发因素由单一要素向多要素变化。沉降诱因由以往的地下水超采主导变化为地下水超采、城市建设等多要素叠加，且表现出不同区域、不同要素影响程度不一致的特点。②地面沉降空间格局由大型沉降中心为主向大型和小型沉降中心并存变化。由于地面沉降诱因发生重大变化，由此引发的沉降也逐渐显现出新变化，表现为大型沉降漏斗面积与小型沉降漏斗不断并存且不断变化的特点。③地面沉降管理措施由粗放式管理向精细化管理变化。但是随着地面沉降诱因变化、科技进步和国家精细化管理要求，需要管理者采取针对性的地面沉降防治措施，实现地面沉降的精细化管理(王寒梅，2013；狄胜同，2020；朱琳等，2023)。

因此，在地面沉降的新形势和新特点下，常规地面沉降研究中的监测数据不精细、多尺度机理工作开展少等问题凸显，在地面沉降综合防控方面存在巨大挑战，急需引入新技术、新理念，创新研究模式和应用范式，提高城市抵御地面沉降灾害的综合防范能力。

为此，本章以区域地面沉降综合防控为目标，开展“天—地—井”监测体系构建，攻关了地面沉降灾害中的融合监测、精准机理方法，解决了“隐患在哪里”“为什么发生”的地面沉降灾害防治难题，为保障“统筹安全与发展”“京津冀地面沉降”等国家重大任务提供重要技术支撑与科学依据。

8.2　区域地面沉降监测

8.2.1　区域地面沉降立体监测体系构建

8.2.1.1　区域地面沉降立体监测体系构建方法

基于区域地面沉降的特点，采用霍尔三维结构模型来建立地面沉降多维立体监测体系，如图 8-1 所示。其组成要素包括监测对象、监测方法和监测结果(Wu et al., 2020；顾燕，2013；麻源源等，2019；徐廷云等，2023)。

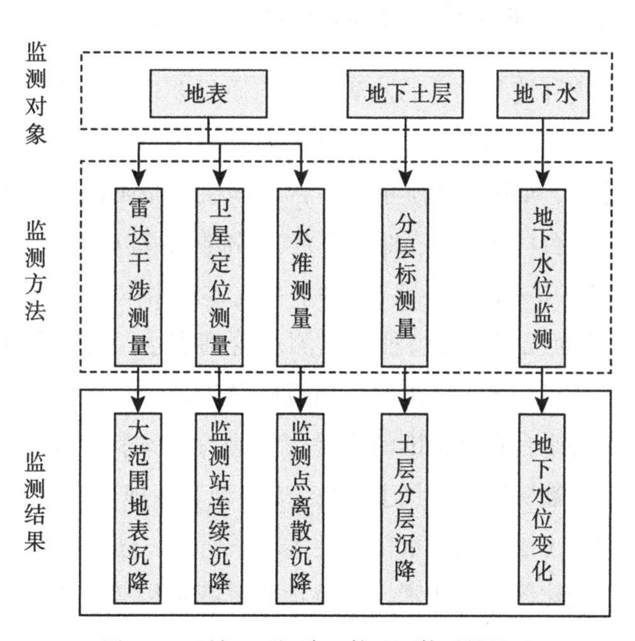

图 8-1　区域地面沉降立体监测体系结构图

1. 监测对象

监测对象是体系研究和应用的对象，它决定了监测方法的选择，也确定了体系的应用范畴。因此，深入分析监测对象的特点并对其进行分类，有助于体系的具体开展。本体系的监测对象是地面沉降，根据其垂直空间分布把监测对象分为地表、地下土层、地下水。

2. 监测方法

监测方法是体系的主体，正确适用的监测方法可以让体系能够顺利建立，并保证体系得以实现和应用。目前应用于地面沉降的监测方法有多种，根据监测对象的特点和体系建立的目标分别选择以下监测方法并进行适用性研究：对于地表，使用水准测量、GNSS 测量、InSAR 测量；对于地下土层，使用分层标测量；对于地下水，可使用地下水井测量。

3. 监测结果

监测结果是体系的成果展示，它的正确与否决定了体系建立的成功与否，因此对得到的结果进行验证和分析是体系的构成要素之一。由各监测方法可以获得相对应的动态监测结果：大范围地表沉降、GNSS 监测站的连续三维变形、水准点离散沉降、土层分层沉降、地下水位变化等。对于监测结果，分别有不同的分析指标来加以分析，从而获得地面沉降成果。

8.2.1.2　“空中—地表—地下”地面沉降立体监测体系

针对地面沉降孕灾环境与灾害的监测内容与质量要求，本书采用多源协同智能化监测的技术模式，从平台协同、参数协同等方面来构建“空中—地表—地下”一体化的地面沉降立体监测体系，如图 8-2 所示。平台协同主要是突破单一手段、单一平台的局限，构建基于空中平台(InSAR)、地表平台(水准测量和 GNSS 测量)、地下平台(分层标和地下水位)的“空中—地表—地下”多平台立体观测体系(吴立新等，2021；高建东等，2023)。针对地面沉降目标特征、监测和管理需求，发挥各平台优势，进行点与面、地上和地下的有机结合，实现对地面沉降孕灾环境与灾害监测基本要素与重要内容的全覆盖，并对各平台观测范围的重叠部分进行交叉验证与互补增强，提高时空覆盖度和观测精度。参数协同指采用上述“空中—地表—地下”测绘遥感手段协同获取地表沉降等表观数据和土层深度、水位高度等地下信息，进而反演地面沉降变化信息、土层形变、地下水位变化等空间要素，以及地面沉降诱因等物理要素，为地面沉降精准防治提供数据支撑。

前面章节已经对空中平台(InSAR)、地表平台(水准测量和 GNSS 测量)进行介绍，

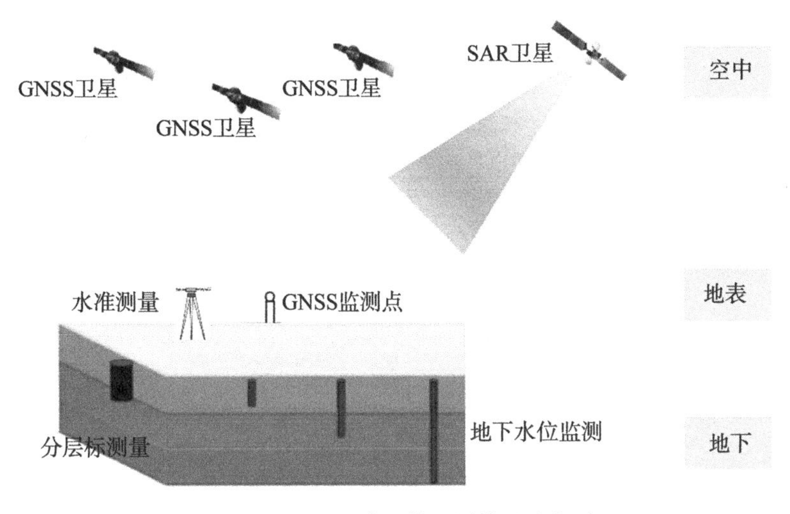

图 8-2 地面沉降立体监测体系示意图

本小节主要对地下平台(分层标和地下水位)进行补充介绍。

8.2.1.3 分层标测量

在地面沉降监测中，为监测各个不同的土层的沉降压缩情况，将标杆设置在不同土层的顶、底板上，并连通到地面，通过与基岩标联测，可以获得不同土层的压缩量，从而计算出不同土层的形变量和该地区总的沉降量。分层标可用于确定发生沉降的层位，为判断分析沉降诱因、制定针对性的控沉措施提供精细的数据支撑(张振东等，2016；刘贺等，2024)。

针对传统分层标存在占地多、费用高等不足，以及现一孔多标分层沉降标存在鲁棒性低、使用寿命短等问题，本书首次采用分开研制与安装标头与探测器的方法来制作新型磁感应式一孔多标分层沉降监测设备，实现一个井孔内能够精细测量地层各层沉降变化。本次研制的一孔多标分层沉降监测设备采用磁感应探测技术，通过探测预先埋置在不同深度地层中的沉降标头位置变化，获得相应不同地层段的地层沉降信息，以分析不同段地层沉降原因，如图 8-3 所示。

在沉降标头研制上，首先，为了解决原标头安装方法易受环境变化影响的不足，创新性地研发出由地面控制器、标头存储箱、外支撑装置和标头顶出装置组成的液压嵌入式标头安装器(图 8-4(a))；提出利用地面控制器打开外支撑装置使得标头出口紧贴孔壁，启动标头顶出装置，将标头从安装器中推出使其直接嵌入待测地层的标头安装工艺；根本上消除钻孔套管外回填土对标头位移的影响，提高标头监测成果的鲁棒性。其次，为了解决沉降标头探测源不稳定的问题，利用永磁铁半衰期长、磁场强度

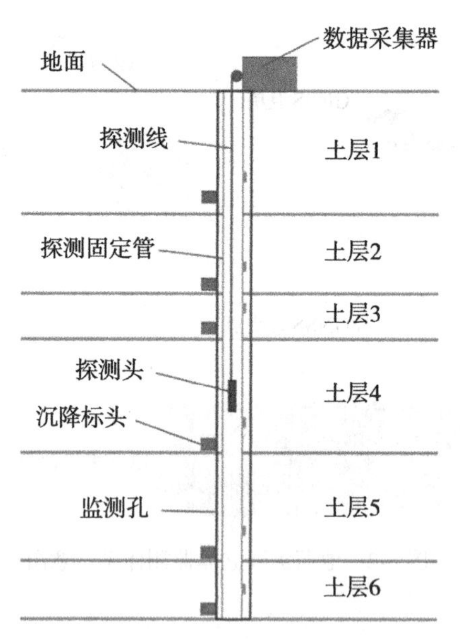

图 8-3　一孔多标分层标示意图

稳定的特性，研发出以永磁铁作为信号源的永磁性沉降标头模型(图 8-4(b))，系统优化考虑探测深度、探测距离的永磁铁选型方法，研制出将永磁铁封装在经防腐处理标头壳体内的永磁性沉降标头，实现待测对象地层标识。

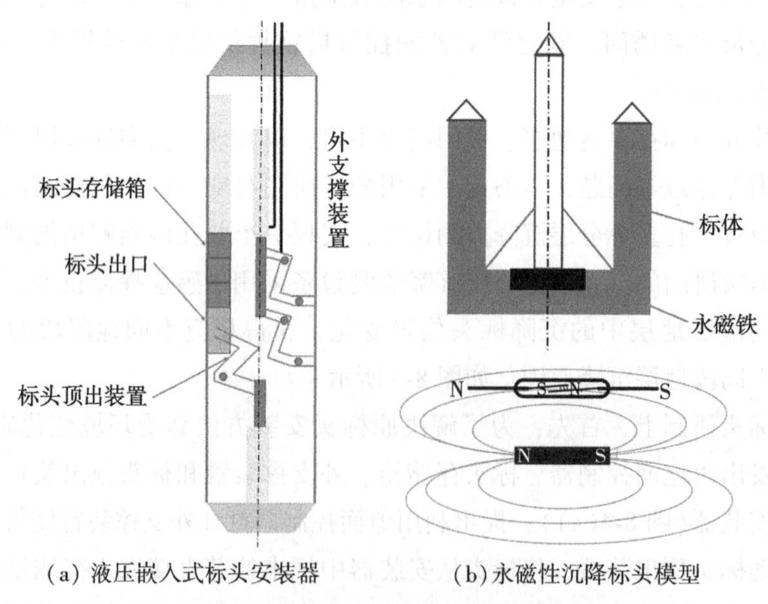

(a) 液压嵌入式标头安装器　　(b) 永磁性沉降标头模型

图 8-4　新型一孔多标分层沉降设备

在探测器方面，主要针对其难维护、精度低的缺点，研发由磁性传感器装置、位移计数装置和控制装置构成的磁感应式标头探测器。针对一个深度仅有一个待测标头工况，形成由铁镍合金构成的干簧管磁场传感器，优化磁性传感器的布设方法，实现磁性传感器装置的360°探测；研制基于机械技术设备的位移计数装置，实现0.01mm级别的高精度测量；研发串联位移计数器、磁性传感器的控制装置，实现标头位置的自动探测；从而解决原有探测方法存在的装置维护难题，提升分层标的使用寿命。

8.2.1.4 地下水监测技术

地下水位动态监测是为监测地下水位变化而专门布设的网络。地下水位监测点布设首先考虑监测区域的地下水开采情况及监测区域的水文地质情况，根据监测区内地下水开采区域、开采含水层及城市建设需求来建设地下水动态监测网点和监测网络（《地下水监测工程技术标准》(GB/T 51040—2023)）。

地下水位监测网由水位监测中心、通信系统、水位监测仪等部分组成。地下水位监测仪通过一条钢线缆悬挂在监测井中，可以自动测量地下水的水位，监测仪器采集的地下水位信息通过数据通信系统传输到地下水位监测中心，技术人员可以在监测中心实时查看地下水的水位变化，同时通过监测中心的监测管理软件能够实现地下水位监测数据的远程采集和监测及生成各种报表。地下水位监测网如图8-5所示。

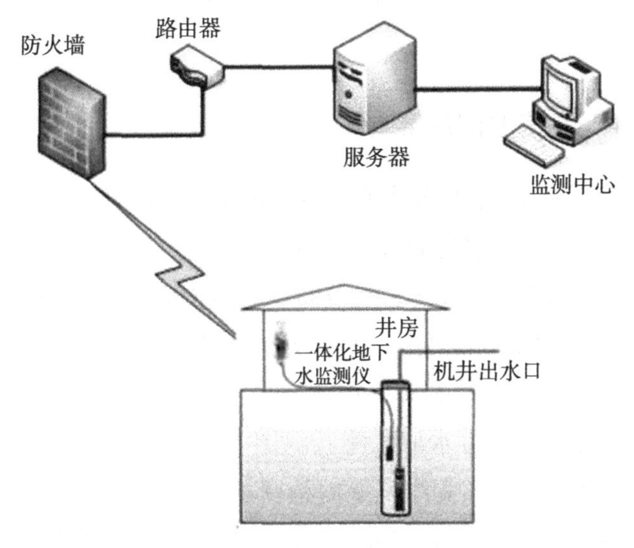

图8-5 地下水位监测系统示意图

8.2.2　区域地面沉降立体监测应用示范

8.2.2.1　监测实验区域

杨家泊镇位于天津市滨海新区东北部，东邻河北省唐山市丰南区，西北接天津市宁河区，南侧与滨海新区寨上街道相邻(图 8-6)。镇辖区面积 60.17km^2，占滨海新区全区总面积的 13.7%。全区除村镇外多为农田，而农田属于季节性用水，这也决定了杨家泊镇的地下水开采强度呈季节性变化的规律。

图 8-6　杨家泊镇位置示意图

8.2.2.2　空中与地表监测成果

空中 InSAR 测量采用 29 景高分辨率的 RadarSat-2 数据进行覆盖后，利用第 3 章的扩展 SBAS 时序分析技术来获取地面沉降信息。

地表 GNSS 测量数据来源于图 8-7 三角形所示的 3 个天津市及滨海新区的 GNSS 监测站网，利用 GAMIT/GLOBK 软件进行平差分析来获取空间离散、时间连续的三维形变数据，其时间节点与 InSAR 数据集一致。

地表水准测量采用一、二等水准联测获取图 8-7 圆形所示的 7 个水准点测量数据后，采用连续 GNSS 站垂直向形变约束下的精密水准平差模型来获取高精度水准沉降成果；其时间跨度为 2018 年 11 月—2020 年 11 月，与 InSAR 数据集基本一致。

基于研究区的空中 InSAR 与地表 GNSS、水准监测数据，采用第 5 章中的方法来构建数学融合模型、最小二乘处理，得到数据融合后的结果，如图 8-8 所示。

图 8-7 研究区 GNSS、水准监测设施分布图

图 8-8 空中与地表多源监测数据融合后地面沉降速率分布图

8.2.2.3 土层沉降监测成果

杨家泊镇有一个一孔多标分层标，位于研究区中部偏西的位置，如图 8-9 正方形所示。

土层沉降监测采用一孔多标的方式，分别在埋深 3.5m、23m、30m、40m、53.5m 埋设了沉降标头，监测时间为 2019 年 1 月至 2020 年 12 月。钻孔资料显示，90m 以浅的土层如图 8-10 所示。图中矩形点为沉降标埋置的深度，除 23m 的沉降标埋置在粉土层中，其余各沉降标均位于粉质黏土层中。

8.2.2.4 地下水位测量成果

杨家泊镇区域内 5 个含水层分别分布有 17 个水位观测井。为方便表示各水位观测

图 8-9　研究区分层标设施位置图

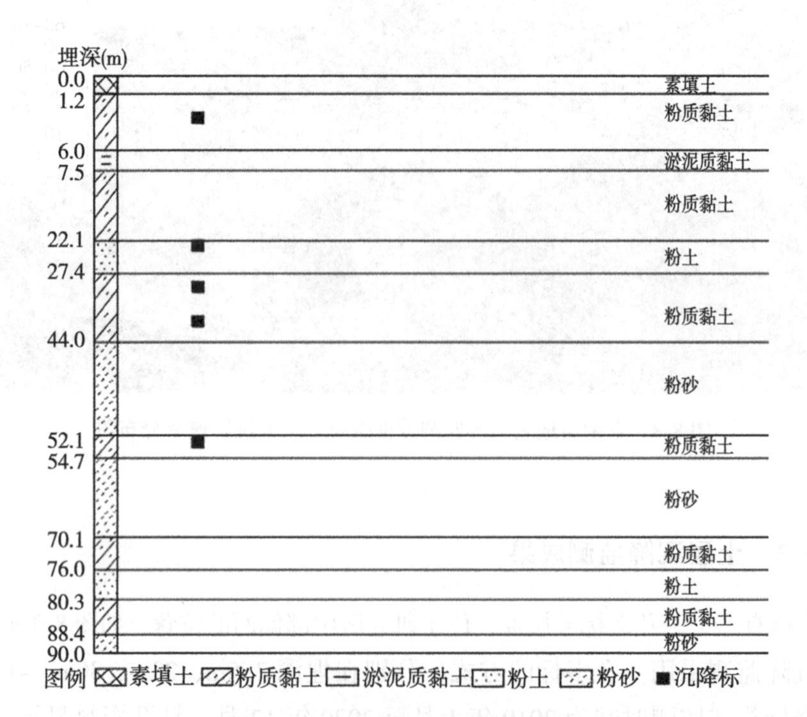

图 8-10　一孔多标土层监测示意图

井的观测层位，分别以该含水层中的圆点表示观测井的监测层位置，如图 8-11 所示。根据杨家泊镇区域内的 17 个水位观测井的长期监测，得到第Ⅱ、第Ⅲ和第Ⅴ含水层的水位变化特征。

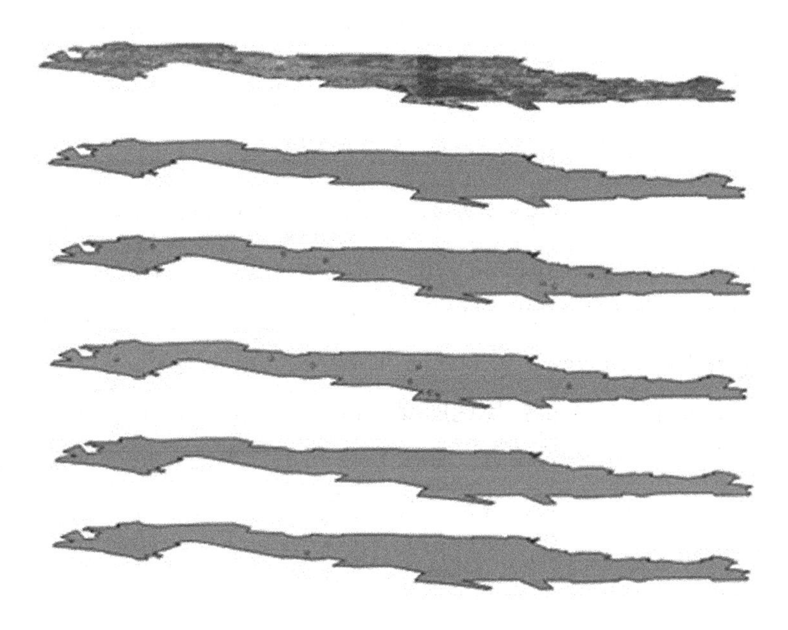

图 8-11 各含水层的水位井分布示意图

8.3 基于大数据的地面沉降诱因精准分析

8.3.1 区域地面沉降诱因系统分析总结

8.3.1.1 地表圈层尺度下地面沉降诱因系统分析

地表圈层各种理化运动与人类干预活动综合作用过程引发的地表沉降属于机理与本质范畴，进而以成灾诱因、过程、范围、危害特征与沉降量级均有显著差异的地质灾害为表现载体。围绕地面沉降，根据自然资源行业规范及地质灾害防治行业规范，依据成因、过程与空间发育位置特征，以及灾害体规模与损失情况进行归纳，如表 8-1 所示（何庆成等，2006；李海君，2020；李志明，2012）。

表 8-1 地面沉降诱因归纳总结

序号	大类	小类
1	背景条件	可压缩层、软土分布
2	自然诱因	构造运动、自重
3	人为诱因	资源开采、加载

因此，可将平原区地面沉降的影响因素归纳为构造运动本底条件、地质构造影响状况与人类活动扰动影响三种类型。

8.3.1.2　华北平原尺度下地面沉降诱因系统分析

本章实验区位于华北平原，因此在系统分析地表圈层尺度下地面沉降诱因的基础上，重点开展华北平原尺度下地面沉降诱因系统分析，主要诱因有如下 5 项(何庆成等，2006；郭海朋，2017；罗立红，2017；狄胜同，2020；李海君，2020；郭海朋，2021)。

(1)构造和第四系沉积条件是影响地面沉降发展的重要因素。

华北平原地面沉降空间分布差异性明显，沉降主要分布在平原区第四系沉积凹陷内，呈现东西分带、南北分段的特点。如图 8-12 所示，第四系沉积环境和沉积厚度分布与地面沉降空间分布有较好的一致性，廊固凹陷、武清凹陷和北京坳陷(顺义凹陷)内皆发育北东向沉降带，表明第四系沉积条件差异是影响地面沉降空间发展的一个重要因素。

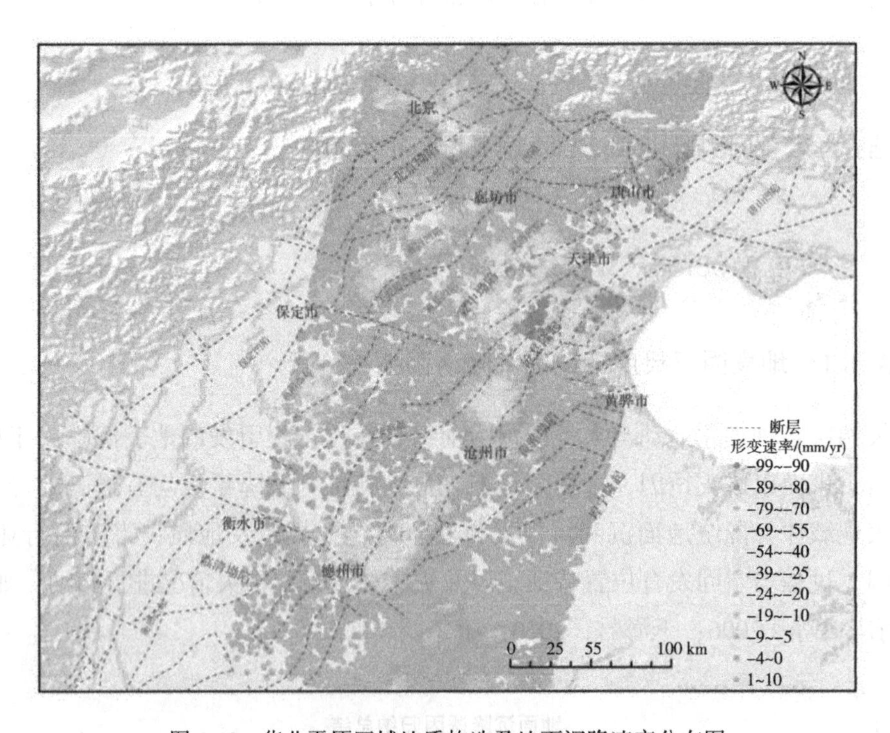

图 8-12　华北平原区域地质构造及地面沉降速率分布图

(2)气候变化是影响地面沉降的重要间接因素。

气候干旱对地下水位下降有双重影响，一方面是干旱造成地下水补给量减少；另一方面，干旱期间为了满足供水需求，从而抽取更多的地下水来弥补地表水供水的不足。在这双重影响下，地下水位必将大幅度下降，气候也成为引起地面沉降的重要间接因素。

(3)地面沉降主要压缩层随地下水开采层位变化而改变。

华北平原地面沉降主要由地下水开采引起，地面沉降的发展是伴随地下水的开采不断发展的，压缩量大的地层多为区域地下水主要开采层位或相邻弱透水层。以天津市为例，近年来天津平原300m以下深部地层是地面沉降主要压缩贡献层，并且西青、滨海新区等地区深部地层的沉降贡献有所增加。

(4)人类工程活动、地热等因素对地面沉降的影响不容忽视。

华北平原大规模工程活动集中在城市中心城区和沿海地区，建筑基坑降水和密集高层建筑荷载等因素对地面沉降的影响日益突出，应引起关注。根据天津市相关建筑物长观资料，天津地区浅基础年沉降10~15mm，深基础年沉降5~10mm，浅部土体沉降量大于深部土体沉降量。

(5)土层变形特征与其物理性质、固结程度和地下水位变化模式关系密切。

①土层变形滞后明显。华北平原分层标监测数据表明，地面沉降具有很强的滞后性，即使地下水位停止下降甚至抬升，地面沉降仍将持续。

②土层变形特征差异性显著。华北平原不同地区由于经历沉积过程、沉积相的不同，以及地层岩性及应力加载过程条件(地下水位变化模式)等不同，不同埋深土层在地下水位变化下的变形特征存在较大的差异，呈弹性、黏弹性和黏弹塑性变形。

③地下水位变化模式对土层变形特征具有重要影响。华北平原不同土层表现出不同的变形特征。同时相同土层在不同地区、不同水位变化模式下也具有不同的变形特征。这也是区域差异性地面沉降的主要原因之一。天津平原地面沉降尤为典型，该地区地下水位变化大体有三种模式：水位在反复升降中持续下降、水位在一定变幅范围内反复升降、水位在反复升降中持续上升。

8.3.1.3 区域地面沉降诱因系统分析总结

对地表圈层、华北平原两个区域尺度的地面沉降诱因进行分析，主要分为背景条件、自然诱因、人为诱因，地面沉降为这三种因素的组合，对于地面沉降防治有着重要的指导作用。但在行政权力事项下放、地面沉降管理措施由粗放式向精细化转化的管理背景下，以及地面沉降监测数据逐渐精细的技术背景下，区域大尺度的地面沉降诱因分析成果已经难以满足精细化管理的需要，急需开展局部尺度下的地面沉降诱因系统分析。

因此，本章在上述不同区域尺度地面沉降诱因系统分析的基础上，以典型街镇为例来开展街镇尺度下的滨海新区地面沉降诱因综合分析。

8.3.2　基于大数据的地面沉降诱因分析相关理论

8.3.2.1　大数据分析方法和技术

大数据分析是指用适当的统计分析方法对收集来的大量数据进行分析，提取有用信息和形成结论并对数据加以详细研究和概括总结的过程。大数据通常具备如下 5 个特点：数据量大、速度快、类型多、有价值、真实性。可以将大数据分析分为如下 4 种关键方法(张召，2020；杨俊超，2021)：

①描述性分析，这种方法提供了重要指标和业务的衡量方法，采用可视化方法能够有效增强描述性分析所提供的信息。

②诊断性分析，通过评估描述性数据，诊断分析工具能够让数据分析师深入分析数据，获取数据的核心。

③预测性分析，该方法主要用于对未来事件的发展进行预测分析。

④指令性分析，通常是指根据上述三种分析方法得出的信息，对用户提出指导性建议，便于用户决定采取什么措施。

本章主要通过可视化、时空相关分析进行描述性分析、诊断性分析，以掌握地面沉降机理。

8.3.2.2　大数据可视化技术

大数据可视化技术表示将大数据处理完的数据结果表现为可直观观察的图表、报表等形式的技术。大数据可视化主要是采用专业图表工具或者 Web 前端技术实现。本章主要采用 ArcGIS 二次开发、Python 的 Pandas 等可视化技术来辅助实现沉降时空规律特征、沉降机理的挖掘。

8.3.2.3　数据相干性分析方法

通过选用 Pearson 相关系数、净相关、相关比等相关系数及相关表、相关图的测度，统计多源地面沉降数据统计指标量化变量之间的密切程度和方向；建立多源地面沉降变量之间的相关关系，探寻多源地面沉降变量之间所隐藏的规律。

8.3.3　街镇尺度下地面沉降诱因的综合分析示范

8.3.3.1　地下水埋深数据与测量集成数据时空相关性的定性分析

1. 空间相关性分析

地下水开采引起的地面沉降是个极其复杂的过程，其外因表现在地下水位的变化，而内因则与第四系岩性厚度、土质均匀性与力学性质控制有关。为了分析地下水位的变化与地面沉降的相关性，将实验区第Ⅲ含水层实测地下水位与沉降结果，通过统一制式的可视化出图来开展空间相似性分析，如图 8-13 所示。两者在整体均表现出西侧小、东侧大的特点；地面沉降漏斗与最大地下水降落漏斗具有良好的空间相似性，均位于实验区西部区域；两者空间分布具有一致性。

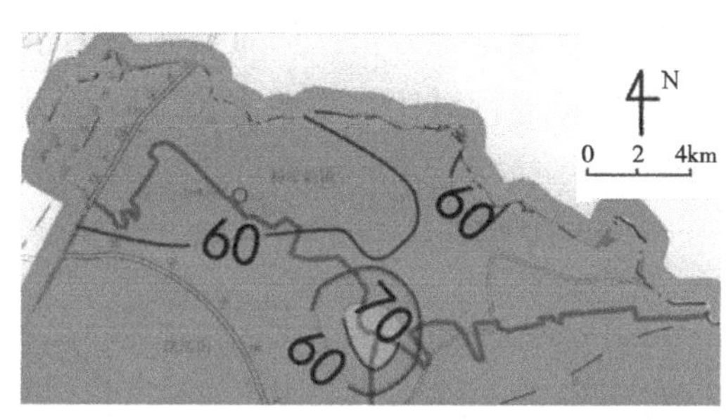

(a) 地下水位埋深

(b) 地面沉降成果

图 8-13　地下水位埋深与融合后地面沉降速率对比图

对地面沉降量和地下水位埋深均较大的付村结合遥感影像、外业调查来进行地下水资源利用分析。如图 8-14 所示，付村存在大量、成规模的养殖企业，以及一定数量机井。结合上述生产养殖数据、地下水位埋深数据对地面沉降监测成果与人类工程活动的一致性进行分析。付村由于地下水资源未能供应，主要以开采地下水养殖为主，结合有效原理可知，这些区域沉降现象相对较大。表明地下水开采可能是地面沉降的主要诱发因素之一。

(a) 遥感影像

(b) 实地调查照片

图 8-14　付村局部沉降较大区域光学遥感影像和现场调查图片

2. 时间相关性分析

结合图 8-15 所示不同含水组的观测数据，从数值变化角度进行分析。在 2018 年 10 月—2020 年 10 月的观测时间段内，第Ⅱ含水层的地下水位变幅最大，为 5.3～11.6m；第Ⅲ含水层的地下水位变幅次之，为 3.1～6.7m；第Ⅴ含水层的水位变化较小，约为 1.6m；表明研究区地下水开采主要发生在第Ⅱ含水层和第Ⅲ含水层。需要说明的是，由于研究区第Ⅳ含水层未收集到观测数据，未开展对比分析。第Ⅱ含水层、第Ⅲ含水层的水位呈现出明显的周期性变化；但从趋势上进行分析，第Ⅲ含水层的水位埋深仍呈下降趋势，表现出地下水超采特征。与沉降进行对比，表明水位下降是引起该含水层相邻土层沉降的主要原因。

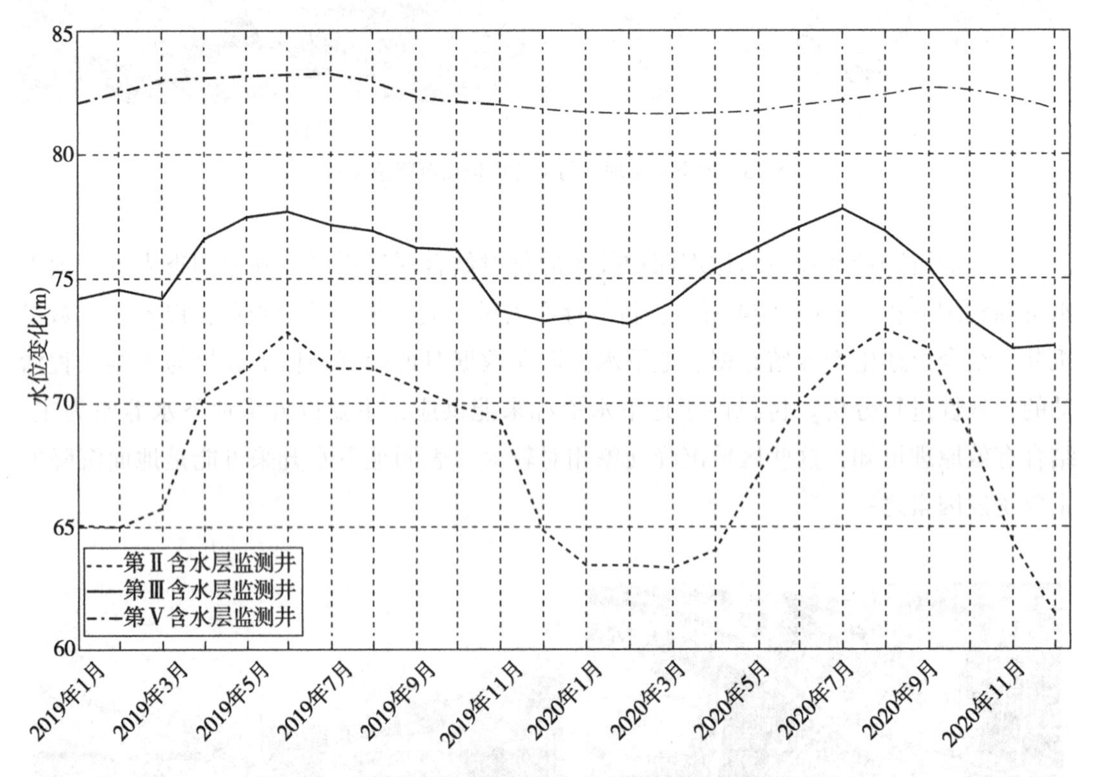

图 8-15　不同含水层典型监测井的水位变化-时间曲线组图

随着天津市的引滦水入津和南水北调中线工程的开通，逐渐减少了地下水的开采，这也是水位周期性变化的变幅逐渐减小的原因。根据实验区的情况，每年农耕时节会抽取地下水进行灌溉，导致当季对地下水的需求量较大，根据有效应力原理，水位下降导致土层中的孔隙水压力下降，进而引起土层中的有效应力增大，土层被压缩，水位变化幅度大导致的沉降也会变大。而在水位恢复后，土层中的孔隙水压力增大，进而引起土层中的有效应力增大，土层会发生回弹。由于含水层和弱透水层的土体性质不同，土层变形的规律也有所不同。对于含水层，主要由砂粒组成，土层在水位下降后，一般认为含水层也会瞬时发生固结压缩；而对于弱透水层，主要组成成分为黏性土，粉质黏土则含有少量的砂粒，在水位下降后首先引起含水层排水，随后弱透水层才发生排水，弱透水层越厚，排水需要的时间越长，土层压缩需要的时间也越长，这就是沉降滞后的原因。在水位回升后，含水层发生回弹，回弹量与砂层变形的特性有关，可能是完全弹性变形，也可能是部分弹性变形。而由于弱透水层主要由黏性土颗粒组成，发生压缩后土层的颗粒结构发生了改变，几乎难以发生回弹。那么，在水位周期性的下降与回升过程中，含水层发生沉降与回弹的周期性变形，弱透水层则可能只发生沉降—沉降变慢的周期性变化或沉降—沉降停止的周期性变化规律(徐廷云等，2023)。

再结合杨家泊镇2019年分别在枯水期(5月)和丰水期(10月)第Ⅱ至Ⅴ含水层的地下水位埋深(图8-16)分析可知，从枯水期进入丰水期，除第Ⅴ含水层，所有观测井的水位均有所回升，其中第Ⅱ含水层在杨家泊镇的西北区域和东南区域有部分水位回升，第Ⅲ、Ⅳ含水层在杨家泊镇区域内的水位没有明显的变化，第五含水层在枯水期的水位埋深进入丰水期后反而有所增大。以上各含水层在枯水期和丰水期的水位变化说明枯水期和丰水期对第Ⅱ含水层有明显影响，对第Ⅱ含水层以下的含水层没有明显影响，埋深越深，水位埋深变化可能只与地下水开采情况有关。

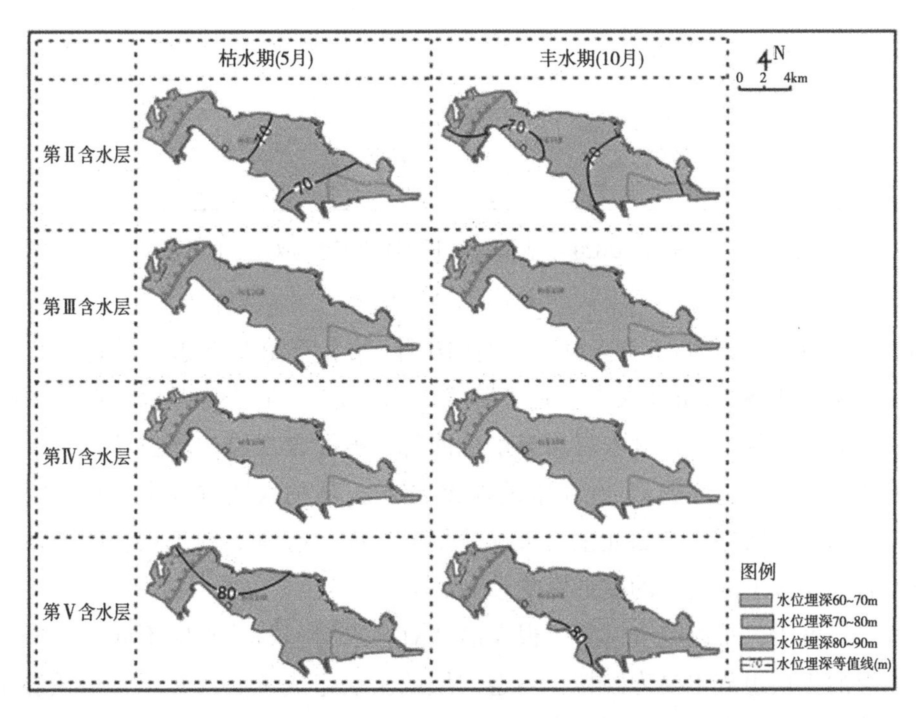

图8-16 2019年枯水期和丰水期地下水位对比图

2020 年分别在枯水期(5 月)和丰水期(10 月)第Ⅱ至Ⅴ含水层的地下水位埋深如图 8-17 所示。从枯水期进入丰水期，第Ⅱ含水层枯水期进入丰水期反而水位下降了，在杨家泊镇区域内整体呈现分别从西部和从东部向中间区域增大的趋势。第Ⅲ、第Ⅳ含水层也有相似的规律，不过整体上的推进较弱，较为明显地发生在杨家泊镇的西部、中南部和中北部等较小地区。第Ⅴ含水层的水位从枯水期进入丰水期几乎没有明显变化，水位降深从西向东有所增大。这说明从 2019 年进入 2020 年，从枯水期进入丰水期，整个含水层的水位降深都增大了。

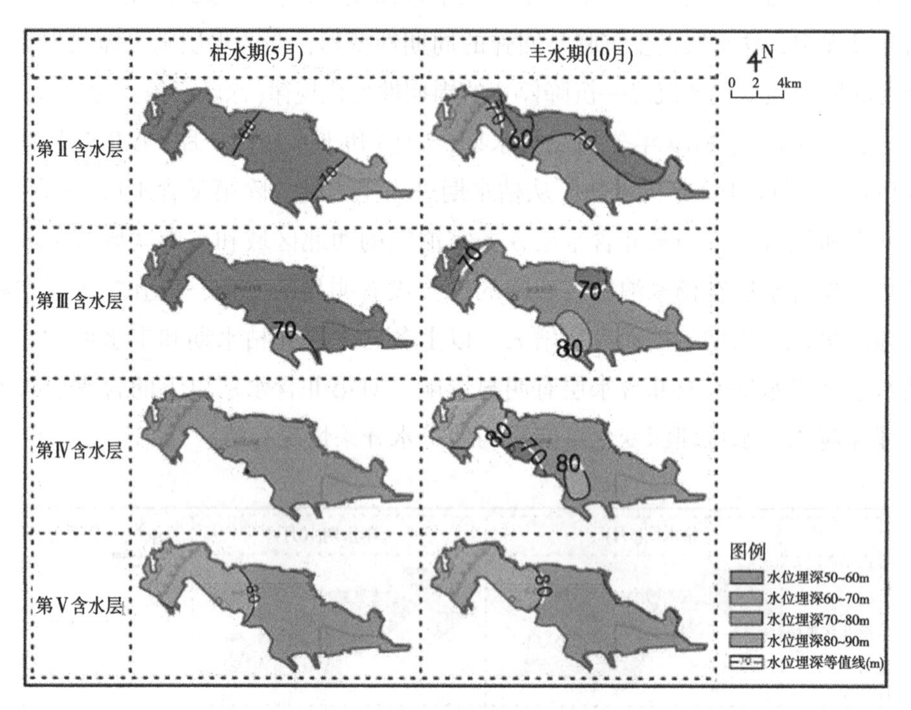

图 8-17　2020 年枯水期和丰水期地下水位对比图

2021 年分别在枯水期(5 月)和丰水期(10 月)第Ⅱ至第Ⅴ含水层的地下水位埋深如图 8-18 所示。从枯水期进入丰水期，除第Ⅴ含水层，所有观测井的水位均有所回升，其中第Ⅱ、第Ⅲ、第Ⅳ含水层均有水位回升，第Ⅴ含水层的水位从枯水期进入丰水期没有明显变化。这说明从 2020 年进入 2021 年，从枯水期进入丰水期，第Ⅲ和第Ⅳ含水层的水位有所回升，因此主要影响的是第Ⅴ含水层以上的土层，季节性水位变化对第Ⅴ含水层以上的土层的变形影响较大。

沉降一旦发生，难以完全恢复，根据前文对含水层和弱透水层不同土层性质的分析，含水层的土层组成主要为砂粒，弱透水层的土层组成主要为黏土、粉质黏土，这是导致水位变化引起含水层和弱透水层的变形特征不一致的根本原因。在含水层水位

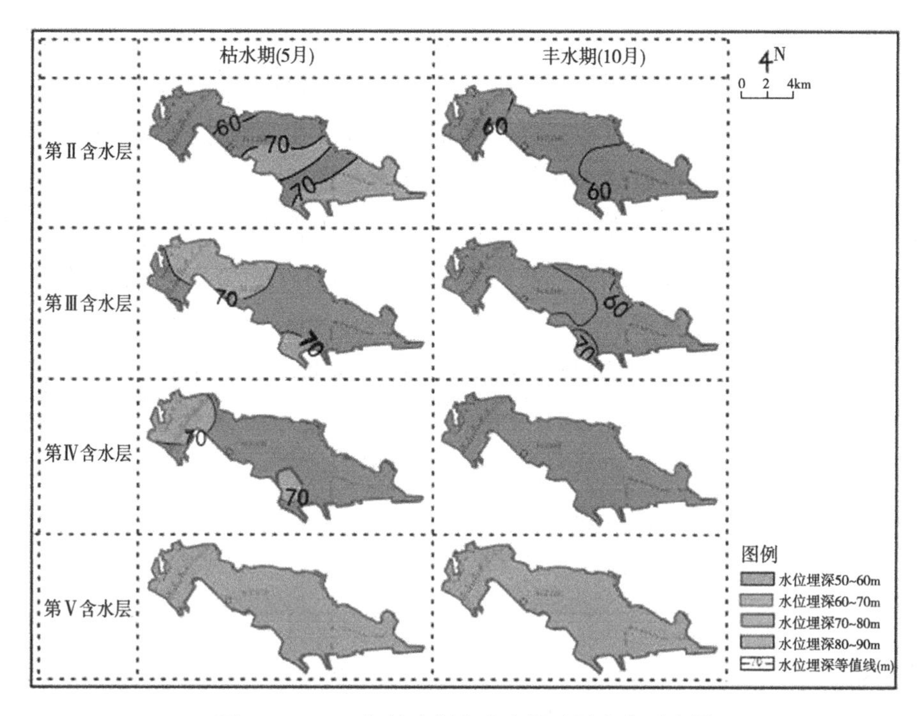

图 8-18　2021 年枯水期和丰水期地下水位对比图

下降后，含水层的孔隙水压力迅速下降，土层随即发生压缩；弱透水层对水位下降的响应有一定的滞后性，因此，弱透水层的压缩会需要相对含水层以更长的时间完成。在含水层的水位回升后，含水层能在较短的时间内完成回弹，但弱透水层在水位回升后较难发生回弹，而且含水层的回弹量难以抵消弱透水层发生的沉降量，因水位下降后弱透水层的沉降量比含水层大，这就是水位周期性变化而地面只发生沉降的原因。从沉降的规律来看，随着时间的增加，沉降的幅度在逐渐减小。一方面是水位变幅在减小；另一方面也说明在周期性的水位升降条件下，由于单次开采引起的水位下降产生的沉降会越来越小，因此，对总沉降的贡献率也越来越小了(于庆博，2020；徐廷云等，2023)。

8.3.3.2　基于土层变形与测量集成数据时间相关性的定量分析

各监测点从 2018 年 12 月至 2020 年 12 月的监测数据如图 8-19 所示。对其变形差异规律进行分析，沉降最小位于 53.5m 处，沉降最大在 3.5m，表现出深度越小、沉降越大的特点。结合土层的分布及物理力学参数进行分析，越是靠近浅层，粉质黏土层占比越大、土敏感性越强是其不同标头沉降存在差异的主要原因。从图中可知，在 2019 年 1 月至 2020 年 11 月之间的沉降总体呈现阶梯形的变化规律，这与浅层地下水的季节性开采有关。研究区每年的枯水期和丰水期的水位呈现季节性下降和回升。监测数据显示，每年的枯水期在 5 月，丰水期在 10 月，但每年 10 月之后有明显沉降，次年 2 月沉降几乎停止。这说明枯水期水位下降引起的沉降具有滞后性，滞后时间约为半年。沉降呈阶梯形的变化规律，再次印证了沉降发生后难以完全恢复。沉降的停止发生在丰水期，那么，可以认为在丰水期由于水位回升，含水层发生了回弹；而弱透水层由于沉降的滞后性，还在继续发生沉降，但由于含水层的回弹，整体上表现为沉降停止了，回弹量和沉降量相等。从监测结果来看，5 个沉降点的沉降规律：53. 5m 处的沉降最小，40m 处的沉降较 53. 5m 处大，随后是 30m、23m 处的沉降较大，沉降最大的是 3. 5m 处。这说明土层越厚，累计发生的沉降越大。在 100m 以浅，其中粉砂层和粉土层仅占 37. 1%，其余土层均为粉质黏土层或淤泥质黏土层，越是靠近浅层，粉质黏土层占比越大，这也是浅层沉降量较大的原因之一。另外，浅层的压缩模量较小，可压缩性较高，土敏感性也强。

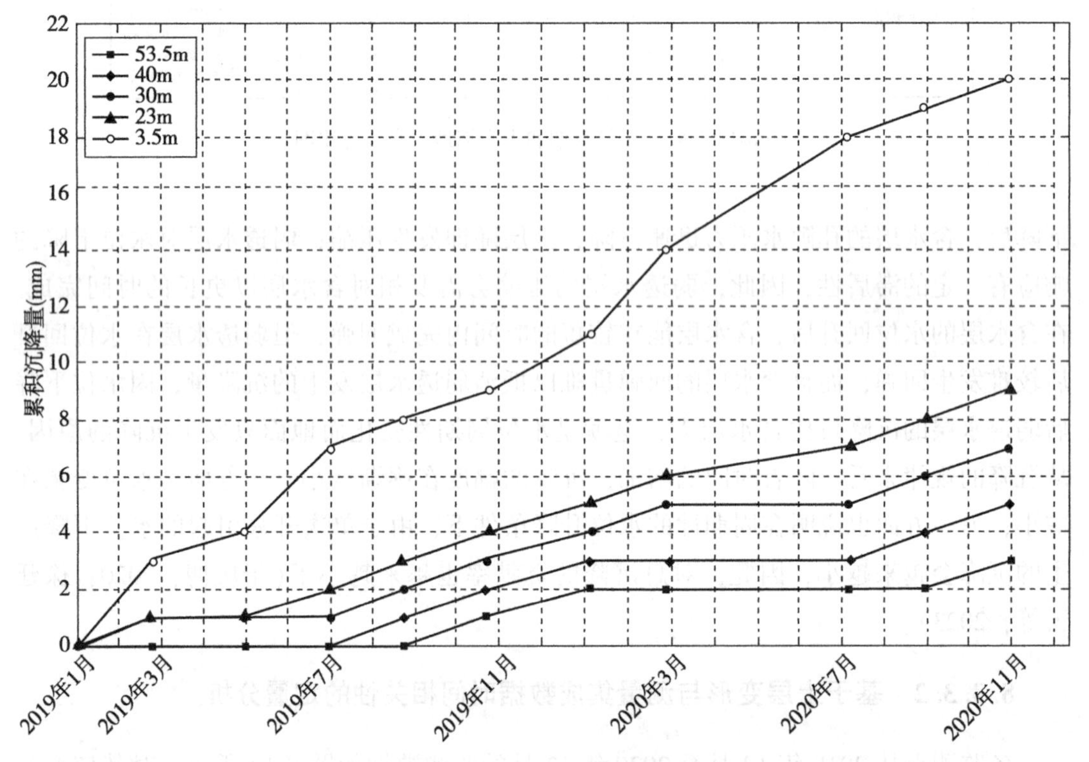

图 8-19　一孔多标累计地面沉降-时间曲线图

对两垂向相邻的监测点的沉降值作差可得到这两个监测点之间土层的压缩量，如图 8-20 所示。40~53. 5m 处的土层较厚但产生的沉降较小，而在浅表层 3. 5~23m 处，土层的压缩量较深层的压缩量大得多。对比 23m 以下较深层中的压缩量与时间的关系发现，从 2019 年 1 月开始，30～40m 处最先被压缩，随后是 23～30m 处被压缩，然后是 40～53.5m 处的土层被压缩。土层中 44～52.1m 处为粉砂层，其上部为粉质黏土层，30～40m 处位于其上部的粉质黏土层，该层先被压缩，随后向上传递至 23～30m 处，然后是 40～53.5m 处，这里不排除 40～53.5m 处的土层压缩与回弹受到深部的影响，同时也说明含水层产生的沉降小于弱透水层的沉降。但排除这些影响因素，从 30～40m 处和 23～30m 处的压缩时间顺序推断，含水层的水位下降后，土层的压缩是从抽水含水层及上部弱透水层逐层向浅层传递的。

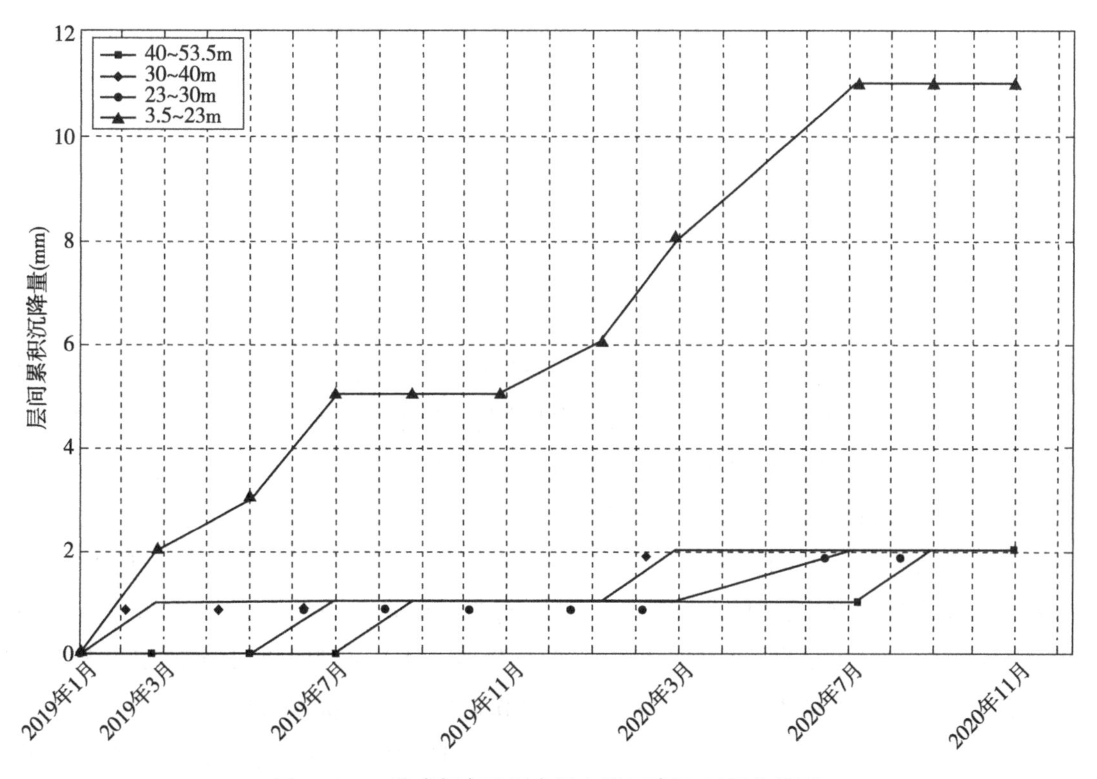

图 8-20 一孔多标各监测点间土层压缩量-时间曲线图

土层在水位周期性升降的过程中，土层发生的压缩量有增大—停止—增大—停止的周期性规律。综合水位和压缩量分析认为，在土层的周期性水位升降过程中，含水层在水位恢复后因水位降深引起的压缩大部分可回弹；但弱透水层因抽水引起的压缩绝大部分不能回弹，回弹与弱透水层的性质及弱透水层的厚度有关，弱透水层为粉质黏土层时比黏土层在水位下降时产生的沉降小，水位恢复时产生的回弹也大于黏土层，弱透水层的厚度小，含水层与弱透水层的水力联系紧密，孔隙水压力排出与进入土层中需要的时间短，产生回弹需要的时间短，可产生比土层厚度相对大的回弹，如含有粉质黏土和粉砂薄层夹层的土层比纯黏土层的土层对水位变化引起的孔隙水压力和土层变形响应快。

8.3.3.3　地面沉降诱因综合分析

综上可知，开采地下水引起的地面沉降是杨家泊镇地面沉降较严重的主要原因，控制地下水的开采、合理利用地下水是缓解该地区地面沉降的主要手段之一。天津滨海新区甚至华北平原地区的地层都有较为相似的特征，主要表现：第四系覆盖层较厚，土体性质主要为素填土、黏土、粉质黏土、粉土、粉砂。在开采地下水的过程中，主要引起的是含水层水位下降，导致受水位变化影响的土层发生压缩变形，在一些深度处，甚至存在粉砂或粉土与粉质黏土、黏土互层的“千层饼”结构，导致土层间的水力联系紧密，致使在地下水位变化后，土层的变形响应较快，这也是引起严重地面沉降的原因之一。

8.4　本章小结

针对地面沉降孕灾环境与灾害的监测内容与质量要求，本章在基于多源测量的时序 InSAR 精确监测研究的基础上，从平台协同、参数协同等方面来进一步构建“空中—地表—地下”一体化的区域地面沉降立体监测体系。平台协同针对地面沉降目标特征、监测和管理需求，发挥各平台优势，进行点与面、地上和地下的有机结合，实现对地面沉降孕灾环境与灾害监测全覆盖和交叉验证，提高时空覆盖度和观测精度。参数协同指采用上述“空中—地表—地下”协同获取的地表沉降等表观数据和土层深度、水位高度等地下信息，反演地面沉降变化信息、土层形变、地下水位变化等空间要素，以及地面沉降诱因等物理要素，为地面沉降精准防治提供数据支撑。

以滨海新区杨家泊镇为例，开展街镇尺度下的地面沉降诱因综合分析，集成了可视化分析、时空统计分析等大数据分析方法，以及有效应力原理，系统揭示了街镇尺度下的地面沉降、地下水渗流、土层变形的演化规律，实现了从定性分析区域沉降特征到定量分析土层变形特征的转变。

第9章　总结与展望

9.1　总结

时序 InSAR 作为一种极具潜力的空间对地观测技术，近年来被广泛应用于地震、火山、冰川、地面沉降等众多领域中，实现长时间、大范围、高空间分辨率监测与应用。众多学者也在应用过程中对其误差进行详细分析，提出不同类型的误差消除方法和模型。但是，由于时序 InSAR 数据中包含的大气误差、相位解缠误差、InSAR 监测点识别误差往往具有复杂性、多源性、不确定性等，将降低时序 InSAR 监测精度，使得时序 InSAR 技术进一步应用和推广受到极大限制。多源地理空间信息数据、不同卫星和不同轨道的海量 SAR 数据、不同类型的大地测量数据逐渐丰富，使得基于多源数据提高时序 InSAR 分析的可靠性成为可能，但同时也带来了一系列数据集成的新问题。本书系统总结了经典时序 InSAR 分析方法和测量可靠性理论，在此基础上完善时序 InSAR 可靠性控制理论，建立了多源地理空间数据、多源 SAR 数据、多源测量数据支撑下的高可靠时序 InSAR 监测和应用框架，开展了建筑物、交通网络、区域地面沉降等典型应用。本书的主要研究内容总结如下：

(1)时序 InSAR 分析的可靠性理论。

利用 GM 理论构建时序 InSAR 分析的函数模型和随机模型基础上，对其失相干误差、基线误差、相位解缠误差、大气相位误差、DEM 残差、沉降基准误差、视线向形变转换模型误差、InSAR 监测点识别误差等误差源的原因和影响进行详细分析。

然后针对上述误差，基于经典测量平差可靠性理论、空间数据分析可靠性理论，构建可靠性控制指标、可靠性评价指标相结合的时序 InSAR 分析可靠性指标；从鲁棒性、精细性等可靠性控制指标提出相应时序 InSAR 误差的解决办法；基于一致性、适用性、精确性等可靠性评价指标拓展时序 InSAR 分析的可靠性评价方法。

(2)扩展 SBAS 时序分析技术。

为了减小失相干误差、基线误差、大气相位误差、DEM 残差、相位解缠误差等误差源影响，提高时序 InSAR 分析算法鲁棒性，本书在总结 PSInSAR、SBAS 等不同技术优缺点基础上，基于经典SBAS思想建立扩展SBAS时序分析技术。采用由粗到精的配准策略实现不同模式SAR影像配准，利用短空间基线、短时间基线原则构建差分干涉集合，通过幅度离差法、子视相关法、相干系数法相结合的PSC提取策略获取高密度、高质量PS点，应用长短基线迭代组合的时空相位解缠策略来实现沉降信息反演。

以高分辨率、条带模式的天津TerraSAR数据为例进行扩展SBAS关键算法验证分析，获取区域地面沉降监测成果，有效监测区域主要沉降漏斗的空间分布状况。结合第Ⅱ承压含水层水位降落漏斗等地下水资源数据、工业用地数据、有效应力原理对其成果进行定性分析，地下水禁采的市内六区沉降缓慢、可能存在大量开采地下水行为的北辰区沉降相对较大结论与InSAR反演沉降场的空间分布具有一致性，验证了该算法在建筑物密集情况下高分辨率数据应用的可靠性。

随后，以覆盖天津市汉沽地区的2008年Envisat数据(条带模式)、2016年Sentinel-1数据(TOPS模式)为例采用扩展SBAS时序分析获取沉降数据并进行分析。两个时间点沉降中心具有一致性，但沉降速率由-15mm/yr上升至-70mm/yr。结合同时期地表覆盖数据、城市总体规划、GIS空间分析工具进行分析，发现在城市总体规划指导下，产业布局向渔业发展，出现大面积水域减少、构筑物和房屋建筑增加等现象，导致沉降现象加剧；与时序InSAR反演的地表沉降加剧，空间分布与幅度一致，验证了该算法在不同模式下中分辨率数据应用的可靠性。

(3)基于多源SAR数据的时序InSAR粗差检测方法。

为解决相位解缠成功率不足100%的情况，本书首先从空间基准统一、沉降参数基准统一来构建多源时序InSAR分析集成的数学模型。在合理假设地理编码误差主要是高程误差所导致的基础上，将参考点高程不确定性纳入空间基准统一函数模型，将DEM精化的偶然误差纳入空间基准统一随机模型；根据时序InSAR分析中可能存在的空间基线误差、大气相位误差、相位解缠误差来构建多源时序InSAR沉降参数统一的函数模型和随机模型。

然后定义一个主空间基准后，依据三维点云分布相似性、基于RANSAC算法的最小二乘处理实现多源InSAR数据的空间基准统一；依据属性相同、空间距离相近原则选择多源SAR数据集的同名PS点对后，采用基于RANSAC算法的最小二乘处理来进行沉降统一模型参数求解；基于经典测量平差可靠性理论计算内部可靠性和外部可靠性指标后，采用迭代数据探测法实现多源InSAR沉降观测值的粗差识别。

以覆盖天津市滨海新区研究区的降轨R2、降轨S1、升轨S1等多组SAR数据为研究对象，选择降轨R2数据集为主坐标系后，采用上述方法进行多源时序InSAR集成与粗差检测。在剔除比例为11.1%、在郊区呈一定规模分布的粗差点后；得到研究区多源 InSAR 集成沉降场，沉降中心主要位于西部空港经济区和东部围海造陆区等六个区域。通过以区域水准沉降为参考，对比分析多源 InSAR 集成成果、单一时序 InSAR 分析成果，在不考虑沉降基准误差情况下，发现前者通过粗差识别与剔除可将反映精确性的均方差指标从 9.3mm/yr 提升至 6.5mm/yr，有效提升时序 InSAR 分析的鲁棒性。

(4)基于多源测量的时序 InSAR 精确监测方法。

为解决视线向形变转换误差、沉降基准误差和空间基线误差，本书在对大地测量沉降数据的空间分布差异、采样频率差异分析后，提出在参数空间内集成多源测量沉降数据的理论函数模型，并以 InSAR、GNSS、水准数据为例构建相应函数模型和随机模型。

然后在上述研究基础上，提出 InSAR、GNSS、水准等多源测量技术集成方法和技术流程。在分别获取角反射器、GNSS 形变数据、离散水准成果等多源测量沉降数据基础上；利用 GNSS 连续观测数据和 Kriging 插值方法获取水平运动场后，从时序 InSAR 的 LOS 形变中剔除东西向分量、南北向分量；基于 RANSAC 算法、最小二乘法进行水准和 InSAR 的集成分析，实现单一 SAR 数据下多源测量技术融合；并基于 GNSS 水平运动场获取辅 SAR 数据垂直形变后，进行多源 SAR 数据的集成与粗差检测，获取高可靠性垂直形变成果。

以覆盖滨海新区的角反射器点、GNSS 站、水准点、多组 SAR 数据(降轨 R2、降轨 S1、升轨 S1)为基础，选择降轨 R2 数据集为主坐标系后，采用多源测量集成方法进行单一 SAR 数据下的多源测量沉降数据集成，有效消除由于参考点沉降偏差引入的 12.8mm/yr 沉降基准误差；随后利用 GNSS 站数据实现辅数据 LOS 形变转化，并进行集成与粗差检测，得到研究区多源测量集成沉降场。通过以区域水准沉降为参考，验证本书所获取的区域性可靠性沉降成果精度可以达到 5.7mm/yr；采用最大误差、平均误差、粗差点、中误差、相关系数等 5 个精确性评价指标对多源 InSAR 集成成果、多源测量集成成果进行整体和局部两个尺度对比分析；后者可以改正由于主影像沉降基准误差、基线误差和相位解缠误差引起的成果误差，成果比多源 InSAR 集成更可靠。

(5)基于多源数据的 InSAR 精细监测策略和建筑物沉降风险分析。

为减少 InSAR 监测点识别误差，本书对时序 InSAR 监测点的空间位置误差、高程误差、幅度信息特点详细分析基础上，提出基于时序 InSAR 监测点的空间位置信息、高程信息和 GIS 数据库来实现时序 InSAR 精细识别的策略。然后以建筑物为例进行时序 InSAR 精细监测与应用，获取天津市典型建筑物——渤海大楼与中国大戏院的 InSAR 沉降信息。

以同步测量建筑物水准数据为参考，采用回归分析方法、测量误差统计分析方法对建筑物InSAR测量成果的精确性进行评价，得到建筑物InSAR测量精度可以达到1mm的结论，有效验证了时序InSAR监测点识别方法的可靠性。

此外，基于《建筑基坑工程监测技术标准》《建筑变形测量规范》等标准，从整体倾斜和局部倾斜提出定性分析和定量分析相结合的监测成果应用方法。以渤海大楼、中国大戏院等两栋建筑物为例进行分析，得到两栋建筑物有朝基坑倾倒趋势，且在观测时间内保持健康状态的结论，有效验证了InSAR在点状建筑物监测应用中的适用性。

(6)典型交通网络沉降监测及风险评估。

根据地铁周边城市环境复杂多变、高速公路和高速铁路周边环境相对简单的特点，选择地铁施工影响、高速公路运营、高速铁路运营等典型交通网络沉降风险评估应用场景对上述研究内容在线状交通网络监测应用中的适用性进行了系统测试。

首先，基于地铁施工的工程特点，从地铁车站施工影响、隧道施工影响两个方面开展了地铁施工影响范围的理论研究；以天津市地铁六号线某站点为例分别从整体、横断面分析等方面开展地铁施工影响范围和特征研究；以地铁六号线某区间为例从整体、纵断面分析、横断面分析等方面开展隧道施工的影响范围和特征研究；从而得到地铁施工影响规律。其次，综合筛选出路基沉降量、路面平整度等高速公路运营沉降风险评估指标，提出了基于路基沉降量的沉降分级现状评估方法，完善了基于路面平整度指标的风险点识别准则，实现了高速公路运营沉降风险点宏观识别；通过以天津市秦滨高速为例，识别出多处存在沉降隐患的路段。最后，构建了由线路坡度变化、线路平顺性等组成的高铁运营沉降风险评价指标体系，综合考虑线路纵向差异沉降、横向两侧沉降趋势来开展高铁线路坡度变化评估，重点分析了差异性地表沉降对高铁轨道平顺性的影响程度；以京津城际铁路为例，识别出武清、北辰等多处需要重点关注的路段，并提出相应的建议。

(7)区域地面沉降监测及机理分析。

针对地面沉降孕灾环境与灾害的监测内容与质量要求，从平台协同、参数协同等方面来进一步构建“空中—地表—地下”一体化的区域地面沉降立体监测体系。平台协同针对地面沉降目标特征、监测和管理需求，发挥各平台优势，进行点与面、地上和地下的有机结合，实现对地面沉降孕灾环境与灾害监测全覆盖和交叉验证，提高时空覆盖度和观测精度。参数协同指采用上述“空中—地表—地下”协同获取的地表沉降等表观数据和土层深度、水位高度等地下信息，反演地面沉降变化信息、土层形变、地下水位变化等空间要素，以及地面沉降诱因等物理要素，为地面沉降精准防治提供数据支撑。

通过以滨海新区杨家泊镇为例开展街镇尺度下的地面沉降诱因综合分析，集成了可视化分析、时空统计分析等大数据分析方法及有效应力原理，系统揭示了街镇尺度下的地面沉降、地下水渗流、土层变形的演化规律，实现了从定性分析区域沉降特征到定量分析土层变形特征的转变，有效验证了 InSAR 在面状区域地面沉降监测及机理分析应用中的适用性。

9.2 研究展望

本研究重点针对时序 InSAR 的可靠性监测，结合已有研究成果和目前雷达技术发展状况，进一步研究主要集中在以下四个方面：

(1)相位解缠方法和策略的研究。本书中的多轨 InSAR、多源测量数据融合算法通过剔除沉降粗差点来避免相位解缠误差的影响，能有效提升时序 InSAR 的鲁棒性；但这也造成 PS 监测点密度不必要的损失，影响到 InSAR 监测成果后续精细分析与应用。因而有必要进一步开展相位解缠方法和策略研究，通过提高相位解缠成功率来同步提高时序 InSAR 的可靠性和监测密度。

(2)结合随机模型的时序 InSAR 可靠性研究。本书时序 InSAR 可靠性分析方法主要考虑的是等权条件下的最小二乘平差问题，对随机模型的权重问题研究较少，后续将结合多源数据特性开展基于方差分量估计的后验估计方法，进一步提升时序 InSAR 分析可靠性。

(3)基于多源数据的三维形变可靠性研究。本书所提出和实现的可靠性控制和评价方法均是针对地面沉降的。但是现实世界中的地物通常为三维形变，如何利用多源 SAR 数据、多源测量数据实现三维形变的可靠性监测与分析也是未来的一个主要研究方向。

(4)人工智能技术引导下的时序 InSAR 可靠性研究。人工智能技术促进了测绘技术的快速发展，但是其不可解释性带来了新的问题。如何结合可靠性理论和人工智能技术，将本书的时序 InSAR 可靠性体系发展为智能化的时序 InSAR 可靠性，使其具有强智能、可解释性和高稳健性等优点是智能化测绘的主要研究内容之一。

参 考 文 献

白泽朝，靳国旺，张红敏，等．天津地区 Sentinel-1A 雷达影像 PSInSAR 地面沉降监测[J]．测绘科学技术学报，2017，34：283-288.

边超．地下水开采引发地面沉降对鲁南高铁沿线的影响性分析及防治[D]．济南：山东大学，2021.

曹海坤．GPS、InSAR 数据联合解算地表三维形变场[D]．西安：长安大学，2017.

曹群，陈蓓蓓，宫辉力，等．基于 SBAS 和 IPTA 技术的京津冀地区地面沉降监测[J]．南京大学学报(自然科学)，2019，3：381-391.

陈丹阳．基于辅助膜塑封技术的温湿度传感器的开窗封装结构设计与热-机械可靠性分析[D]．桂林：桂林电子科技大学，2024.

陈富龙，林珲，程世来．星载雷达干涉测量及时间序列分析的原理、方法与应用[M]．北京：科学出版社，2013.

陈军，刘万增，武昊，等．智能化测绘的基本问题与发展方向[J]．测绘学报，2021，50(8)：995-1005.

陈雪，杨红磊，彭军还，等．利用地面控制点相位残差定权方法减弱 InSAR 轨道误差相位[J]．测绘通报，2019，1：23-28.

狄胜同．地下水开采导致地面沉降全过程宏细观演化机理及趋势预测研究[D]．济南：山东大学，2020.

董春，张继贤，牛利斌．地理国情地表覆盖的城市建设用地扩张分析：以兰州新区为例[J]．测绘科学，2017，2：28-34.

杜凯夫．多源数据联合处理在地表形变监测中的应用研究[D]．北京：中国地质大学(北京)，2017.

范洪冬．InSAR 若干关键算法及其在地表沉降监测中的应用研究[D]．徐州：中国矿业大学，2010.

方玉树．土的自重应力和有效自重应力[J]．岩土工程界，2009，1：28-31.

高嘉楠，邹蓉，王峻祥，等．利用 InSAR 技术反演甘肃积石山 M_S6.2 地震同震破裂模型及形变时间序列[J]．大地测量与地球动力学，2025(2).

高建东，王勇，安江雷，等．一种多源地面沉降监测数据融合方法及其应用[J]．测绘通报，2023，10(10)：158-162.

高俊杰．天津市中心城区地面沉降机理及防治对策[D]．北京：中国地质大学(北京)，2017.

高冉．基于迭代 RANSAC 的点云几何图形提取方法研究[D]．郑州：河南工业大学，2024.

高延东，卞正富，张书毕，等．自适应局部梯度估计平滑 UKF 相位解缠算法[J]．中国矿业大学学报，2022，51(5)：1007-1015.

葛大庆，张玲，王艳，等．上海地铁 10 号线建设与运营过程中地面沉降效应的高分辨率 InSAR 监测及分析[J]．上海国土资源，2014，35：62-67.

葛大庆．区域性地面沉降 InSAR 监测关键技术研究[D]．北京：中国地质大学(北京)，2013.

苟继松．顾及高程相关大气效应改正的 InSAR 滑坡早期识别[D]．成都：成都理工大学，2020.

顾燕．潮间带地形遥感动态监测体系研究[D]．南京：南京师范大学，2013.

郭海朋，李文鹏，王丽亚，等．华北平原地下水位驱动下的地面沉降现状与研究展望[J]．水文地质工程地质，2021，48(3)：162-171.

郭海朋，白晋斌，张有全，等．华北平原典型地段地面沉降演化特征与机理研究[J]．中国地质，2017，44(6)：1115-1127.

郭利民．基于 InSAR 与多源数据的三维形变场获取研究与应用[D]．北京：中国地震局地质研究所，2014.

国家铁路局．高速铁路设计规范(2024 年局部修订)：TB 10621—2014[S]．北京：中国铁道出版社，2015.

何平．时序的误差分析及应用研究[D]．武汉：武汉大学，2014.

何倩．联合 PS 和 DS 的时序 InSAR 地表沉降监测方法研究[D]．徐州：中国矿业大学，2022.

何庆成，刘文波，李志明．华北平原地面沉降调查与监测[J]．高校地质学报，2006，12：195-209.

何毅，杨旺，朱庆．基于 R2AU-Net 的 InSAR 相位解缠方法[J]．测绘学报，2024，53(3)：435-449.

侯景鑫．面向大范围形变监测的 PSInSAR 关键技术研究[D]．长沙：中南大学，2023.

胡俊．基于现代测量平差的三维形变估计理论与方法[D]．长沙：中南大学，2012.

胡圣武．基于模糊理论的 GIS 质量评价与可靠性分析[D]．武汉：武汉大学，2004.

黄佳璇. 基于 PSInSAR 蠕动型滑坡动态监测及区域稳定性分析[D]. 北京：北京科技大学，2017.

贾周阳. 复杂环境下的大规模软件系统可靠性提升技术研究[D]. 长沙：国防科技大学，2020.

姜乃齐. 基于 InSAR 技术的高速公路沿线沉降监测研究[D]. 昆明：昆明理工大学，2021.

姜兆英，于胜文，陶秋香. StaMPS-MTI 技术在地面沉降监测中的应用[J]. 西南交通大学学报，2017，4：295-302.

康亚. 滑坡形变 InSAR 监测关键技术研究与机理分析[D]. 西安：长安大学，2020.

兰恒星，刘洪江，孙铁，等. 城市复杂地面沉降永久干涉雷达监测属性分类研究[J]. 工程地质学报，2011，19：893-901.

李德仁，袁修孝. 误差处理与可靠性理论[M]. 2 版. 武汉：武汉大学出版社，2012.

李更尔，周元华. InSAR、水准及 GPS 数据融合处理方法[J]. 测绘通报，2017，9：78-82.

李广泳，姜翠红，程滔，等. 基于地理国情监测地表覆盖数据的生态系统服务价值评估研究：以伊春市为例[J]. 生态经济，2016，10：126-129.

李海君. 华北平原地表形变演化特征与影响因素分析研究[D]. 哈尔滨：中国地震局工程力学研究所，2020.

李佳，李志伟，钟文杰，等. 利用 InSAR 技术估计长江源冰川 2000—2020 年物质平衡[J]. 测绘学报，2024，53(5)：801-812.

李莎莎. 空间故障树理论改进研究[D]. 阜新：辽宁工程技术大学，2018.

李世金. 分布式散射体雷达干涉相位信息处理方法研究[J]. 测绘学报，2024，53(3)：588.

李汶俊. 车辆故障智能诊断与可靠性评价体系研究[D]. 成都：四川大学，2023.

李勇发，左小清，熊鹏，等. PSInSAR 技术支持下的滇中地区高速公路灾害识别[J]. 测绘科学，2021，46(6)：121-127.

李振河，徐骏千，徐廷云，等. 基于 InSAR 属性分类的地面沉降精确监测研究[J]. 北京测绘，2021，35(7)：947-950.

李振洪，朱武，余琛，等. 雷达影像地表形变干涉测量的机遇、挑战与展望[J]. 测绘学报，2022，51(7)：1485-1519.

李志明. 河北平原地面沉降特点及成因机理研究[D]. 北京：中国地质大学(北京)，2012.

厉航. 基于改进 SURF 和 RANSAC 的视频拼接算法研究[D]. 徐州：中国矿业大

学，2018.
梁静．2-可分和3-可分网络的可靠性指标研究[D]．西宁：青海师范大学，2023.
廖明生，王腾．时间序列InSAR技术与应用[M]．北京：科学出版社，2014.
林珲，马培峰．城市基础设施健康InSAR监测方法及应用[M]．北京：科学出版社，2021.
刘冰，张永红，吴宏安，等．时间序列InSAR技术辅助下的北京市高速公路网沉降监测应用[J]．测绘通报，2018，2：120-125.
刘楚斌．测绘卫星定位精度优化与可靠性提升技术[D]．郑州：解放军信息工程大学，2015.
刘国祥，陈强，罗小军，等．永久散射体雷达干涉理论与方法[M]．北京：科学出版社，2012.
刘国祥．利用雷达干涉技术监测区域地表形变[M]．北京：测绘出版社，2006.
刘贺，罗勇，雷坤超，等．北京王四营地区地面沉降演化规律及潜力预测模型评价[J]．地质通报，2024(3).
刘辉，李世环，苗长伟，等．南水北调河南长葛段多平台InSAR三维形变监测[J]．华北水利水电大学学报(自然科学版)，2024(3).
刘圣洁．沥青路面健康性能检测体系研究[D]．西安：长安大学，2012.
刘胜男，陶钧，卢银宏．地面沉降监测多源数据融合分析[J]．测绘通报，2020，12：46-49.
刘晓杰．星载雷达遥感广域滑坡早期识别与监测预测关键技术研究[D]．西安：长安大学，2022.
卢丽君．基于时序SAR影像的地表形变检测方法研究与应用[D]．武汉：武汉大学，2008.
罗海滨，何秀凤，刘焱雄．利用DInSAR和GPS综合方法估计地表3维形变速率[J]．测绘学报，2008，37：168-171.
罗立红，白晋斌，吕潇文，等．基于长期监测的天津市地面沉降影响分析[J]．上海国土资源，2017，38 (2)：18-21.
麻源源，左小清，麻卫峰，等．利用数据同化技术实现和水准数据融合研究[J]．工程勘察，2019，47(8)：49-55.
茆诗松，汤银才，王玲玲．可靠性统计[M]．北京：高等教育出版社，2008.
聂运菊．永久散射体探测与雷达差分干涉建模及其应用[D]．阜新：辽宁工程技术大学，2013.
彭米米．时序InSAR地表形变监测预测与地下水反演研究[D]．西安：长安大学, 2023.

秦晓琼．时间序列 D-InSAR 城市基础设施精细形变测量研究[D]. 武汉：武汉大学, 2019.

邱亚辉，别伟平，薄志毅，等．基于 InSAR 的城市地下轨道交通沉降与灾害监测[J]. 测绘通报, 2020，2：107-112.

全国自然资源与国土空间规划标准化技术委员会．地质灾害危险性评估规范：GB/T 40112—2021 [S]. 北京：中国地质大学出版社, 2021.

上海市建筑科学研究院有限公司．历史建筑安全监测技术标准：DG/TJ 08-2387—2021 [S]. 上海：同济大学出版社, 2021.

沈科．区域地面沉降对京沪高速铁路路基的影响及对策研究[D]. 成都：西南交通大学, 2010.

师红云．基于时序雷达干涉测量的高速铁路区域沉降变形监测研究[D]. 北京：北京交通大学, 2013.

史健存．矿区大梯度与长时序地表形变 InSAR 监测方法及应用研究[D]. 长沙：中南大学, 2022.

史文中，陈江平，詹庆明，等．可靠性空间分析探讨[J]. 武汉大学学报：信息科学版, 2012，37：883-887.

史文中，秦昆，陈江平，等．可靠性地理国情动态监测的理论与关键技术探讨[J]. 科学通报, 2012，57：2239-2248.

史文中，张敏．人工智能用于遥感目标可靠性识别：总体框架设计、现状分析及展望[J]. 测绘学报, 2021，50(8)：1049-1058.

史文中，张鹏林，陈江平，等．可靠性时空数据分析[M]. 北京：科学出版社，2021.

史文中．空间数据与空间分析不确定性原理[M]. 北京：科学出版社, 2015.

舒红，史文中．浅谈测量平差到空间数据分析的可靠性理论延伸[J]. 武汉大学学报：信息科学版, 2018，43：1979-1985.

舒宁．微波遥感原理[M]. 武汉：武汉大学出版社, 2003.

宋家苇，杨莹辉，许强，等．滑坡灾害 InSAR 早期识别关键技术方法研究[J]. 工程地质学报, 2024，32(3)：963-977.

孙倩，朱建军，李志伟，等．基于信噪比的 InSAR 干涉图自适应滤波[J]. 测绘学报, 2009，38：437-442.

孙玉辉，陈昌彦，白朝旭，等．城市轨道交通工程建设安全风险监控与识别技术[M]. 北京：中国建筑工业出版社, 2021.

汤国安，杨昕．ArcGIS 地理信息系统空间分析实验教程[M]. 北京：科学出版社, 2006.

唐扬, 杨魁. InSAR 技术在天津地铁六号线盾构区间沉降监测中的应用研究[J]. 城市勘测, 2018, 6: 109-113.

陶立清, 黄国满, 杨书成, 等. 一种利用卷积神经网络的干涉图去噪方法[J]. 武汉大学学报(信息科学版), 2023, 48(4): 559-567.

天津市规划局. 天津市城市总体规划(2005—2020 年)[R/OL]. (2006-10-22)[2024-11-02]. http: //www. tj. gov. cn/xw/tztg/200610/t20061022_270146. html.

天津市水务局. 2015 年天津水资源公报[R/OL]. (2016-08-05)[2024-11-02]. http: //www. tjsw. gov. cn.

汪慧. 星载合成孔径雷达相位萃取算法及应用研究[D]. 重庆: 重庆大学, 2017.

王爱国. 运用水准和 InSAR 的地面沉降监测数据融合方法[J]. 测绘科学, 2015, 40: 121-125.

王爱国. 郑州市地面沉降监测数据融合及水文地质解译研究[D]. 武汉: 武汉大学, 2017.

王楚, 丁瑞力, 陈蜜, 等. 京沪高速公路北京-天津段地面沉降时序 InSAR 监测与影响因素[J]. 地球科学与环境学报, 2024, 46(2): 1-16.

王栋, 张广泽, 徐正宣, 等. 基于时间序列 InSAR 技术的铁路地质灾害识别研究[J]. 测绘科学, 2019, 9: 85-91.

王寒梅. 上海市地面沉降风险评价体系及风险管理研究[D]. 上海: 上海大学, 2013.

王京. 基于多源 SAR 数据青藏高原冻土冻融过程及时空分布研究[D]. 北京: 中国科学院空天信息创新研究院, 2021.

王阅兵. 北斗卫星导航系统应用于高精度形变监测的关键技术研究[D]. 北京: 中国地震局地质研究所, 2022.

王跃东. 广域 InSAR 形变监测方法研究及应用[D]. 长沙: 中南大学, 2023.

魏钜杰. 复杂地形区域合成孔径雷达正射影像制作方法研究[D]. 阜新: 辽宁工程技术大学, 2009.

魏钜杰, 张继贤, 赵争, 等. 稀少控制下 TerraSAR-X 影像高精度直接定位方法[J]. 测绘科学, 2011, 1: 58-60.

魏恋欢, 张嘉祺, 孙颖, 等. 基于时序 SAR 数据的长白山天池火山活动研究[J]. 地球物理学报, 2023, 66(10): 4057-4073.

温浩, 高峰, 胡在凰, 等. 地面沉降 InSAR 监测数据融合方法: 以宁波市为例[J]. 测绘通报, 2024(S2): 12-16.

吴宏安, 张永红, 康永辉, 等. 利用 FS-InSAR 技术精细监测内蒙古新井露天矿地表形变[J]. 武汉大学学报：信息科学版，2024，49(3)：389-399.
吴立新，李佳，苗则朗，等. 冰川流域孕灾环境及灾害的天空地协同智能监测模式与方向[J]. 测绘学报，2021，50(8)：1109-1121.
吴文豪. 哨兵雷达卫星 TOPS 模式干涉处理研究[D]. 武汉：武汉大学，2016.
武汉大学测绘学院测量平差学科组. 误差理论与测量平差基础[M]. 3 版. 武汉：武汉大学出版社，2009.
辛妙妙. 基于改进 RANSAC 算法的激光点云建筑物自动提取方法研究[D]. 西安：长安大学，2020.
熊鹏，左小清，李勇发，等. InSAR 技术在高速公路灾害辅助识别中的应用[J]. 测绘通报，2020，8：87-91.
徐廷云，杨魁，徐骏千，等. 天津滨海新区地面沉降多维立体监测分析方法研究[J]. 工程勘察，2023，3(3)：33-39.
许华夏，谢先明，谢家朝，等. 改进的扩展卡尔曼滤波相位解缠算法[J]. 测绘科学，2018，43：16-21.
许鑫. SBAS-InSAR 关键技术研究及其在京津城际沉降监测中的应用研究[D]. 武汉：武汉大学，2017.
闫世勇. 角反射器雷达干涉实验及在形变监测中的应用[D]. 廊坊：河北工程大学，2009.
杨成生，张勤，赵超英，等. 短基线集 InSAR 技术用于大同盆地地面沉降地裂缝及断裂活动监测[J]. 武汉大学学报：信息科学版，2014，39：945-950.
杨成生. 差分干涉雷达测量技术中水汽延迟改正方法研究[D]. 西安：长安大学，2011.
杨俊超. 基于大数据分析与挖掘的铁路沉降灾害预警模型研究[D]. 成都：电子科技大学，2021.
杨魁，陈楚，张鑫鑫. InSAR 中角反射器的识别策略研究[J]. 城市勘测，2014，6：10-13.
杨魁，刘俊卫. 城市建筑物永久散射体识别策略研究[J]. 城市勘测，2016，4：84-87.
杨魁，闫利，黄国满，等. InSAR 和地表覆盖的地表沉降驱动力分析[J]. 测绘科学，2019，1：42-47.
杨魁，闫利，刘俊卫，等. 基坑环境下建筑物沉降 InSAR 监测应用[J]. 测绘科学，2017，42：165-169.
杨魁，杨建兵，江冰茹. Sentinel-1 卫星综述[J]. 城市勘测，2015，2：24-27.
杨魁. 基于多源数据的时序 InSAR 可靠性研究[D]. 武汉：武汉大学，2019.

杨梦诗，廖明生，常玲，等．城市场景时序 InSAR 形变解译：问题分析与研究进展[J]．武汉大学学报(信息科学版)，2023，48(10)：1643-1660.

游洪，米鸿燕，李勇发，等．InSAR 技术支持下的高速铁路沿线沉降监测与预测[J]．测绘科学，2021，46(7)：67-75.

于冰，牛童，蔡锐，等．基于时序 InSAR 的辽河油田地表形变监测及储层参数多模型反演[J]．大地测量与地球动力学，2024，44(9)：937-950.

于海明，张熠斌，方向辉，等．综合 InSAR 技术和多源 SAR 数据在滑坡变形监测中的应用：以吉林治新村滑坡为例[J]．中国地质灾害与防治学报，2024，35(1)：155-162.

于庆博．崇明东滩多期吹填区地面沉降与土体固结特征分析[D]．长春：吉林大学，2020.

袁煜伟．基于数值气象模型的 InSAR 大气改正方法研究[D]．长沙：中南大学，2023.

张过，王舜瑶，陈振炜，等．基于 InSAR 技术的中国地表形变一张图研制[J]．测绘地理信息，2024，49(2)：1-12.

张华．遥感数据可靠性分类方法研究[D]．徐州：中国矿业大学，2012.

张静．InSAR 时序监测及应用中的质量控制研究[D]．西安：长安大学，2014.

张玲，刘斌，葛大庆，等．基于多源 SAR 数据唐山城区活动断裂微小差异形变探测[J]．国土资源遥感，2020，32(3)：114-120.

张勤，黄观文，杨成生．地质灾害监测预警中的精密空间对地观测技术[J]．测绘学报，2017，46：1300-1307.

张腾飞，邢学敏，彭葳，等．融入坐标-时间函数(CT-PIM)的矿区时序 InSAR 形变预计：以淮安盐矿为例[J]．遥感学报，2024，28(6)：1615-1631.

张文刚．公路路基健康检测指标选取及检测方法研究[D]．西安：长安大学，2012.

张向营．京张高速铁路沿线地质灾害危险性研究[D]．北京：中国地质科学院，2018.

张效康．地理国情监测数据可靠性分析与控制方法研究[D]．武汉：武汉大学，2017.

张新伟，马静，侯祖行，等．北京大兴国际机场及周边交通干道形变时序 InSAR 监测[J]．地球科学与环境学报，2023，45(1)：131-142.

张杏清，谢荣安，戴吾蛟，等．高时空分辨率地面沉降监测体系研究与实现[J]．测绘通报，2015，7：68-71.

张扬．武汉市地面沉降时空格局、驱动因子及水文效应研究[D]．武汉：武汉大学，2019.

张永红，吴宏安，康永辉．京津冀地区 1992—2014 年三阶段地面沉降 InSAR 监测[J]．测绘学报，2016，45：1050-1058.

张召．基于深度学习的地表沉降预测方法研究[D]．西安：西安电子科技大学，2020.

张振东，宗钟凌，蒋德稳，等．基于 FBG 技术的土体分层沉降仪试验研究[J]．工程勘察，2016，44 (7)：37-40.

赵峰，汪云甲，闫世勇．时序 InSAR 技术地表沉降监测结果可靠性及沉降梯度分析[J]．遥感技术与应用，2015，30：959-979.

赵峰．多平台时序 InSAR 技术的地表形变联合监测方法研究[D]．徐州：中国矿业大学，2016.

赵岩．基于高速公路舒适性的不均匀沉降标准研究[J]．武汉理工大学学报(交通科学与工程版)，2011，35(6)：1245-1247.

赵争．地形复杂区域 InSAR 高精度 DEM 提取方法[D]．武汉：武汉大学，2014.

中国地质环境监测院，北京市地质环境监测总站，山东省地质环境监测总站，等．区域地下水位监测网设计规范：DZ/T 0271—2014[S]．北京：中国标准出版社，2014.

中国地质灾害防治工程行业协会．地质灾害 InSAR 监测技术指南(试行)：T/CAGHP 013—2018[S]．北京：中国地质灾害防治工程行业协会，2018.

中华人民共和国住房和城乡建设部．建筑变形测量规范：JGJ 8—2016[S]．北京：中国建筑工业出版社，2016.

中华人民共和国交通运输部．公路沥青路面养护技术规范：JTG 5142—2019[S]．北京：人民交通出版社，2019.

中华人民共和国住房和城乡建设部．建筑基坑工程监测技术标准：GB 50497—2019[S]．北京：中国计划工业出版社，2020.

中华人民共和国住房和城乡建设部．地下水监测工程技术标准：GB/T 51040—2023[S]．北京：中国计划出版社，2023.

中华人民共和国住房和城乡建设部．城市轨道交通工程监测技术规范：GB 50911—2013[S]．北京：中国建筑工业出版社，2013.

周立凡．城市重大工程区高分辨率永久散射体雷达干涉地表形变监测[D]．杭州：浙江大学，2014.

朱珺，朱凌杰，邢学敏，等．洞庭湖软土区域时序 InSAR 形变与环境物理参数联合估计方法[J]．测绘学报，2023，52(12)：2127-2140.

朱琳，宫辉力，李小娟，等．区域地面沉降研究进展与展望[J]．水文地质工程地质，2024，51(4)：167.

Adam N，Eineder M，Yague-Martinez N，et al. High resolution interferometric stacking with TerraSAR-X[C]//IGARSS 2008，Boston，USAR，2008.

Baarda W. A testing procedure for use in geodetic networks[J]. Netherlands, Geodetic. Commission, 1968, 2: 5.

Baarda W. Statistical concept in geodesy[J]. Netherlands, Geodetic. Commission, 1967, 2: 4.

Bähr H, Hanssen R F. Reliable estimation of orbit errors in spaceborne SAR interferometry [J]. Journal of Geodesy, 2012, 86(12): 1147-1164.

Barone A, Fedi M, Tizzani P, et al. Multiscale analysis of DInSAR measurements for multi-source investigation at Uturuncu Volcano (Bolivia) [J]. Remote Sensing, 2019, 11: 703.

Berardino P, Fornaro G, Lanari R, et al. A new algorithm for surface deformation monitoring based on small baseline differential SAR interferograms [J]. IEEE Transactions on Geoscience and Remote Sensing, 2002, 40: 2375-2383.

Bianchini S, Pratesi F, Nolesini T, et al. Building deformation assessment by means of persistent scatterer interferometry analysis on a landslide-affected area: The Volterra (Italy) case study[J]. Remote Sensing, 2015, 7: 4678-4701.

Bohlolia B, Bjørnaråa T I, Parka J, et al. Can we use surface uplift data for reservoir performance monitoring? A case study from In Salah, Algeria[J]. International Journal of Greenhouse Gas Control, 2018, 76: 200-207.

Bonì R, Meisina C, Cigna F, et al. Exploitation of Satellite A-DInSAR Time Series for Detection, Characterization and Modeling of Land Subsidence[J]. Geosciences, 2017, 7: 25.

Bru G, Herrera G, Tomás R, et al. Control of deformation of buildings affected by subsidence using persistent scatterer interferometry [J]. Structure and Infrastructure Engineering, 2010, 9: 188-200.

Ciampalini A, Bardi F, Bianchini S, et al. Analysis of building deformation in landslide area using multisensor PSInSAR™ technique[J]. International Journal of Applied Earth Observation and Geo information, 2014, 33: 166-180.

Colesanti C, Ferretti A, Novali F. SAR Monitoring of Progressive and Seasonal Ground Deformation Using the Permanent Scatterers Technique [J]. IEEE Transactions on Geoscience and Remote Sensing, 2003, 41: 2202-2212.

Crosetto M, Monserrat O, Cuevas-González, M, et al. Persistent scatterer interferometry: A review [J]. ISPRS Journal of Photogrammetry and Remote Sensing, 2016, 115: 78-89.

Daniel R, Bernard B, Marcello D M, et al. Validation and intercomparison of persistent scatterers interferometry: PSIC4 Project Results[J]. Journal of Applied Geophysics, 2009, 68: 335-347.

Declercq P, Dusar M, Pirard E, et al. Post mining ground displacements transition related to coal mines closure in the Campine Coal Basin, Belgium, evidenced by three decades of MT-InSAR Data[J]. Remote Sens., 2023, 5: 725.

Della R G, Rocca A, Perissin D, et al. Volume loss assessment with MT-InSAR during tunnel construction in the city of Naples (Italy) [J]. Remote Sensing, 2023, 15: 2555.

Drougkas A, Verstrynge E, Van Balen K, et al. Country-scale InSAR monitoring for settlement and uplift damage calculation in architectural heritage structures[J]. Structure Health Monitoring, 2021, 20(5): 2317-2336.

Du Z, Ge L, Li X, et al. Subsidence monitoring over the Southern Coalfield, Australia using both L-Band and C-Band SAR time series analysis[J]. Remote Sensing, 2016, 8: 543.

Eineder M, Adam N, Bamler R, et al. Spaceborne spotlight SAR interferometry with TerraSAR-X [J]. IEEE Transactions on Geoscience and Remote Sensing, 2009, 47: 1524-1535.

Even M, Schulz K. InSAR deformation analysis with distributed scatterers: A review complemented by new advances[J]. Remote Sensing, 2018, 10: 744.

Ferretti A, Fumagalli A, Novali F, et al. A new algorithm for processing interferometric data-stacks: SqueeSAR[J]. IEEE Transactions on Geoscience and Remote Sensing, 2011, 49: 3460-3470.

Ferretti A, Prati C, Rocca F. Nonlinear subsidence rate estimation using permanent scatterers in differential SAR interferometry[J]. IEEE Transactions on Geoscience and Remote Sensing, 2000, 38: 2202-2212.

Ferretti A, Prati C, Rocca F. Permanent scatterers InSAR interferometry [J]. IEEE Transactions on Geoscience and Remote Sensing, 2001, 39: 8-20.

Ferretti A, Rocca F. Permanent scatterers InSAR interferometry [C]//IGARSS, 1999, Hamburg, Germany.

Frattini P, Crosta G B, Allievi J. Damage to buildings in large slope rock instabilities monitored with the PSInSAR™ technique[J]. Remote Sensing, 2013, 5: 4753-4773.

Gabriel A K, Goldstein R M, Zebker H A. Mapping small elevation changes over large areas: Differential radar interferometry[J]. Journal of Geophysical Research-Solid Earth,

1989, 94: 9183-9191.

Goel K, Adam, N. A distributed scatterer interferometry approach for precision monitoring of known surface deformation phenomena[J]. IEEE Transactions on Geoscience and Remote Sensing, 2014, 52: 5454-5468.

González P J, Fernández J. Error estimation in multitemporal InSAR deformation time series, with application to Lanzarote, Canary Islands[J]. Journal of Geophysical Research, 2011, 116: B10404.

Hackel S, Montenbruck O, Steigenberger P, et al. Model improvements and validation of TerraSAR-X precise orbit determination[J]. Journal of Geodesy, 2017, 91: 547-562.

Han Y, Li T, Dai K, et al. Revealing the land subsidence deceleration in Beijing (China) by Gaofen-3 time series interferometry[J]. Remote Sensening, 2023, 15: 3665.

Hanssen R. Radar interferometry-data interpretation and error analysis[M]. New York: Kluwer Academic Publishers, 2002.

Hooper A, Zebker H, Segall P, et al. A new method for measuring deformation on volcanoes and other natural terrains using InSAR persistent scatterers[J]. Geophysical Research Letter, 2004, 31: L23611.

Hooper A, Zebker H. Phase unwrapping in three dimensions with application to InSAR time series[J]. Optical Society of America, 2007, 24: 2337-2347.

Hooper A. A multi-temporal InSAR method incorporating both persistent scatterer and small baseline approaches[J]. Geophysical Research Letter, 2008, 35: L16302.

Liu H, Yuan M, Li M, et al. TDFPI: A three-dimensional and full parameter inversion model and its application for building damage assessment in Guotun Coal Mining Areas, Shandong, China[J]. Remote Sensing, 2024, 16: 698.

Intrieri E, Raspini F, Fumagalli A, et al. The Maoxian landslide as seen from space: detecting precursors of failure with Sentinel-1data[J]. Landslides, 2018, 15: 123-133.

Jolivet R, Grandin R, Lasserre C, et al. Systematic InSAR tropospheric phase delay corrections from global meteorological reanalysis data. Geophysical [J]. Research Letters, 2012, 38: L17311.

Kampes B M. Radar Interferometry: Persistent scatterer technique[M]. Netherlands: Springer, 2006.

Ketelaar G. Satellite Radar Interferometry Subsidence Monitoring Techniques[M]. Netherlands: Remote Sensing and Digital Image Processing, 2009.

Kirui P K, Reinosch E, Isya N, et al. Mitigation of atmospheric artefacts in multi temporal

InSAR: A review [J]. PFG—Journal of Photogrammetry, Remote Sensing and Geoinformation Science, 2021.

Lan H X, Li L P, Liu H J, et al. Complex urban infrastructure deformation monitoring using high resolution TerraSAR-X PSI[J]. IEEE Journal of Selected Topics in Applied Earth Observations and Remote Sensing, 2012, 5: 643-651.

Li Z H. Correction of atmospheric water vapour effects on repeat-pass SAR interferometry using GPS, MODIS and MERIS Data[D]. UK: University College London, 2016.

Li-Z, Duan M, Cao Y, et al. Mitigation of time-series InSAR turbulent atmospheric phase noise: A review [J]. Geodesy and Geodynamics, 2022, 13(2): 93-103.

Liu X, Cao Q, Xiong Z, et al. Application of small baseline subsets D-InSAR technique to estimate time series land deformation of Jinan area, China[J]. Journal of Applied Remote Sensing, 2016, 10: 026014.

Liu Y Z, Cao W X, Shi Z Q, et al. Evaluation of post-tunneling aging buildings using the InSAR nonuniform settlement index[J]. Remote Sensing, 2023, 15: 3457.

Macchiarulo V, Milillo P, DeJong M J, et al. Integrated InSAR monitoring and structural assessment of tunnelling-induced building displacements [J]. Struct Control Health Monit, 2021, 28: 2781-2805.

Macchiarulo V, Milillo P, Blenkinsopp C, et al. Multi-temporal InSAR for transport infrastructure monitoring: recent trends and challenges[J]. Bridge Engineering, 2023, 176(2): 92-117.

Mao Z, et al. Detection of building and infrastructure instabilities by automatic spatiotemporal analysis of satellite SAR interferometry measurements [J]. Remote Sensing, 2018, 10: 1816.

Martín G, Hooper A, Wright T J, et al. Blind source separation for MT-InSAR analysis with structural health monitoring applications[J]. IEEE J. Sel. Top. Appl. Earth Obs. Remote Sens., 2022, 15: 7605-7618.

Meyer F. A review of ionospheric effects in Low-Frequency SAR-Signals, correction methods, and performance requirements[C]//IGARSS, USA, Honolulu, 2010.

Mora O, Mallorqui J J, Broquetas A. Linear and nonlinear terrain deformation maps from a reduced set of interferometric SAR images[J]. IEEE Transactions on Geoscience and Remote Sensing, 2003, 41: 2243-2253.

Nagler T, Rott H, Hetzenecker M, et al. The Sentinel-1 Mission: New opportunities for ice sheet observations[J], Remote Sensing, 2015, 7: 9371-9389.

Osmanoglu B, Sunar F, Wdowinski S, et al. Time series analysis of InSAR data: Methods and trends [J]. ISPRS Journal of Photogrammetry and Remote Sensing, 2016, 115: 90-102.

Ouchi K. Recent trend and advance of synthetic aperture radar with selected topics [J]. Remote Sensing, 2013, 5: 716-807.

Perissin D, Ferretti A. Urban-target recognition by means of repeated spaceborne SAR images [J]. IEEE Transactions on Geoscience and Remote Sensing, 2007, 45: 4043-4058.

Perissin D. SAR super-resolution and characterizaiton of urban targets[D]. Italy: Polytechnic University of Milano, 2006.

Pitz W, Miller D. The TerraSAR-X satellite [J]. IEEE Transactions on Geoscience and Remote Sensing, 2013, 48: 615-622.

Prati C, Ferretti A, Perissina D. Recent advances on surface ground deformation measurement by means of repeated space-borne SAR observations [J]. Journal of Geodynamics, 2010, 49: 161-170.

Qin Y, Perissin D. Monitoring Ground Subsidence in Hong Kong via Spaceborne Radar: Experiments and Validation[J]. Remote Sensing, 2015, 7: 10715-10736.

Raspini F, Bianchini S, Ciampalini A. Continuous, semi-automatic monitoring of ground deformation using Sentinel-1 satellites[J]. Scientific Reports, 2018, 8: 7253.

Wu S B, Le Y Y, Zhang L., et al. Multi-temporal InSAR for urban displacement monitoring: Progress and challenges[J]. Journal of Radars, 2020, 9(2): 277-294.

Sun Q, Jiang L, Jiang M. Monitoring coastal reclamation subsidence in Hong Kong with distributed scatterer interferometry[J]. Remote Sensing, 2018, 10: 1738.

Tapete D, Fanti R, Cecchi R, et al. Satellite radar interferometry for monitoring and early-stage warning of structural instability in archaeological sites[J]. Journal of Geophysics and Engineering, 2012, 9: 10-25.

Torres R, Snoeij P, Geudtner D, et al. GMES Sentinel-1 mission[J]. Remote Sensing of Environment, 2012, 120: 9-24.

Vajedian S, Motagh M, Nilfouroushan F. StaMPS improvement for deformation analysis in mountainous regions: Implications for the Damavand volcano and Mosha fault in Alborz [J]. Remote Sensing, 2015, 7: 8323-8347.

Wang S, Chen Z, Zhang G, et al. Overview and analysis of ground subsidence along China's urban subway network based on synthetic aperture radar interferometry [J]. Remote Sensing, 2024, 16: 1548.

Wang S, Zhang, G, Chen, Z, et al. Surface deformation extraction from small baseline subset synthetic aperture radar interferometry (SBAS-InSAR) using coherence-optimized baseline combinations[J]. GISci. Remote Sens, 2022, 59: 295-309.

Wegmuller U, Walter D, Spreckels V, et al. Nonuniform Ground Motion Monitoring With TerraSAR-X Persistent Scatterer Interferometry[J]. IEEE Transactions on Geoscience and Remote Sensing, 2010, 48: 895-904.

Xu B, Feng G, Li Z, et al. Coastal subsidence monitoring associated with land reclamation using the point target based SBAS-InSAR method: A case study of Shenzhen, China[J]. Remote Sensing, 2016, 8: 652.

Yang H L, Peng J H. Monitoring urban subsidence with multi-master radar interferometry based on coherent targets[J]. Journal of the Indian Society of Remote Sensing, 2015, 43: 529-538.

Yang K, Yan L, Huang G M, et al. Monitoring building deformation with InSAR: Experiments and validation[J]. Sensors, 2016, 16: 2182.

Yang Q, Ke Y, Zhang D, et al. Multi-Scale analysis of the relationship between land displacement and buildings: A case study in an Eastern Beijing urban area using the PS-InSAR technique[J]. Remote Sens, 2018, 10: 1006.

Yen-Yi W, Austin M. Error Sources of Interferometric Synthetic Aperture Radar Satellites[J]. Remote Sensing, 2024, 16: 354-391.

Yu H, Gong H, Chen B. Analysis of the superposition effect of land displacement and sea-level rise in the Tianjin Coastal Area and its emerging risks[J]. Remote. Sens., 2023, 15: 3341.

Zebker H A, Villasenor J. Decorrelation in interferometric radar echoes [J]. IEEE Transactions on Geoscience and Remote Sensing, 1992, 30: 950-959.

Zhang Y, Wu H, Kang Y, et al. Ground subsidence in the Beijing-Tianjin-Hebei region from 1992 to 2014 revealed by multiple SAR Stacks [J]. Remote Sensing, 2016, 8: 675.

Zhang J, Ke C, Shen X, et al. Monitoring Land Displacement along the Subways in Shanghai on the Basis of Time-Series InSAR[J]. Remote Sens., 2023, 15: 908.

Zhou L, Guo J, Hu J, et al. Wuhan surface subsidence analysis in 2015-2016 based on Sentinel-1A Data by SBAS-InSAR[J]. Remote Sensing, 2017, 9: 982.

Zhu X X, Wang Y, Montazeri S, et al. A review of Ten-Yr advances of multi-baseline SAR interferometry using TerraSAR-X Datas[J]. Remote Sensing, 2018, 10: 1374.